TRAITÉ

D'ANATOMIE

VÉTÉRINAIRE ;

Par J. GIRARD,

CHEVALIER DES ORDRES ROYAUX DE SAINT MICHEL ET DE LA LÉGION
D'HONNEUR, ANCIEN DIRECTEUR DE L'ÉCOLE ROYALE VÉTÉRINAIRE
D'ALFORT, ANCIEN PROFESSEUR DANS LE MÊME ÉTABLISSEMENT,
MEMBRE TITULAIRE DE L'ACADÉMIE ROYALE DE MÉDECINE, DE
LA SOCIÉTÉ ROYALE ET CENTRALE D'AGRICULTURE, ETC

QUATRIÈME ÉDITION

REVUE.

TOME PREMIER.

PARIS,

LIBRAIRIE BOUCHARD-HUZARD,

RUE DE L'ÉPERON, Nº 7.

1844.

INTRODUCTION.

La médecine vétérinaire n'avait obtenu, pendant une succession de siècles, qu'un coup d'œil superficiel; elle était en quelque sorte dédaignée, et son exercice était devenu le partage presque exclusif des gens grossiers et ignorants. Il a fallu l'expérience d'une foule de fléaux répandus sur l'agriculture pour en faire sentir l'importance, surtout la nécessité de former des hommes capables de combattre avec avantage les épizooties désastreuses, qui ravagent les campagnes et les appauvrissent.

Depuis l'institution des Écoles vétérinaires en France, la médecine des brutes est devenue un objet d'intérêt particulier, et elle fixe aujourd'hui l'attention de tous les États européens. Les animaux qui font partie de son domaine sont pour l'homme la source la plus féconde de ses richesses, de ses plaisirs et de sa puissance; ils contribuent, pendant leur vie, à le nourrir, à l'habiller; ils partagent ses travaux, l'accompagnent dans ses exercices, et leurs dépouilles jettent dans le commerce des produits aussi variés qu'importants.

Connaître, élever et conserver les animaux utilement employés en économie domestique, telle est l'étendue et tel est le but de la médecine vétérinaire. Mais pour faire de ces êtres l'emploi le plus judicieux, tirer de leurs forces et de leurs produits le parti le plus avantageux, suivre et signaler les diverses maladies dont ils peuvent être affligés, les prévenir ou les guérir lorsqu'ils en sont atteints, il est, avant tout, nécessaire, indispensable de connaître leur organisation, la structure et l'arrangement des divers organes, les fonctions qu'exécutent ces mêmes organes, les lois qu'ils suivent dans leur développement, dans leurs rapports, dans leurs actions successives et simultanées; et ces diverses notions s'acquièrent par l'étude de l'anatomie. Cette science, aussi vaste dans ses détails que dans ses applications, doit conséquemment servir de guide à l'étude des autres branches de la médecine vétérinaire; c'est la pierre fondamentale sur laquelle doivent s'appuyer toutes les connaissances complémentaires.

Les premières recherches anatomiques furent faites sur les animaux; mais elles eurent uniquement pour but la connaissance de l'organisation de l'homme, et ce genre d'étude continua jusqu'à ce que les médecins eurent les facilités de disséquer des cadavres humains. C'est pour cette raison que les anciens ouvrages d'anatomie humaine contiennent, presque tous, des observations ou des découvertes recueillies sur certains quadrupèdes domestiques. Ainsi Démocrite, qui se consacra spécialement à l'étude des animaux, aperçut le conduit du tympan dans la chèvre. Cette découverte fut mise au grand jour en 1563 par Eustachi, qui démontra aussi l'existence du canal thoracique dans le cheval. Ruini, sénateur de Bologne, entreprit de réunir les notions éparses, et publia en 1598 une Anatomie du cheval avec l'histoire de ses maladies.

Ainsi qu'Ambroise Paré, le restaurateur de la chirurgie française, Ruini présenta la médecine du cheval sous un nouvel aspect, la retira du chaos où elle se trouvait plongée, et il en posa les principes sur des bases fixes. Son ouvrage a servi de modèle à plusieurs auteurs, tels qu'André Snap, Gaspard Saunier, qui, tout en le copiant, ont eu l'air de le condamner, ruse si commune de nos jours, et que feu Leroy, professeur à l'École vétérinaire de Milan, a si bien employée pour pallier le larcin fait à l'auteur de l'Anatomie des animaux domestiques. A partir de l'époque de Ruini jusque vers le milieu du siècle dernier, l'anatomie vétérinaire a été stationnaire et n'a fait nuls progrès marqués.

Il fallait un homme qui, tout en appréciant cet état d'abandon, eût le génie d'envisager les difficultés et le talent de les vaincre : cet homme fut Bourgelat. Ce célèbre vétérinaire avait déjà donné quelques notions sur l'anatomie du cheval, dans ses *Éléments d'Hippiatrique*, imprimés à Lyon, en 1750. Devenu directeur des Ecoles vétérinaires, il sentit que cet abrégé d'anatomie était insuffisant ; et puissamment aidé du laborieux Fragonard, il fit paraître, en 1768, un traité plus complet sur cette partie importante de l'art vétérinaire. Toute la structure du corps du cheval y est exposée avec assez d'ordre et de méthode ; les éditions posthumes sont accompagnées de quelques comparaisons souvent inexactes, toujours incomplètes, avec les parties du bœuf et du mouton, d'après des notes manuscrites de Bourgelat. Toutefois, le fondateur des Écoles vétérinaires a ouvert les voies ; il a indiqué la marche qu'il convenait de suivre pour une anatomie devant embrasser en même temps l'organisation de tous les animaux soumis à l'état de domesticité.

Le nombre d'espèces d'animaux domestiques varie suivant les contrées et selon la manière dont on envisage leur étude. Buffon range dans cette catégorie une foule de quadrupèdes, parmi lesquels on compte le cheval, l'âne, le mulet, le zèbre, le bœuf, la bête à laine, la chèvre, le renne, le chameau, le dromadaire, la vigogne, l'alpaque, le lama, le cerf, le daim, le chevreuil, le porc, le chien, le chat, etc.

Ayant un but tout différent du naturaliste, le vétérinaire doit se borner aux animaux les plus utilement employés, à ceux pour la conservation et l'éducation desquels l'homme prend un soin particulier et fait plus ou moins de sacrifices. En partant de ce principe, le nombre des animaux domestiques se trouvera considérablement restreint, et il se bornera aux quadrupèdes et aux volatiles à l'éducation desquels on se livre plus communément en France. Nous rangerons dans la première série, c'est-à-dire parmi les quadrupèdes, le cheval, l'âne, le mulet, le bœuf, la bête à laine, la chèvre, le porc, le chien et le chat. La deuxième série comprendra les oiseaux de basse-cour, plus communément la volaille.

Tous les quadrupèdes domestiques sont mammifères, le plus grand nombre est herbivore, tels que le cheval, l'âne, le mulet, le bœuf, la bête à laine et la chèvre; le porc est omnivore; et le chien, quoique préférant la viande, se nourrit également de végétaux; le chat, celui de tous ces quadrupèdes dont le caractère s'est le moins plié à la domesticité, est essentiellement carnivore.

Le cheval, l'âne et le mulet forment le genre des solipèdes, auxquels on a donné le nom générique de *cheval* (*equus*), et qui sont monogastriques.

Le bœuf, la bête à laine et la chèvre sont des animaux ruminants, bisulques; ils ont quatre estomacs, et sont dépourvus de dents incisives à la mâchoire supérieure.

Le porc se trouve dans les *pachydermes*, le chien dans les *carnassiers plantigrades* et le chat dans les *carnassiers digitigrades*.

Dans ce tableau des animaux que nous venons de passer en revue, on pourrait faire figurer plusieurs autres espèces de quadrupèdes qui habitent des contrées étrangères, et ne sont réellement domestiques que dans les lieux où ils sont soignés et élevés. Ainsi le buffle, animal originaire de l'Afrique, est naturalisé et utilement employé en Italie.

En Laponie, les rennes sont des animaux précieux, qui servent à tirer des voitures, des chariots, des traîneaux.

En Égypte et dans une grande partie du Levant, les chameaux et les dromadaires rendent de continuels services pour porter et traîner les fardeaux.

Le Pérou, surtout la partie haute de cette contrée, compte au nombre de ses animaux domestiques la vigogne, les alpaques et les lamas. Le premier donne une laine très-fine, mais ne se soumet jamais complétement à la domesticité; il conserve toujours son penchant pour la liberté.

Les alpaques et les lamas sont des animaux très-utiles au transport des produits commerciaux qui proviennent principalement des mines du pays.

Il eût été inconvenant de comprendre, comme objets de nos considérations anatomiques, ces quadrupèdes étrangers à nos contrées, et qu'il est très-difficile de se procurer pour faire les recherches nécessaires. D'ailleurs, ces animaux ont des habitudes particulières et sont affligés de maladies que nous ne connaissons qu'imparfaitement et dont l'étude est peu importante pour nous.

Les animaux domestiques se ressemblent

sous certains rapports, et diffèrent entre eux par plusieurs caractères frappants, que nous indiquerons très-succinctement. La peau de tous les quadrupèdes est couverte de poils; leur corps, qui est partagé en deux parties réunies, mais dont la séparation est marquée par une ligne médiane sensible, tant à l'extérieur que dans l'intérieur, offre un tronc et quatre membres.

Les oiseaux, pourvus de plumes correspondant aux poils des quadrupèdes, ont un corps qui a la même disposition essentielle; leur tronc n'est supporté que par les deux membres postérieurs, tandis que les deux antérieurs ou, mieux, les ailes, servent au vol. Dans tous ces animaux, les organes intérieurs sont formés sur le même plan et ont un type commun; les différences résident plus particulièrement dans les formes, le volume, la position et les connexions diverses; et ces différences, d'autant plus remarquables que les parties sont plus éloignées du centre de la vie, sont surtout frappantes aux extrémités, ainsi qu'aux parties extérieures.

Ces considérations nous ont déterminé à ranger les animaux domestiques d'après un ordre systématique, fondé sur les formes extérieures des extrémités des membres.

Ainsi la division des quadrupèdes, établie sur le nombre de doigts, comprend trois genres principaux, les *monodactyles*, les *didactyles* et les *tétradactyles*.

Les solipèdes, tels que le cheval, l'âne et le mulet, composent la série des monodactyles ou animaux à un seul doigt. Les didactyles embrassent les bisulques ou ruminants, qui sont le bœuf, le mouton et la chèvre; parmi les tétradactyles se trouvent les animaux fissipèdes, comme le porc, le chien et le chat, les deux derniers étant des tétradactyles irréguliers, tandis que le porc de nos climats offre quatre doigts à chaque membre.

Cette manière de classer les quadrupèdes domestiques peut ne pas convenir pour l'histoire naturelle; mais l'expérience en a prouvé l'utilité dans l'étude de la médecine vétérinaire.

Tous les oiseaux domestiques se distinguent en *gallinacés* et en *palmipèdes*.

Parmi les premiers, qui se nourrissent presque uniquement de grains, on compte les poules, les pintades, les pigeons, les paons et les dindons; on les reconnaît à leur bec, à leurs narines et surtout à leurs pieds, dont les doigts, écartés et dentelés, portent à leur base des palmures. Les palmipèdes, ainsi nommés parce qu'ils ont les doigts de devant réunis par un prolongement membraneux, sont les oies et les canards; ils se distinguent non-seulement par leurs palmes, mais encore par leurs pattes très-courtes, cachées dans les plumes et placées plus à l'arrière du corps que dans les autres oiseaux.

La classification que nous venons d'indiquer et dont nous avons su apprécier les avantages soulage la mémoire des commencants et simplifie singulièrement l'étude de l'Anatomie vétérinaire. En distinguant les animaux domestiques par un caractère extérieur frappant et facile à saisir, elle indique le degré de conformité ou de différence qui existe entre ces mêmes animaux.

Les individus compris dans la même classe offrent constamment une même disposition, un même mode d'arrangement dans leurs parties constituantes ; les différences qu'ils présentent ne résident que dans les formes et s'étendent peu à l'organisation essentielle.

La classification des animaux domestiques n'est pas le seul moyen de présenter l'étude anatomique avec toute la simplicité dont elle est susceptible, l'expérience nous a convaincu de la nécessité d'établir un point central et fixe, d'où puissent dériver et auquel puissent se rattacher toutes les observations. L'homme, dont la supériorité est si marquée sur les autres êtres et par son organisation et par son intelligence, est constamment le type en quelque sorte naturel de toute anatomie comparée. Néanmoins l'Anatomie vétérinaire a besoin, pour ses détails, d'un terme secondaire de comparaison : autrement l'élève ne pourrait se livrer à cette science qu'après avoir acquis une connaissance parfaite de l'organisation de l'homme.

Le cheval, ce quadrupède à la conservation duquel on apporte tant de soins, sera pour nous ce type secondaire de comparaison auquel se rapporteront toutes les différences importantes dans les autres animaux. Toutes les divisions et dénominations principales sont bien tirées du type primitif, c'est-à-dire de l'homme ; mais les descriptions, ainsi que le développement des phénomènes organiques, sont principalement appliqués au cheval, qui sert de point fixe pour les comparaisons.

Les animaux soumis à la domesticité éprouvent pendant leur vie une suite presque continuelle de changements et de révolutions qui influent sur leur organisation et les disposent plus ou moins aux maladies. La durée de leur existence est, en général, subordonnée aux modifications que l'homme leur fait subir, et elle ne peut pas être établie sur une base bien fixe. Le cours ordinaire de leur vie se partage en trois époques ou âges distincts, par la proportion respective des solides et des fluides, par l'état particulier des organes, enfin par la manière dont s'exécutent les différentes fonctions. Le premier âge ou la *Jeunesse* comprend le temps de l'accroissement du corps, tant en longueur qu'en hauteur ; la deuxième époque ou l'*Age adulte* est marquée par l'énergie dont jouissent les parties, qui ont alors acquis tout leur accroissement ; dans la troisième période, qui constitue la *Vieillesse*, les organes s'altèrent de diverses manières et finissent par ne pouvoir plus exercer leurs fonctions : cette dernière époque de la vie peut être considérée comme étant l'époque du dépérissement de la machine animale.

Le passage de la jeunesse à l'âge adulte est indiqué par l'éruption complète des dents ; mais celui de cette dernière époque à la vieillesse n'est pas tracé par une ligne sensible de démarcation. Cependant on convient généralement que les quadrupèdes monodactyles commencent à vieillir vers dix à onze ans ; que le bœuf cesse d'être adulte à huit ou neuf ans ; que le mouton est déjà vieux lorsqu'il a dépassé sa huitième année ; que le cochon domestique parvenu à huit ans est un animal fort vieux ; qu'enfin le chien de six ou sept ans est considéré comme un chien plus qu'adulte. La période de la jeunesse est remarquable par la prédominance des fluides, riches en matériaux nutritifs, par l'état des solides plus ou moins mous et très-expansibles. La circulation du sang, surtout du sang rouge, se fait avec vitesse et avec force. Dans les premiers temps, les os, poreux, flexibles et pourvus d'épiphyses, sont susceptibles de se courber ; les muscles, peu prononcés, sont comme empâtés, et la locomotion s'effectue avec d'autant moins d'assurance que le sujet est moins éloigné de l'époque de sa naissance. Au fur et à mesure que les organes préposés à cette fonction acquièrent de la solidité et de la force, la progression devient plus franche, plus énergique. La dentition, qui a lieu pendant la première période de la vie, est un stade dangereux, principalement pour les animaux qui portent des crochets ; elle occasionne des maladies graves qui font périr ou altèrent considérablement certains individus, surtout dans les genres monodactyles et tétradactyles irréguliers.

L'animal parvenu à l'*Age adulte* jouit de toute l'énergie de ses facultés : ses formes sont élégantes et agréables, ses mouvements souples et déliés, ses yeux vifs et brillants ; sa propension à la reproduction devient impérieuse, très-difficile, souvent même impossible à réprimer. Cette ardeur génitale rend certains individus, tels que le taureau, furieux, indociles et inabordables ; la castration seule peut modérer ou empêcher le développement d'un caractère aussi dangereux. Les animaux adultes que l'homme soumet à des travaux déploient une plus grande force, ils ont plus de vitesse et sont généralement plus adroits. Pendant cette deuxième période de la vie, les fonctions se conservent en équilibre, s'exécutent avec aisance ; les vices que peut avoir contractés le sujet étant jeune prennent de l'intensité, s'enracinent en quelque sorte et finissent par devenir incorrigibles.

Le commencement de la *Vieillesse* est aussi celui de certaines altérations organiques, que les servitudes de la domesticité accélèrent, aggravent plus ou moins, et ces dernières circonstances ont une influence d'autant plus grande, qu'elles abrégent l'existence de tous les quadrupèdes soumis à des travaux. En avançant dans cette troisième période de la vie, l'animal perd insensiblement ses forces, sa vigueur; toutes ses facultés s'affaiblissent, et son corps se détériore de diverses manières. Les solides acquièrent de la rigidité et agissent avec d'autant moins de force sur les fluides; ceux-ci étant peu élaborés deviennent plus aqueux et s'accumulent dans certaines cavités ou dans les aréoles de certains tissus susceptibles de laxité. L'équilibre entre les fonctions se rompt peu à peu, et cette perturbation entraîne à sa suite diverses maladies, qui sont les compagnes ordinaires de la vieillesse. Le vieux cheval entier perd tout son brillant, ne hennit que bien rarement; il devient presque insensible aux mauvais traitements, et ne montre plus cette ardeur vénérienne qui le rendait si fier, si fougueux et si impatient. Souvent accablé d'infirmités, il ne vit et ne travaille plus que comme une machine usée, qui obéit à l'impulsion qu'on lui imprime.

D'après ce qui précède, l'âge adulte doit être regardé comme le type de l'organisation animale, comme le point central d'où l'anatomiste doit partir pour saisir plus sûrement les différences qui peuvent appartenir à la jeunesse ou à la vieillesse. C'est à cette même époque de la vie qu'il doit rapporter l'étude des caractères propres à chaque organe, ainsi que la considération des différentes fonctions. En procédant de cette manière, l'anatomiste rend ses connaissances plus assurées, plus exactes; il sait se débarrasser des détails minutieux et superflus pour ne s'attacher qu'aux choses qui lui offrent des applications utiles pour la physiologie ou pour la pathologie.

ANATOMIE

VÉTÉRINAIRE.

Envisagée sous ses véritables rapports, l'anatomie vétérinaire a pour objet l'étude de l'organisation des animaux domestiques ; elle comprend non-seulement la connaissance des parties constituantes du corps de ces animaux, mais encore celle des phénomènes vitaux qui résultent des actions réciproques et simultanées des organes.

Dans l'état actuel des connaissances médicales, on reconnaît trois sortes d'anatomie ; l'une *générale*, une autre *descriptive*, et une troisième *physiologique*. La première, qui embrasse l'étude des divers tissus, examine les éléments constitutifs des organes, leur mode d'association, leurs propriétés et leurs fonctions spéciales. Dans l'anatomie descriptive, que l'on désigne aussi par le nom *d'anatomie spéciale* ou *topographique*, les organes sont étudiés sous le rapport de leur position, de leur figure, de leur étendue, de leurs connexions, de leur structure, de leurs propriétés physiques, de leur composition chimique, des différences qu'ils présentent suivant les genres d'animaux, selon l'âge et le sexe des individus. La physiologie s'occupe des phénomènes naturels qui se manifestent pendant la vie, et elle rend compte des causes susceptibles de produire ces phénomènes et de les faire varier.

Ces trois branches d'une même science, qui est l'organisme vivant, s'enchaînent réciproquement, se prêtent des secours mutuels, peuvent se rectifier l'une par l'autre et doivent toujours marcher de front.

Une étude approfondie de l'anatomie générale devient indispensable pour distinguer les altérations organiques et les apprécier à leur juste valeur. La pratique des opérations chirurgicales a bien moins besoin de l'anatomie textulaire et moléculaire, que de la connaissance graphique des parties. Ces deux dernières applications de l'étude de l'organisation animale ont fait distinguer une *anatomie pathologique* et une *anatomie chirurgicale*.

L'anatomie pathologique s'occupe des divers dérangements et altérations que peuvent éprouver les organes malades; elle comprend 1° les lésions des tissus; 2° les déviations organiques auxquelles on rapporte les monstruosités et les vices de conformation. L'anatomie morbide, que l'on divise en générale et en spéciale, forme le fondement de la pathologie, et doit être traitée d'une manière particulière.

L'anatomie chirurgicale ou des régions consiste à répartir le corps en régions bien circonscrites, à étudier les organes dans leurs rapports mutuels, à se bien pénétrer de leur étendue et de leur disposition respectives. Ces connaissances topographiques, étant bien approfondies, guident sûrement la pratique des opérations et forment le véritable chirurgien.

La physiologie offre à peu près les mêmes divisions que l'anatomie; elle est générale ou spéciale, hygiénique ou pathologique. Dans le premier cas, elle embrasse les fonctions communes à tous les êtres organisés, et elle devient spéciale toutes les fois qu'elle s'applique à un genre d'animaux en particulier. La physiologie hygiénique traite des phénomènes de la vie dans l'état de santé, et la pathologique les considère dans l'état de maladie.

Comme il a été dit précédemment, il y a avantage à ce que l'anatomie et la physiologie ne soient pas séparées l'une de l'autre, et cet avantage devient bien plus marqué lorsqu'il s'agit de guider des études médicales vétérinaires. Les ouvrages consacrés à ces études ne doivent renfermer que les notions indispensables, et les présenter dans un cadre circonscrit facile à saisir. Tel est l'esprit d'après lequel nous avons tracé le plan de l'anatomie vétérinaire, plan que nous conservons en lui donnant seulement l'extension que prescrivaient les progrès de la science.

Les élèves vétérinaires, pour lesquels ce livre est spécialement consacré, trouveront réuni dans un même corps de doctrine tout ce qu'il leur importe de savoir sur les tissus élémentaires, sur l'anatomie descriptive et sur la physiologie; l'anatomie vétérinaire doit, ce nous semble, suffire à leur instruction et les dispenser de recourir aux ouvrages de médecine humaine, où les notions susceptibles de recevoir une juste application ne sont pas toujours faciles à saisir, peuvent induire en erreur et surcharger le plus souvent leur mémoire de détails inutiles.

PREMIÈRE PARTIE.

Puisque l'anatomie vétérinaire a pour objet l'étude de l'organisation du corps des animaux domestiques, il est nécessaire de faire connaître d'abord ce que l'on doit entendre par organisation ; de présenter un aperçu de la composition matérielle de ces êtres si utiles à l'homme ; de passer en revue les tissus organiques ; d'examiner ensuite les différentes sortes de fluides ; de considérer enfin les propriétés, les rapports de ces parties constituantes.

Si l'on jette un coup d'œil général sur les animaux soumis à l'état de domesticité, on trouve que leur corps est un tout symétrique, composé de deux moitiés semblables, réunies le long d'une ligne ou d'un axe médian, dont la trace se fait apercevoir tant à l'extérieur qu'à l'intérieur ; on voit que ce corps offre deux divisions naturelles et qu'il présente un tronc et quatre membres. La première partie, la principale et la plus essentielle, porte trois grandes cavités, qui sont placées l'une à la suite de l'autre, le crâne, le thorax, l'abdomen, et que l'on désigne sous le nom de *splanchniques*. Les membres, distingués en deux antérieurs et deux postérieurs, sont les moyens de sustentation du tronc et les agents principaux de la progression.

Considéré sous le rapport de sa composition matérielle, le corps des animaux offre une réunion de substances solides et fluides, dont la proportion respective n'est pas égale et varie suivant les âges. Ses parties constituantes, très-nombreuses, diffèrent entre elles par leur forme, leur volume, leurs qualités physiques et chimiques; elles forment autant d'instruments distincts, qui ont des offices spéciaux, et que l'on nomme *organes*.

Examinées dans le vivant, les substances animales se présentent sous quatre états différents, solides, liquides, vaporeux et gazeux. Soumises à l'analyse chimique, elles fournissent une multitude de produits divers, et l'azote forme la base essentielle de leur composition. Soutenues par la force de *vie*, elle jouissent de plusieurs propriétés remarquables, qui varient dans toutes les parties et deviennent cause de différents phénomènes.

ARTICLE PREMIER.

ÉTUDES DES SOLIDES ORGANIQUES.

Les parties solides du corps forment la trame, la base, en quelque sorte la charpente des organes; elles contiennent les fluides, les élaborent, s'en approprient une certaine quantité et rejettent une autre partie au dehors, comme matière superflue et nuisible. Les solides organiques sont en grand nombre et diffèrent entre eux par la forme, la texture et les usages; on les distingue communément en douze genres ou ordres : le *tissu cellulaire*, la *mem-*

brane, *le vaisseau, le nerf, le ganglion, l'os, le cartilage, le muscle, le ligament, la glande, le follicule* et *le viscère*. Ces solides jouissent d'une *force de vie* qui les met dans le cas de résister aux affinités et les entretient dans un mouvement continuel. Leurs éléments sont de deux sortes : les uns, *chimiques*, résultent de la décomposition que subissent les substances animales après la mort; les autres, *organiques*, sont des corps composés, que la vie seule peut former et maintenir. Les premiers sont du carbone, de l'hydrogène, de l'azote, de l'oxygène, du chlore, de l'iode, du potassium, du fer, du soufre, du phosphore, du manganèse, du silicium, de l'aluminium. Les éléments organiques comprennent l'albumine, la gélatine, la fibrine, l'osmazôme, le mucus, le caséum, l'urée, l'acide urique, le principe colorant rouge du sang, le principe colorant jaune, l'oléine, la stéarine, la matière grasse du cerveau et des nerfs, les acides acétique, oxalique, benzoïque, lactique, le sucre de lait, le picromel, le principe colorant de la bile.

Les dix premiers contiennent une plus ou moins grande quantité d'azote, tandis que les autres n'en fournissent pas.

Comme la vie produit ces principes organiques, elle peut les modifier, en changer la nature et en diminuer les proportions : aussi leur quantité et leur composition varient à l'infini, suivant les âges, selon les tempéraments, l'état de santé ou de maladie. Tous les éléments, tant chimiques qu'organiques, sont étudiés d'une manière particulière dans la chimie; nous nous bornons à les indiquer ici, et nous renvoyons, pour les détails, à l'ouvrage publié par M. Lassaigne (1).

Les douze genres de solides organiques précédemment indiqués sont presque tous des parties composées dans lesquelles on rencontre des tissus diversement arrangés, qui en forment les fondements primitifs, et sont en quelque sorte des éléments anatomiques.

Les anciens admettaient l'existence d'une seule fibre primitive, qui était le dernier filament que l'on pût concevoir dans les organes; ils l'appelaient *fibre élémentaire*, la considéraient de même nature partout, comme étant formée de molécules ténues et unies par du gluten. D'après leur manière de voir, cette fibre linéaire déterminait la trame, la base de toutes les parties, et devenait l'élément de l'organisation.

Chaussier reconnaît quatre fibres primitives, comme éléments anatomiques, parmi lesquels il place la fibre *celluleuse* ou *lamineuse*, la *musculeuse*, la *nerveuse* et l'*albuginée*. **Bichat**, qui admet vingt et un tissus, en considère sept comme plus généralement répandus que les autres, comme étant primitifs, préposés à la trame de tous les solides, et il les nomme *tissus générateurs*. Le professeur *Blainville* distingue 1° un *élément générateur*, le système celluleux; 2° deux *éléments secondaires*,

(1) Voyez l'*Abrégé élémentaire de Chimie*, par J.-L. Lassaigne, professeur à l'École royale vétérinaire d'Alfort; 2 vol. in-8, 1829, avec planches.

les systèmes sarceux et nerveux ; 3° des *tissus composés*, qui ne sont que des modifications des systèmes *celluleux*, *sarceux* et *nerveux*, et qui constituent des genres et des espèces.

Nous n'entrerons pas dans d'autres détails sur la distinction des éléments anatomiques, que certains auteurs désignent indifféremment par les noms de *tissus* ou de *systèmes*. Ces éléments, que chacun a admis en plus ou moins grand nombre, nous semblent devoir être réduits aux titres suivants : les *tissus* ou *systèmes cellulaire*, *musculeux*, *nerveux*, *adipeux*, *séreux*, *muqueux*, *tégumentaire*, *vasculaire*, *érectile*, *glandulaire*, *fibreux blanc*, *fibreux jaune*, *fibro-cartilagineux*, *cartilagineux* et *osseux*.

§ Ier. *Du tissu cellulaire.*

Le tissu cellulaire, encore appelé tissu *lamineux*, *filamenteux*, *cribleux*, *aréolaire*, *muqueux*, *réticulé*, est un des principaux éléments de l'organisation du corps animal. Répandu partout et partout continu, ce tissu primordial est interposé entre tous les organes; il les entoure et pénètre dans leur intérieur pour concourir à leur formation. Envisagé d'une manière générale, il se présente sous l'aspect d'une substance molle, blanchâtre, extensible et élastique à un très-haut degré. Quoique différent suivant les régions, ce solide offre partout la même structure : on le voit partout composé de lames et de filaments courts, minces, anastomosés en tous sens, et laissant entre eux des interstices (aréoles, cellules), qui communiquent les uns avec les autres et contiennent un fluide particulier, que l'on désigne sous le nom de *sérosité*.

Le tissu cellulaire a été divisé en *général* ou *commun*, et en *spécial* ou *particulier* : le premier ne s'insinue pas dans la substance des organes; il se trouve répandu sous la peau, et se prolonge dans les cavités splanchniques, où il forme diverses couches. Sa disposition est telle, dit Béclard, que, s'il était possible de l'isoler complétement et de lui donner la consistance nécessaire pour qu'il se soutînt dans son état normal, il représenterait l'étendue et la forme générales du corps et il laisserait apercevoir une multitude de loges pour les différents organes (1).

Le tissu cellulaire commun offre de nombreuses modifications, il est lâche et abondant à la face interne des muscles sous-cutanés, et particulièrement aux régions thoracique et abdominale, aux ars, autour des articulations et des gros vaisseaux, entre les replis du péritoine, au voisinage des reins et des organes renfermés dans le bassin; au contraire, il est dense et serré à la ligne médiane du corps, entre la peau et les muscles sous-cutanés, dans la cavité du crâne entre la dure-mère et la paroi osseuse; il perd de sa quantité et de sa laxité progressivement, de la partie supérieure à l'extrémité inférieure des membres.

Les portions superficielles et profondes du même

(1) *Éléments d'Anatomie générale*, etc., par P.-A. Béclard, 1823.

solide communiquent et font continuité entre elles par les nombreux intervalles qne laissent entre eux les organes. Ainsi le tissu cellulaire des membres antérieurs et de l'encolure pénètre dans la poitrine avec les vaisseaux et les nerfs qui en sortent ou qui abordent à la faveur de l'ouverture antérieure de cette cavité; celui de l'intérieur du thorax passe dans l'abdomen, en accompagnant l'aorte, l'œsophage et la veine cave. L'arcade crurale livre passage au tissu abdominal, qui va communiquer avec celui des membres postérieurs; enfin les trous du crâne et du canal rachidien sont autant de voies par lesquelles s'établissent des communications multipliées.

Le *tissu cellulaire spécial* offre le même mode de structure que le précédent, avec lequel il est continu. Il concourt à former les organes, soit en leur fournissant diverses couches, soit en se combinant d'une manière particulière avec les autres tissus composants. Le tissu cellulaire spécial forme parfois une enveloppe extérieure plus forte et plus épaisse autour des parties qui exécutent de grands mouvements; les muscles fournissent des exemples de ces sortes de tuniques. Certains organes, comme la peau, les membranes muqueuses et séreuses, les canaux vasculaires et excréteurs n'ont qu'une de leurs surfaces tapissée par ce genre de solide.

Le tissu cellulaire, qui se propage dans l'intérieur des organes, entoure jusqu'aux plus petites parties dont ils sont formés : ainsi les faisceaux musculaires, leurs fibres et leurs fibrilles, les glandes et les lobules qui les composent, ont chacun une enveloppe celluleuse d'autant plus mince et plus déliée, que la partie qu'elle entoure est elle-même plus ténue.

Examiné sous le rapport de son organisation, le tissu cellulaire se présente sous l'apparence d'une substance homogène, demi-transparente lorsqu'elle est en lames minces, et d'un blanc terne ou grisâtre lorsqu'elle est en couches d'une certaine épaisseur. Cette substance offre, comme il a été dit précédemment, une texture lamelleuse ou filamenteuse; le tissu cellulaire commun fournit de nombreux exemples de la première de ces textures, tandis que la composition filamenteuse se fait surtout observer dans le tissu cellulaire spécial.

Un fluide gazeux ou liquide, que l'on introduit mécaniquement dans le tissu cellulaire, se propage successivement, parcourt une multitude d'aréoles ou cellules irrégulières, formées par l'écartement des lamelles ou filaments, qui sont superposés et s'entrecroisent en sens différents. Le même phénomène a lieu dans le développement de l'emphysème et de l'hydropisie.

Le tissu cellulaire contient beaucoup de vaisseaux capillaires, qui y deviennent très-apparents dans quelques cas de maladies; les nerfs qui s'y rencontrent ne font que le traverser pour se porter à d'autres parties, qu'ils pénètrent et dans lesquelles ils se terminent.

Le système dont nous nous occupons présente de nombreuses différences suivant l'âge et le tempérament des animaux. Dans les premiers temps de la vie fœtale, il ne constitue qu'une masse gélatiniforme, au milieu de laquelle les organes paraissent croître et se développer; cette espèce de gelée ou de glu se débarrasse peu à peu des fluides dont elle est abreuvée, et elle finit par prendre l'aspect et la texture que nous lui avons reconnus dans l'animal adulte. Dans les vieux sujets, le même système perd sa souplesse et son élasticité, devient sec et rigide. Le tissu cellulaire des chevaux du Nord, qui ont de longs et gros poils, paraît plus abondant et plus lâche que dans les chevaux nés et élevés dans les contrées méridionales.

Le tissu cellulaire se putréfie très-lentement dans le cadavre; il fournit, par l'ébullition, beaucoup de gélatine et un peu d'albumine; l'analyse chimique y fait découvrir différents sels.

Pendant la vie, il ne jouit que d'une sensibilité très-obscure; la température atmosphérique fait cependant varier son état, qui se dilate par l'effet de la chaleur et se resserre au froid; il est le siége d'une exhalation séro-albumineuse et d'une absorption que l'on ne peut plus révoquer en doute. Il sert à réunir les organes, à faciliter leurs mouvements, leurs fonctions, et forme autour d'eux une atmosphère d'isolement.

Le chien est, de tous les animaux domestiques, celui dans lequel le tissu cellulaire commun est le plus abondant et le plus vivant.

Dans l'âne et le mulet, ce tissu est plus fin, surtout plus serré que dans le cheval.

Celui du bœuf est plus abondant et plus vivant que celui du cheval.

De tous les animaux domestiques, le mouton est le quadrupède dont le tissu cellulaire a le moins de vitalité : aussi l'anasarque et la cachexie aqueuse sont-elles plus fréquentes dans la bête ovine.

§ II. *Du tissu musculeux.*

On confond généralement le tissu musculeux avec les muscles, qui sont les organes actifs de la locomotion, et sont composés de plusieurs éléments anatomiques diversement combinés. En effet, l'on rencontre dans le muscle les tissus *cellulaire, nerveux, vasculaire, fibreux* et *musculeux.* Celui-ci, essentiellement contractile, y réside en grande quantité ; il se présente sous l'aspect d'une fibre linéaire, molle, tomenteuse, rouge, plissée en zigzag et composée presque exclusivement de fibrine.

On a fait beaucoup de recherches pour connaître la texture intime de l'élément anatomique dont il est question. Les uns prétendent que la fibre musculaire, dégagée de tout autre élément, est composée d'une série de globules, ceux-ci de tubes, ceux-là de vésicules ; d'autres ont soutenu que c'était un filament renflé, serré, ou articulé d'espace en espace ; suivant d'autres encore, elle consisterait en un tube creux, qui contiendrait du sang. M. de Blainville dit que la fibre musculeuse doit être regardée comme un morceau de gélatine qui s'enveloppe d'un tissu cellulaire fibrilliforme. D'après ce savant professeur, cette fibre serait le résultat d'une maille celluleuse très-allongée, dans laquelle se dépose une espèce de matière grise, qui deviendra contractile sous l'influence d'un irritant, et même consécutivement à une détermination volontaire. Tel est l'état de nos connaissances anatomiques relativement à la nature intime de la fibre qui forme la base du système musculaire. Cette fibre, disposée en fascicules et en faisceaux, constitue des masses distinctes, placées entre les différentes pièces du corps, là où des mouvements doivent être produits; et ces masses forment les *muscles*. En résumé, le muscle n'est qu'un faisceau composé de l'assemblage de filaments musculeux; ce faisceau, dont le volume varie, est pénétré, traversé par des vaisseaux, par des nerfs, et contient une grande quantité de tissu cellulaire.

§ III. *Du système nerveux.*

Le système nerveux se compose d'un ensemble de parties continues les unes aux autres, et qui, quoique différentes entre elles, ont un élément commun, la *substance nerveuse*. Répandu partout, mais avec des modifications particulières, ce système peut être comparé à un vaste réseau, dont les filets, interrompus et entrelacés de mille manières, grossissent et s'étendent symétriquement de la périphérie du corps à des masses ou parties centrales, situées dans les cavités intérieures du crâne et de la colonne vertébrale.

On divise communément l'appareil nerveux en système cérébro-spinal et trisplanchnique : le premier comprend le cerveau, la moelle épinière et les nerfs, qui en partent et servent, selon Bichat, à la vie animale; la deuxième division embrasse le nerf grand sympathique ou l'ensemble des nerfs ganglionnaires, encore nommés nerfs de la vie organique. Dans ces deux systèmes, différents par leur disposition et leurs fonctions spéciales, la substance nerveuse se présente sous deux principaux aspects, qui l'ont fait distinguer en substance *blanche* et en substance *grise*.

La substance blanche, encore appelée *médullaire*, parce qu'elle est assez généralement enveloppée par l'autre, comme cela a lieu aux hémisphères du cerveau, présente une couleur d'un blanc laiteux. Elle est plus tenace, plus élastique et plus consistante que la substance grise; et c'est surtout dans les nerfs que ces propriétés se font plus particulièrement remarquer. Plongée pendant quelque temps dans l'alcool ou dans un acide affaibli, elle durcit et laisse alors apercevoir une texture fibreuse. Cette disposition, peu marquée dans certaines parties de la masse encéphalique, devient très-distincte dans les nerfs.

La substance grise, cendrée ou corticale varie de couleur depuis la nuance du gris rougeâtre jusqu'à la teinte brune : cette différence de coloration paraît dépendre uniquement du degré de vascularité de la partie. Elle est généralement molle dans toute l'étendue du système cérébro-spinal, tandis qu'elle offre une certaine fermeté dans les ganglions du trisplanchnique. Par l'immersion dans l'eau, elle

se décolore, et elle durcit comme la précédente lorsqu'on la soumet à l'action de l'alcool ou des acides
affaiblis. On la rencontre toujours par portions isolées dans tous les points où la substance blanche
prend du développement; elle ne présente nulle
texture fibreuse, mais elle est pénétrée par une
quantité prodigieuse de vaisseaux sanguins.

Examinées au microscope, ces deux substances
paraissent formées de globules disposés en séries
linéaires et unis par un tissu cellulaire très-fin. La
nature de ces globules est encore inconnue. Les substances nerveuses dont il est question fournissent,
à l'analyse chimique, deux matières grasses, une
blanche et l'autre rougeâtre (1), de l'albumine, de
l'osmazôme, du phosphore, différents sels et du soufre. Les nerfs contiennent moins de matière grasse
que le cerveau, et celui-ci moins que la moelle épinière; l'on a observé que l'albumine et la matière
grasse se trouvent toujours dans des proportions
inverses.

Le système nerveux est un des appareils organiques, dont le développement est le plus précoce; ses
diverses parties constituantes ne paraissent se
former que d'une manière successive et non simultanée. L'ordre de leur développement dans les animaux est fixé comme il suit : les nerfs et les ganglions apparaissent les premiers, vient ensuite la
moelle épinière ou prolongement rachidien, en
dernier lieu le cervelet et les diverses parties du

(1) *La cérébrine*, de M. Chevreul.

cerveau. La substance nerveuse, presque fluide dans l'embryon, acquiert peu à peu de la consistance, et semble se déposer par couches dans la pie-mère, qui fait fonction de matrice.

L'appareil nerveux préside à tous les actes vitaux; il est le siége des sensations tant externes qu'internes, des mouvements volontaires et involontaires; il est aussi l'agent des opérations de l'instinct. L'essence de ces diverses fonctions est entièrement ignorée; on a abandonné depuis longtemps les explications basées sur les vibrations des nerfs. L'analogie qui paraît exister entre certains effets de l'électricité sur l'organisme animal et quelques phénomènes vitaux a fait présumer dans la substance nerveuse la circulation d'un fluide et attribuer à ce fluide les phénomènes si variés de l'innervation.

1° Le *cerveau* et la *moelle épinière* ou *prolongement rachidien* ont été considérés par M. de Blainville comme des ganglions pulpeux composés des deux substances précédemment décrites, mais avec des différences dans le mode d'association et d'arrangement dans quelque partie de la masse encéphalique. Tantôt la substance grise enveloppe la substance blanche, d'autres fois celle-ci est extérieure à la première : cette dernière disposition se fait constamment observer dans toute l'étendue du prolongement rachidien, où la substance grise est généralement plus molle que dans les diverses parties de l'encéphale. On remarque, en outre, que la substance blanche est continue dans toute l'étendue du système cérébro-spinal, tandis que la grise est distribuée en productions isolées. Le système dont il s'agit est le centre des sensations externes et le point d'où émanent les volitions.

2° Les nerfs *cérébro-spinaux*, cordons arrondis ou aplatis, se portent de l'encéphale et de la moelle épinière dans les diverses parties du corps, où ils se terminent en formant des réseaux anastomotiques d'une extrême ténuité. On peut les diviser en nerfs encéphaliques et rachidiens, ou en nerfs à une seule racine et en nerfs à double racine; d'après les fonctions qui leur sont attribuées, on peut encore les distinguer en nerfs sensitifs, moteurs et mixtes.

En s'éloignant des masses centrales où ils aboutissent, les nerfs se divisent en branches, rameaux, ramuscules; et ces divisions sont un simple écartement des faisceaux ou fascicules qui les composent. Dans leur trajet ils s'anastomosent, s'enlacent pour former des plexus; après avoir fourni un grand nombre de ramifications, ils gagnent et pénètrent les organes, dont l'action est soumise à l'empire de la volonté. En se terminant dans ces organes, ils forment tantôt des expansions membraniformes, d'autres fois ils s'associent avec les vaisseaux pour former des houppes, des papilles, des mamelons.

Les nerfs sont composés de fibres, que l'on peut subdiviser en filets très-ténus, juxtaposés parallèlement et présentant entre eux des réunions plexiformes. Tous ces filaments nerveux sont unis par un tissu cellulaire qui semble n'être qu'une dépendance de l'enveloppe cellulo-vasculaire, que l'on nomme *névrilème*, et dans laquelle se trouve compris le nerf en entier. Cette gaîne commune, continue avec la pie-mère de la masse cérébro-spinale, est évidemment fibreuse dans certains nerfs, tandis qu'elle ne résulte le plus ordinairement que d'une condensation du tissu cellulaire autour des cordons nerveux. L'acide nitrique affaibli dissout le névrilème, et laisse à nu la pulpe nerveuse; les alcalis, au contraire, dissolvent cette dernière substance, et le névrilème reste intact.

Dans les jeunes animaux, les nerfs sont généralement plus gros et plus mous que dans les animaux avancés en âge. Leur fonction est de contribuer à l'exercice des sensations externes, de transmettre les mouvements volontaires, et de conduire les volitions suivant qu'ils sont à une ou à deux racines.

3° Le *système du trisplanchnique* ou *grand sympathique* se compose d'un assemblage de cordons, solitaires ou entrelacés sans symétrie, et fréquemment interrompus dans leur trajet par de petits renflements nommés ganglions. Cet appareil nerveux, continu dans toutes ses parties, communique avec les nerfs encéphaliques et spinaux, transmet l'influence nerveuse aux organes des fonctions involontaires et des sensations internes, sans conduire les impressions reçues par ces organes jusqu'au centre de perception.

Les nerfs dépendants de ce système peuvent être distingués en trois séries : les cordons qui se rendent d'un ganglion à l'autre; ceux qui font communiquer les premiers avec les nerfs spinaux; enfin les

rameaux, qui partent des ganglions pour aller se
terminer dans les organes. Tous les nerfs de cet appareil sont généralement plus gros près des ganglions
que dans le reste de leur étendue; les cordons qui
se rendent aux organes sont les seuls que l'on aper-
çoive se renfler et diminuer alternativement de
grosseur avant de s'y plonger. Dans leur trajet, les
nerfs ganglionnaires forment entre eux et avec les
nerfs cérébro-spinaux divers plexus, dont les plus
compliqués occupent les cavités splanchniques; ils
se terminent d'une manière encore inconnue dans
les parois des artères et dans plusieurs viscères, tels
que le cœur, le canal digestif et ses annexes, les
organes urinaires et génitaux.

De même que les cérébro-spinaux, les nerfs du
système trisplanchnique sont composés de fibrilles
médullaires unies par du tissu cellulaire, et ils ont
une enveloppe névrilématique; ils sont généralement d'un blanc moins éclatant que les premiers, et
présentent une consistance plus marquée, qui diminue au fur et à mesure que les cordons se divisent.

On donne le nom de *ganglions* à de petites masses nerveuses, très-consistantes, de volume et de
forme très-variables, et dont la couleur est un gris
rougeâtre. Les corps dont il s'agit sont composés de
deux substances : l'une, intérieure, blanche et disposée en filaments, résulte évidemment de la continuité des fibrilles nerveuses qui aboutissent au ganglion; l'autre, extérieure, entoure la première,
forme l'écorce du corps et en a la couleur. Un tissu
cellulaire condensé constitue l'enveloppe ou le né-

vriléme du ganglion, qui reçoit de nombreux capillaires sanguins.

Parmi les nombreuses opinions sur les prétendues fonctions des ganglions nerveux, la plus généralement admise est celle d'après laquelle ces petits corps seraient autant de foyers d'action nerveuse présidant aux actes de la vie végétative.

§ IV. *Du tissu adipeux ou graisseux.*

Le tissu adipeux a été longtemps confondu avec le tissu cellulaire; on le considère actuellement comme étant un système parfaitement distinct, qui comprend un ordre de vésicules microscopiques, agglomérées et remplies d'une substance connue sous le nom de graisse. Dans les animaux d'un certain embonpoint, on le trouve répandu sous la peau, où il est disposé par couches successives (1); on le rencontre aussi en quantité dans les interstices des muscles, autour des gros vaisseaux, à la base du cœur, aux environs des reins, entre les lames du mésentère et de l'épiploon, où il se présente sous la forme de rubans; il existe en peloton dans l'orbite, ainsi que dans le canal rachidien, et il se fait également ment remarquer dans les cavités intérieures des os;

(1) Le lard des porcs abattus dans Paris et aux environs présente constamment deux couches superposées : l'une, plus ferme que l'autre, est externe et adhérente à la peau. Les charcutiers attribuent généralement la formation de la couche interne à un changement de nourriture. Nous avons été peu satisfaits des divers renseignements recueillis sur ce point. Si la formation de la couche interne dépend d'une circonstance particulière, il nous paraîtrait plus raisonnable d'en rapporter la cause à la castration des animaux.

l'intérieur de l'œil et du crâne, les paupières, la ligne médiane, les poumons et le tissu cellulaire sous-muqueux n'en présentent jamais.

Dans les premiers temps de la vie fœtale, on ne trouve aucune trace de tissu graisseux ; vers le milieu de la durée de la gestation, on commence à apercevoir, sous la peau, quelques vésicules adipeuses ; on les voit ensuite s'y multiplier jusqu'à la naissance et apparaître enfin dans les cavités splanchniques, où elles subsistent encore dans l'extrême vieillesse, à l'époque même où elles cessent d'être graisseuses dans les autres parties du corps.

Les recherches anatomiques prouvent que les vésicules adipeuses sont agglomérées au moyen d'un tissu cellulaire, et qu'elles forment autant de loges distinctes, sans nulle communication entre elles. Des capillaires artériels et veineux rampent à leur surface ; mais on n'y a point encore observé de nerfs.

Le tissu adipeux ne paraît nullement sensible dans l'animal vivant ; les vésicules qui le composent sécrètent et contiennent la graisse, substance qui doit être considérée comme un aliment tenu en réserve pour servir plus tard à la nutrition des différentes parties du corps. Il serait superflu de rapporter ici les différentes explications émises sur la sécrétion graisseuse, il demeure constant que cette opération est une véritable exhalation effectuée par les parois des vésicules. Le repos absolu, la privation de certains sens, la castration sont autant de causes favorables à la formation de la graisse ; tandis que les

exercices forcés et continus, les copulations fréquentes, les excitations à ces actes retardent ou empêchent l'engraissement des animaux, quelles que
soient d'ailleurs la quantité et la qualité de la nourriture.

La graisse déposée dans les vésicules du tissu
adipeux y existe à l'état fluide ou demi-fluide, et par
le refroidissement elle devient plus ou moins con-
crète. Cette substance, huileuse et plus légère que
l'eau, offre des caractères qui diffèrent dans chaque
espèce d'animal, et dans le même individu, suivant
les régions du corps où elle a été formée. La graisse
des herbivores et des omnivores domestiques est
blanche ou jaunâtre, ordinairement inodore et sans
saveur bien déterminée; il est cependant exact de
dire qu'elle est susceptible de prendre l'odeur et la
saveur des aliments qui ont été employés à l'engraissement. Elle se fond dans l'eau chaude et n'éprouve
aucun changement dans l'eau froide; peu soluble
dans l'alcool froid, elle se dissout promptement dans
la même liqueur en ébullition. Elle se dissout aussi
dans les huiles fixes, et forme avec les alcalis un
composé, qui est le savon. Soumise à la distillation,
elle fournit les acides sébacique, acétique, margarique, oléique, une huile volatile très-odorante, plus
du carbone et de l'hydrogène deuto-carboné. Par
les alcalis, on en obtient les acides margarique et
oléique, avec un principe doux nommé *glycérine*.
M. Chevreul a, en outre, découvert dans la graisse
deux principes immédiats, la *stéarine* et l'*oléine*,
dont les proportions respectives déterminent la flui-

dité ou la consistance, ainsi que la fusibilité de toutes les graisses. Certains corps gras fournissent encore des principes particuliers, tels que l'*hircine* dans la graisse du bouc et la *butyrine* dans le beurre.

Dans le chien et dans les herbivores monodactyles, la graisse est la même par tout le corps, et sa consistance ne parait pas différer d'une région à une autre.

Les herbivores ruminants portent deux espèces de graisse, le suif, et la graisse proprement dite; et la différence principale en est due aux principes immédiats, qui n'existent pas partout dans les mêmes rapports : ainsi, la stéarine, étant plus abondante dans une région, donne à la graisse de cette région une consistance particulière qu'on ne remarque pas ailleurs. La même observation s'applique au porc, dans lequel on distingue l'axonge, le lard, et la graisse proprement dite.

§ V. *Du système séreux.*

Ce système, que l'on désigne aussi par le nom de *tissu kysteux*, n'est véritablement qu'une modification du tissu fondamental ou cellulaire. Il existe partout où doit s'effectuer un mouvement, se présente sous la forme de membranes fines, blanches, extensibles, qui ont la double faculté d'absorber et d'exhaler.

Considérées en général, les membranes séreuses forment des vessies, fermées de toutes parts, placées entre les organes, qu'elles isolent et autour desquels elles entretiennent une sorte d'atmosphère : les unes, simples, ne constituent qu'une sorte d'ampoule ou de vésicule ; d'autres forment une double gaine, afin de laisser passer les parties qu'elles entourent ; quelques autres, plus compliquées, tapissent d'abord les organes, puis se réfléchissent sur les parois de la cavité qu'elles renferment. Quoi qu'il en soit de ces différentes formes, les membranes séreuses ne sont perméables que par les vaisseaux qui les pénètrent ; les fluides exhalés dans leur intérieur sont complétement isolés, et ne peuvent pas passer d'une cavité dans une autre, comme cela a lieu dans les aréoles du tissu cellulaire.

Toutes les membranes séreuses présentent deux surfaces, l'une libre et l'autre adhérente ; celle-ci tient aux parties avec lesquelles elle est en rapport, tantôt d'une manière lâche et d'autres fois d'une manière intime, au moyen d'un tissu cellulaire, dont la laxité et la densité sont extrèmement variables. La face libre des membranes séreuses, partout contiguë à elle-même, est lisse, luisante et toujours humide. Examinée au microscope, elle laisse apercevoir une multitude de petits prolongements villeux, qui sont réunis en pinceau dans les membranes préposées à la sécrétion de la synovie.

Les membranes séreuses ne sont point homogènes ; elles ont une apparence fibreuse, qui est plus ou moins marquée. Elles ne sont, comme il a été dit, que le résultat d'un tissu cellulaire, condensé et modifié de manière à former de grandes cavités. Si l'on cherche, en effet, à établir les rapports qui existent entre les tissus cellulaire et séreux, on trouve 1° que la texture lamelleuse est très-évidente dans les membranes séreuses et qu'elle y est d'autant plus serrée, qu'on approche davantage de la surface libre; 2° que les vaisseaux sanguins n'y deviennent apparents que dans le cas de congestion ou d'inflammation; 3° qu'elles sont le siége d'une exhalation séreuse, analogue à celle qui a lieu dans les mailles du tissu cellulaire; 4° que les membranes séreuses accidentelles, comme celles des kystes et des fausses articulations, se développent dans le tissu cellulaire; 5° que le tissu séreux donne, à l'analyse, les mêmes produits que le cellulaire; 6° enfin que le tissu séreux, de même que l'élément cellulaire, se putréfie lentement et devient opaque par la dessiccation.

Les membranes formées de tissu séreux et dont la sensibilité est à peu près nulle, se distinguent en *splanchniques* et en *synoviales*.

1° Les *séreuses splanchniques*, membranes propres aux viscères, mais différentes entre elles par leur étendue et leur épaisseur, présentent toujours deux portions, dont une enveloppe l'organe, excepté les points autour desquels elle se réfléchit pour se porter ailleurs : cette première partie peut être considérée comme une *tunique vésicale*. L'autre portion, qui fait suite à la première, et qui est une continuité de ses replis, se répand sur les parois de la cavité, et devient véritablement *portion pariétale* : ces membranes, généralement peu nombreuses, sont humectées à leur surface contiguë par de la sérosité, qu'elles déposent et résorbent continuellement.

Cette humeur, qui contient de l'eau, de l'albumine et une matière coagulable, rend plus complet l'isolement des organes, et facilite leur glissement les uns contre les autres. Toutes les séreuses splanchniques consistent en un feuillet unique, formé d'une couche de tissu cellulaire d'autant plus rapproché et condensé, qu'on l'examine plus près de la surface libre. Elles sont très-vasculaires, contiennent une immense quantité de vaisseaux blancs ou séreux, qui deviennent apparents par l'injection, la congestion et l'inflammation. Les fonctions qu'elles remplissent sont entièrement liées avec les autres phénomènes organiques, et elles jouent des rôles importants dans les maladies.

2° Les *séreuses synoviales*, ainsi dénommées, parce qu'elles sécrètent la synovie, sont constituées de la même manière que les séreuses splanchniques. Comme ces dernières, elles présentent des sacs exactement clos, mais plus nombreux et moins grands. Elles se rencontrent entre toutes les parties qui frottent les unes sur les autres, et elles facilitent leur mouvement. On les divise en *articulaires* et en *tendineuses*. Les premières composent les capsules séreuses des articulations diarthrodiales. Elles sécrètent, comme les séreuses splanchniques, une humeur qui s'accumule dans leur cavité et facilite le glissement des parties. Elles forment partout des vésicules dont la forme et la grandeur varient, dont la surface externe a des connexions plus ou moins étroites avec les parties voisines, dont la surface interne, lisse, contiguë à elle-même et lubrifiée par

la synovie, est garnie de villosités et de prolongements frangés. L'adhérence de la synoviale articulaire avec les cartilages diarthrodiaux est tellement
intime, que plusieurs anatomistes pensent qu'elle ne
se prolonge pas au delà de leur circonférence. Les
adhérences pseudo-membraneuses semblent devoir
résoudre la question et ne laisser nul doute sur les
prolongements dont il s'agit.

Les membranes synoviales articulaires, molles et
demi-transparentes portent des pelotons graisseux,
placés à leur extérieur ou dans leur épaisseur même,
et improprement appelés *glandes synoviales*. Ces
pelotons, dont le volume varie, sont presque entièrement formés de tissu adipeux, et contiennent une
plus ou moins grande quantité de graisse.

L'humeur perspirée et déposée dans les capsules
synoviales constitue la *synovie*, liquide visqueux,
filant à la manière des huiles, qui est composé d'eau,
de gélatine, d'une matière incoagulable, et fournit
différents sels. Ordinairement incolore et transparente, la synovie acquiert parfois une teinte citron-
née, et elle se prend en gelée lorsqu'on la laisse reposer au sortir des articulations. Elle sert d'enduit
aux cartilages diarthrodiaux, concourt à entretenir
la souplesse des parties et la liberté des mouvements.

Les synoviales tendineuses, de même nature que
les synoviales articulaires, sont annexées aux tendons qui frottent contre les parties voisines; et elles
forment deux sortes de poches. Les unes sont des
vésicules arrondies, tenant, d'une part, au tendon,

et, d'autre part, à la partie sur laquelle il glisse. Les autres synoviales tendineuses, appelées vaginales, se composent toujours de deux gaînes cylindriques, emboîtées l'une dans l'autre. La gaîne externe tapisse le canal où est enfermé le tendon, tandis que l'interne entoure circulairement ce tendon. En général, ces membranes sont en rapport avec des os ou avec des anneaux fibreux, et elles sont surtout très-communes autour des articulations. La synovie renfermée dans ces bourses vésiculaires est un liquide visqueux, oléiforme, dans lequel l'on trouve de l'albumine et du mucus.

§ VI. *Du système muqueux.*

Ce système embrasse les diverses expansions membraneuses, plus ou moins étendues, qui tapissent certains organes intérieurs et communiquent à l'extérieur avec la peau. Quelques anatomistes le considèrent comme étant une continuité du derme, et le désignent sous le titre de *système dermeux interne,* ou *muco-derme.*

L'ensemble de tout le système muqueux peut se réduire à deux divisions principales, *la membrane gastro-pulmonaire et la muqueuse génito-urinaire.* La première tapisse les voies digestives, pulmonaires, olfactives, lacrymales et auditives; la seconde, commune aux organes génitaux et urinaires, offre bien moins d'étendue, et n'a qu'une seule ouverture extérieure, par laquelle elle se réunit avec la peau.

Ces membranes exhalantes et inhalantes sont

toujours en contact avec des substances ingérées ou excrétées. Leur face adhérente tient aux organes, qu'elles concourent à former, par un tissu cellulaire tantôt fin et serré, tantôt lâche et abondant. La muqueuse de l'œsophage, de l'estomac, du tube intestinal, de l'utérus, etc., se trouve doublée par une couche musculeuse plus ou moins épaisse. Leur surface libre, toujours enduite d'un fluide visqueux, présente diverses dépressions, ainsi que des saillies papillaires et villeuses, qui, quoique généralement répandues, ne sont pas également disséminées partout.

Les *papilles* sont de petites éminences coniques plus ou moins saillantes et douées d'une sorte d'érection. Leur existence ne peut être constatée que dans quelques points du tissu muqueux, comme à la surface supérieure de la langue. L'opinion générale les regarde comme étant formées par l'association des capillaires sanguins et des dernières ramifications nerveuses. Elles sont, à n'en pas douter, le siége des impressions sensoriales particulières aux parties du système muqueux, où elles existent.

Les *villosités* ne se rencontrent que dans la muqueuse gastro-intestinale, où elles constituent de petits prolongements myrtiformes, plus ou moins longs et multipliés. Ces productions villeuses, dont la ténuité est celle d'un cheveu très-fin, paraissent composées de capillaires sanguins et lymphatiques anastomosés; elles sont terminées par des pores microscopiques.

Les *follicules* ou *cryptes* se présentent sous la

forme de petites ampoules, logées dans l'épaisseur du tissu muqueux et terminées par un col très-court. On les remarque dans toutes les parties du système muqueux, où les uns sont solitaires et isolés, d'autres sont rapprochés et agglomérés. Chaque follicule se compose d'une vésicule, n'ayant qu'une ouverture exérieure, destinée à livrer passage au fluide déposé dans la cavité. Tantôt cette ouverture est isolée à la surface libre de la membrane; d'autres fois elle aboutit dans une cavité commune à plusieurs cryptes et que l'on appelle *lacune*. Ces follicules sécrètent un fluide onctueux, destiné à lubrifier les surfaces des membranes muqueuses, exposées au contact des substances étrangères. Par son séjour dans la cavité folliculaire, le fluide excrété acquiert des qualités qu'il n'avait pas auparavant, et qui le rendent plus propre à remplir sa destination.

La structure élémentaire du tissu muqueux résulte de la superposition de deux couches, l'une appelée *le chorion* et l'autre *l'épiderme*. Le chorion ou derme muqueux se présente sous l'apparence d'une substance molle, spongieuse, granulée ou tubulée. Sa couleur, qui varie du rouge vif au blanc rosé ou grisâtre, dépend de la plus ou moins grande quantité des vaisseaux sanguins, généralement très-nombreux dans les points où il existe beaucoup de follicules et de villosités. Le muco-derme offre dans certaines parties une épaisseur et une densité remarquables, qui sont évidemment dues à la condensation du tissu cellulaire sous-muqueux.

L'épiderme ou *epithelium*, identique à l'épiderme de la peau, n'est pas sensible dans toute l'étendue du système muqueux. En certains endroits, comme au rumen, au sac gauche de l'estomac du cheval, à la bouche, etc., ce feuillet épidermique a beaucoup d'épaisseur; tandis qu'il ne se fait pas apercevoir au sac gauche de l'estomac, qui est enduit d'un mucus glaireux, épais et abondant.

Le tissu muqueux est très-perméable, hygrométrique, très-peu extensible et nullement élastique. Sa perméabilité est telle que les imbibitions s'y effectuent avec une extrême facilité, même pendant la vie des animaux. Il donne à l'analyse chimique beaucoup de gélatine, se putréfie très-vite, et les acides en produisent la dissolution. L'action de l'acide sulfurique le rend noir, tandis que les acides muriatique et nitrique lui impriment une couleur d'un jaune orangé.

Le derme muqueux jouit de la contractilité de tissu comme la plupart des autres solides organiques; sa sensibilité est très-élevée, surtout dans les parties placées près des ouvertures naturelles, qui sont le siége de sensations spéciales.

Le système muqueux sert à deux grandes fonctions, l'absorption et la sécrétion. La première de ces fonctions, plus ou moins active suivant les régions et selon les différents états de la vie, s'opère par les villosités, qui ne paraissent cependant pas être les seuls agents d'absorption. La sécrétion est de deux espèces : l'une, perspiratoire, verse dans la cavité un fluide séreux, et l'autre, folliculaire ou crypteuse, fournit le mucus, qui forme le vernis dont est pourvue la surface libre.

§ VII. *Système tégumentaire.*

Ce système comprend la peau, membrane très-organisée, qui forme l'enveloppe extérieure de tout le corps et remplit plusieurs fonctions importantes. Cette enveloppe, très-étendue et toujours en contact avec des substances étrangères, sert d'abri défensif au corps; elle entretient une perspiration abondante (l'insensible transpiration), qui consiste à rejeter au dehors des fluides superflus, conséquemment à entretenir une dépuration salutaire; elle absorbe aussi une partie des fluides répandus à sa surface; enfin elle est l'organe d'un sentiment particulier que l'on appelle le *tact*.

Le système tégumentaire n'est pas simple; il se compose d'un appareil de tissus distincts, qui doivent être examinés séparément.

1° Le *derme* est la couche principale, la plus profonde de la peau, celle qui en forme presque toute l'épaisseur, et qui s'unit aux parties sous-jacentes par un tissu cellulaire plus ou moins abondant. Ce premier feuillet cutané paraît n'être qu'une modification du tissu cellulaire; il est composé, comme celui-ci, de filaments et de lamelles entrelacés, feutrés, qui laissent entre eux des vacuoles d'autant plus petites, qu'on les considère plus près de la surface externe. Le derme peut donc être caractérisé comme étant une couche cellulo-fibreuse, blanchâtre, extensible, peu élastique, dont la trame est d'autant plus serrée qu'elle est plus extérieure, couche dont l'épaisseur varie suivant les parties, et qui se trouve en rapport, d'une part, avec le tissu cellulaire sous-cutané, et de l'autre avec le feuillet externe, tégumentaire, *l'épiderme*.

Beaucoup d'anatomistes distinguent dans le derme trois couches superposées : le *chorion*, le *corps papillaire* et le *corps muqueux*. Le chorion, la couche la plus profonde, forme le canevas de la peau et donne à cette membrane la solidité dont elle a besoin pour constituer une enveloppe protectrice. Le corps capillaire, seconde lame du derme, consiste en un assemblage de petites papilles formées par les extrémités des nerfs et des vaisseaux, qui s'insinuent dans les vacuoles du chorion, et viennent se grouper à la périphérie en petits pinceaux, en petites pénicelles, dans un tissu spongieux, érectile. Enfin le corps muqueux, la partie la plus externe, est considéré par *Malpighi* comme un mucus sécrété par les papilles, et étendu à leur surface (1). Feu *Chaussier*, M. le professeur *de Blainville* et autres nient cette superposition précédente, et pensent que cette manière d'envisager la composition du derme est plutôt le résultat de l'esprit que de l'observation anatomique. Le derme n'est, selon eux, qu'un solide simple, formé de fibres denses et entre-croisées à la manière d'un feutre ; cette couche dermique, tra-

(1) *Physiologie de l'homme*, par N.-P. Adelon, 4 vol. in-8, 1829, tome I, p. 261 et suiv.

versée, pénétrée par des nerfs et des vaisseaux, présente, du côté de sa surface externe, diverses vacuoles, un réseau vasculo-nerveux et une multitude de papilles érectiles diversement modifiées suivant la région du corps.

Le tissu dermique jouit d'une contractilité fibrillaire en vertu de laquelle la peau se resserre sous l'influence du froid, et se dilate sous celle de la chaleur. La sensibilité dont il est susceptible paraît ne résider que dans les papilles et dans le réseau vasculo-nerveux ou tissu érectile.

2° L'*épiderme*, deuxième feuillet cutané, est une membrane inorganique, très-mince, qui semble être le produit d'un suc albumineux, solidifié, et étalé à la surface du derme pour préserver les papilles nerveuses du contact immédiat des corps ambiants. Dépourvue de vaisseaux et de nerfs, cette membrane s'use par le frottement, croît et se reproduit par l'effet d'une nouvelle excrétion; son adhérence avec la couche dermique est intime, et se fait 1° par les vaisseaux exhalants et absorbants qui s'ouvrent à la périphérie de la peau, 2° par les poils qui s'élèvent de la surface du derme, 3° enfin par un tissu filamenteux très-fin et trop ténu pour qu'on puisse en reconnaître la texture.

L'épiderme s'insinue dans les vacuoles de la surface externe du derme, pénètre dans les follicules sébacés, ainsi que dans les bulbes des poils, et offre d'autant plus d'épaisseur, que les parties sont exposées à un plus grand frottement. Dans l'état habituel, il ne peut être isolé et détaché du derme;

mais la putréfaction, la macération, l'action de l'eau bouillante, etc., produisent le soulèvement du feuillet épidermique et sa séparation d'avec la couche sous-jacente.

3° Les *follicules sébacés* sont des ampoules vésiculaires, qui se distinguent des follicules muqueux principalement par l'humeur qu'ils fournissent. Ils sont placés dans l'épaisseur du derme, sont plus gros, plus nombreux partout où la peau forme des plicatures et où elle éprouve des frottements. On les trouve très-développés et multipliés dans la peau du fourreau, des mamelles, des ars postérieurs, de l'intervalle interdigité dans les animaux didactyles. Les corps crypteux dont il s'agit sécrètent une humeur huileuse, sorte de liniment onctueux, plus ou moins épais et abondant : ce produit a une odeur animale plus ou moins forte, qui varie suivant les régions, et son office est d'entretenir la souplesse de la peau, comme aussi de la défendre de l'impression des corps liquides.

4° Les *poils*, productions filamenteuses très-multipliées et implantées dans l'épaisseur du derme, s'élèvent de la périphérie de la peau, la couvrent et lui fournissent un vêtement naturel, propre à l'abriter du contact des corps extérieurs. Dans les monodactyles et le bœuf, ce vêtement constitue la *robe*, dont les nuances, quoique variées, ne dépendent que de trois couleurs primitives, le *noir*, le *rouge* et le *blanc*. Les poils des mêmes quadrupèdes se distinguent, d'après leur longueur et leur grosseur, en *poils proprement dits* et en *crins*. Le vêtement pileux de la bête ovine porte le nom de *toison*, formée par la *laine*, dans laquelle se trouvent souvent mêlés de longs poils, qu'on appelle la *jarre*. Dans les oiseaux , les plumes remplacent les poils, avec lesquels elles ont les plus grands rapports.

Les poils offrent deux parties à considérer, le *bulbe* et la *tige*. Le bulbe, partie vivante et située profondément dans le derme, est l'organe central de nutrition et de reproduction du poil; il est composé d'une capsule fibreuse, ferme , blanche, contenant une substance pulpeuse, et il forme une véritable papille conique. Cette capsule est entourée de nerfs et de vaisseaux qui la pénètrent et vont se rendre à la papille.

La tige du poil est implantée par sa base dans le bulbe, dont elle embrasse la papille, et son extrémité libre est souvent fendillée, plus ou moins divisée. Cette tige, creuse et composée de filaments cornés, donne passage intérieurement à un prolongement du bulbe; extérieurement elle est revêtue d'un autre prolongement épidermique. Elle s'allonge par l'addition des sucs qui émanent du corps bulbeux ; et cette sécrétion pileuse produit une série de cônes emboîtés les uns dans les autres de manière que le plus élevé, le cône du sommet du poil, est celui qui a été formé le premier. D'après ce mode d'organisation, il est facile d'expliquer pourquoi il y a des poils caducs et qui tombent à certaines époques. Il est également aisé de concevoir que la reproduction des poils doit toujours être subordonnée à l'intégrité du bulbe, dont la destruction ou la désorganisation entraîne l'inter-version ou l'anéantissement de la sécrétion pileuse. A ces considérations, nous ajouterons que les qualités du poil, telles que la finesse et la souplesse, qualités si recherchées dans le commerce pour le poil de certains animaux, doivent toujours être rapportées à l'état général de la peau, auquel état participent constamment les bulbes pileux. Ainsi les chevaux dont la peau est épaisse ont des poils longs et gros, et le contraire a lieu dans les individus qui ont un tégument mince et souple. La même remarque s'applique au vêtement pileux des bêtes bovines, et elle semblerait devoir s'étendre à tous les autres quadrupèdes domestiques, surtout aux bêtes ovines, dont la laine est si variable par sa longueur, sa finesse et sa souplesse.

5° La *corne* est un solide de même nature que les poils, solide qui se développe, se régénère, se nourrit de la même manière que les poils, et qui paraît n'être, comme eux, qu'un produit d'excrétion. Dans tous les animaux domestiques, la corne revêt l'extrémité de chaque doigt, où elle forme, suivant son étendue et sa disposition, soit un sabot, soit un crochet. Tous les herbivores portent des sabots, et les pieds du porc en sont également pourvus ; les doigts des autres animaux se terminent par des crochets plus ou moins aigus et rétractiles. Le cheval présente, en outre, à la face interne de chaque membre, une petite plaque cornée, que l'on appelle la *châtaigne*; un gros mamelon de même nature réside à la face postérieure du boulet des chevaux communs, et ce mamelon est désigné par le nom d'*ergot*. Ces productions cornées sont d'autant plus développées, que la peau est elle-même plus épaisse; aussi l'ergot, saillant dans les chevaux du Nord (1), manque ou est très-petit dans les chevaux fins. La châtaigne de l'âne n'est marquée que par une surface chagrinée, de la grandeur d'une pièce de 5 fr. La couche extérieure des défenses dont est armée la tête des ruminants est de la même substance que celle du sabot. Le bec des oiseaux gallinacés doit sa formation à deux prolongements cornés, dont le supérieur est plus grand, plus allongé que l'inférieur, et celui-ci est toujours plus ou moins courbé à son extrémité libre.

On distingue, dans la corne comme dans le poil, deux parties constituantes, dont une, sous-jacente et vivante, est le tissu *réticulaire;* l'autre, extérieure, inorganique, est la *corne proprement dite.*

A. Le tissu réticulaire, vulgairement la *chair de corne,* est une expansion vasculo-nerveuse, très-organisée, très-sensible, et placée immédiatement sous l'ongle, avec lequel elle contracte des adhérences très-fortes. Cette couche sous-ongulée, plus ou moins épaisse et étendue suivant les parties, peut être comparée au bulbe pileux, avec lequel elle a les plus grands rapports; nous la considérerons comme un véritable corps papillaire, dont la structure serrée, résistante et très-vasculaire jouit

____

(1) L'ergot est même caduc et se renouvelle annuellement dans certains gros chevaux du Nord.

d'une certaine élasticité, et fait en certains endroits l'office de coussin. La couche dont il s'agit tient aux parties sur lesquelles elle se trouve appliquée, tant par les nerfs et les vaisseaux, qui vont se ramifier dans sa substance, que par le tissu cellulaire qui la pénètre. Elle laisse échapper de toute sa périphérie une multitude de prolongements divers, qui s'insinuent dans la corne et y distribuent indubitablement la matière nutritive. L'expansion papillaire du pied des monodactyles est très-développée, très-étendue, et ses prolongements extérieurs se montrent sous deux aspects différents. A la paroi et vers les talons, ils forment une multitude de lamelles longitudinales, rangées parallèlement les unes tout près des autres, et disposées comme les feuillets d'un livre, découpés très-court et au même niveau. Ces lamelles, pourvues d'un velouté doux, s'engrènent avec les feuillets de la corne; elles multiplient ainsi les surfaces de contact sans en augmenter l'étendue, et cet engrènement assure l'union de la corne avec les parties sous-jacentes. Partout ailleurs les prolongements papillaires ont l'apparence de poils touffus, irrégulièrement couchés, plus ou moins longs et tassés, et ces filaments correspondent à des canaux de la corne, d'où ils sont sortis. Dans les ruminants, la couche papillaire des cornes frontales fournit des prolongements courts, coniques, disséminés sans ordre et ayant la forme de mamelons.

L'organisation intime du corps papillaire est inconnue; elle résulte bien de l'association d'un tissu cellulaire, de nerfs et de vaisseaux, mais on ignore comment s'unissent et comment se combinent ces différents tissus. La couche sous-ongulée ne parait être qu'une modification du derme; elle est le siége d'une sensibilité très-grande, et elle sécrète la matière cornée, qui, n'étant pas reprise par l'absorption, produit des additions continuelles, et détermine ainsi l'accroissement de l'ongle. Ce travail ne suit pas toujours une marche régulière; il éprouve des modifications remarquables que nous aurons soin de faire connaître lorsque nous parlerons de la pousse de la corne.

Le tissu sous-ongulé est susceptible de se reproduire, et ses pertes de substance se réparent promptement, à moins que la partie malade ne tende à la destruction, ou qu'une cause locale ne s'oppose à la cicatrisation.

B. La corne proprement dite offre une organisation différente, suivant les parties où elle réside, et ce solide acquiert de l'accroissement, tant que l'organe qui le produit se trouve en état d'exercer la fonction à laquelle il est spécialement préposé. Dès le moment où la couche papillaire cesse de fournir des sucs nutritifs à la couche cornée, celle-ci cesse aussitôt de prendre de l'accroissement, se dessèche, s'altère promptement et devient corps étranger.

La corne, plus ou moins flexible et élastique, n'a pas partout la même dureté; elle est toujours plus molle, plus tendre, plus abreuvée de liquides dans ses points de contact avec l'expansion papillaire, et elle prend de la dureté au fur et à mesure qu'elle s'éloigne de cette expansion. La partie extérieure la plus éloignée du centre de sécrétion est toujours la plus dure; elle est parfois divisée, cassante et diversement détériorée. Cette différence semble tenir à deux circonstances, dont la première doit être rapportée au mode de nutrition du solide, et à cette première cause il faut ajouter l'action de l'air, qui tend continuellement à enlever les fluides de la partie la plus extérieure, par conséquent à la dessécher et à la rendre plus compacte.

La structure de la corne varie non-seulement en raison des parties qu'elle occupe, mais encore suivant son mode de nutrition et d'accroissement dans la même partie. Ainsi le sabot du cheval et autres monodactyles est évidemment composé de trois principales cornes, simplement accolées ensemble, et qui se séparent l'une de l'autre par l'effet de la simple macération dans l'eau. La corne de la paroi est fibreuse, composée de filaments perpendiculaires unis et agglutinés ensemble. Ses fibres sont disposées sur deux plans distincts, quoique inséparables; l'extérieur le plus dur constitue une couche d'une teinte ordinairement plus foncée que celle du plan interne, dont les fibres sont d'autant plus souples qu'elles sont plus rapprochées du foyer central de nutrition. La texture fibreuse de la muraille se rapproche infiniment de celle des crins; elle devient très-marquée dans certains pieds, surtout dans ceux qui ont été négligés et dont la paroi n'a pas été régulièrement *abattue* (1). Dans cette dernière cir-

(1) Expression employée en maréchalerie pour indiquer un ongle qui n'a pas été coupé, *abattu*.

constance, les fibres du bord inférieur du sabot se dessèchent, se désunissent et s'écartent, en formant des divisions analogues aux bifurcations que l'on remarque à l'extrémité des longs crins. Cette disposition filamenteuse se fait encore observer dans les sabots qui restent longtemps exposés aux injures de l'air, ou qui, après avoir été macérés, ont été enfouis dans la terre et y sont demeurés un certain temps. La corne de la fourchette, toujours la plus molle, la plus flexible, laisse également apercevoir une structure filamenteuse, qui devient apparente toutes les fois que cette partie du sabot s'amollit, se tuméfie et produit des sortes de végétations. La sole, de même que la châtaigne, n'offre aucune texture fibreuse; la corne de ces parties est formée de couches superposées, d'autant plus souples qu'elles sont plus intérieures.

La substance ongulée des cornes du bœuf est composée d'une succession de cornets fibreux et emboîtés les uns dans les autres. Le même mode d'organisation existe dans les cornes du bélier; toutefois on y découvre des lames appliquées les unes sur les autres, et d'autant moins dures qu'elles sont plus rapprochées du corps papillaire.

La corne des pieds, des châtaignes, ainsi que celle qui constitue le bec des oiseaux, se forme pendant la vie fœtale, tandis que la corne frontale des ruminants ne se développe qu'après la naissance. Tant que le jeune sujet reste plongé dans les eaux de l'amnios, le solide que nous examinons conserve l'aspect d'une substance blanche, molle, et d'autant plus consistante que le part est moins éloigné. Le sabot du fœtus monodactyle se développe de bonne heure ; la muraille apparait la première, vient ensuite la fourchette et, en dernier lieu, la sole. Considéré avant la naissance, le sabot est plus gros du côté de la couronne ; il se resserre et se termine en pointe à sa surface plantaire. Le bord inférieur de la paroi est très-allongé, converge vers le centre du pied, recouvre la sole ainsi que la fourchette, et s'unit à des prolongements de cette dernière partie. Les branches de la fourchette s'étendent sur la sole et la dérobent ; après la naissance, l'état des choses change : la substance cornée prend promptement de la dureté, et le sabot s'ouvre, s'évase à sa partie inférieure. Le jeune poulain s'appuie d'abord sur ses pieds pointus, et semble se porter sur des épines. Il se détache de la face inférieure de la muraille un anneau corné représentant une portion d'un petit sabot surnuméraire et caduc ; la chute de cette lame, véritable production épidermique, laisse apercevoir la sole et la fourchette, qui sont déjà bien développées. Par l'effet de la marche et de toutes autres circonstances accessoires, le sabot acquiert insensiblement la forme qu'il doit avoir ; malheureusement, la ferrure, venant à être employée, altère cette forme naturelle, en même temps qu'elle détruit l'élasticité du pied et le rend sujet à de nombreuses maladies.

Ainsi qu'il a déjà été expliqué, la couche papillaire sous-ongulée a pour office la formation de la matière cornée ; cet organe n'est cependant pas le seul agent de cette sorte de sécrétion. L'expérience prouve que la peau concourt à la même fonction, et qu'elle fournit la corne fibreuse de la paroi du sabot. Lorsqu'on enlève une portion un peu étendue de cette muraille, la surface papillaire dénudée ne tarde pas à se garnir de divers points blancs, qui sont autant de rudiments d'une nouvelle corne. Ces petits bourgeons, d'abord mous, blancs et isolés, se rapprochent peu à peu, se réunissent enfin en une seule et même couche mince, peu consistante et jaunâtre; cette production acquiert de la dureté, de l'épaisseur, et finit, si elle n'est chassée, par former une corne rugueuse et de mauvaise nature.

Pendant que ce travail s'opère à la surface du corps papillaire, le bourrelet devient le siége d'une autre sécrétion, d'où émane une substance cornée, qui s'étend en bas et opère une cicatrisation complète de la muraille. Au fur et à mesure que la pousse du bourrelet descend, elle se moule sur le tissu feuilleté, se réunit intimement avec l'ancienne corne restante; elle chasse en bas la couche primitivement formée à la surface vive du corps papillaire, et elle finit par rétablir l'intégrité du sabot. Toutes les fois que la plaie suit cette marche, la cicatrisation devient parfaite, et la corne de nouvelle formation offre toutes les qualités requises. Cet ordre de choses vient-il à être interrompu d'une manière quelconque, la guérison ne s'obtient qu'incomplétement : il y a communément *faux quartier* et diverses autres altérations.

Puisque la bonne régénération de corne dépend

du bourrelet, l'intégrité de cette partie semblerait devoir être l'une des conditions essentielles. L'observation pratique démontre que, lors même que le bourrelet a été détruit avec l'instrument tranchant, la peau qui fait suite à la partie retranchée devient foyer d'une sécrétion cornée, analogue à la première, mais plus lente, en quelque sorte plus difficile. On peut conclure, d'après cela, que le bourrelet n'est pas un organe particulier, mais seulement un renflement de la peau à cet endroit.

L'accroissement de la muraille se fait dans le même sens que celui de sa reproduction, et il a lieu de haut en bas, par son bord inférieur; c'est aussi par le bord inférieur que se fait l'usure, la destruction, de manière que la paroi perd à peu près en raison de ce qu'elle gagne, et il y a dans l'ordre naturel une sorte de compensation : toutes les circonstances susceptibles d'assouplir la corne ou propres à la débarrasser des parties superflues et nuisibles favorisent cet accroissement.

La muraille n'acquiert qu'une certaine épaisseur, qui semble subordonnée à la grosseur du bourrelet, et l'on se demande pourquoi cette partie du sabot ne croît pas en épaisseur aussi bien qu'en longueur. L'explication de cette marche, toute naturelle, nous paraît facile. Si l'on nous accorde que la paroi puisse être supposée, et qu'elle ne soit véritablement qu'un assemblage de poils provenant du bourrelet cutané, nous dirons que ces poils ne peuvent avoir qu'une certaine grosseur, tandis qu'ils peuvent s'allonger presque indéfiniment. Il est bien vrai que l'expansion papillaire fournit un suc corné, mais nous avons vu que la corne pileuse pousse en bas et remplace ce produit, qui n'est pas d'ailleurs de nature à pouvoir former une bonne régénération. On peut donc présumer avec quelque fondement que les fluides sécrétés par le tissu réticulaire fortifient la production pileuse du bourrelet; toutefois ils entretiennent la souplesse, la flexibilité de la muraille; et par cela même qu'ils assouplissent, ils doivent favoriser l'allongement des poils, qui descendent du bourrelet, et qui deviennent arides dès le moment où ils dépassent le corps papillaire. Ainsi, la substance pileuse de la muraille prend racine au bourrelet, d'où elle descend et s'allonge progressivement; en passant sur l'expansion réticulaire sous-ongulée, elle reçoit un secours de nourriture qui entretient une souplesse, une vigueur égales partout; à partir du point où elle quitte le corps papillaire, cette même substance commence à se dessécher et devient comme morte. Cette théorie se trouve confirmée non-seulement par la marche naturelle des choses, mais encore par la formation accidentelle de tous les faux quartiers.

Une remarque qui ne doit pas échapper, c'est que la corne de la muraille est recouverte d'une production épidermique. A la réunion de la corne avec la peau, on voit, en effet, l'épiderme durcir, se continuer sur la paroi et lui fournir une lame mince qui descend vers le bord inférieur. Cette couche, évidemment cornée, est molle dans le fœtus, et forme la lame caduque dont se débarrasse le sabot après

la naissance. La détérioration de la couche épidermique commence donc à cette époque, et le feuillet
dont il s'agit se détruit en majeure partie par l'effet
du frottement, ou par toute autre circonstance de
même nature ; supérieurement, ce feuillet résiste à
la destruction, et il forme autour du bourrelet le
périople, bandelette circulaire de 14 à 18 millimèt.
de hauteur, qui s'étend sur tout le bord supérieur du
sabot, et dont la substance, peu compacte, n'offre
nulle trace fibreuse. A n'en pas douter, la bande
coronaire a le précieux avantage d'empêcher le des-
séchement du bord supérieur de la muraille ; elle
conserve à la partie un certain état de souplesse, favorable et nécessaire à la pousse cornée par le bourrelet.

D'après ce qui vient d'être dit, il semblerait que
les deux couches cutanées, le derme et l'épiderme,
ne feraient que se continuer pour former la corne
de la paroi. La bande coronaire, que la macération
isole, détache de la paroi, est bien une production
de l'épiderme ; mais la couche principale de la muraille, de nature pileuse, n'est sûrement pas une
continuité du derme, dont elle diffère sous tous les
rapports, elle en est seulement le produit, la matière d'excrétion.

La corne de la fourchette, qui offre, comme celle
de la paroi, une structure fibreuse, et dont les filaments parallèles entre eux s'élèvent de dedans en
dehors, paraît avoir la même origine que cette dernière, et être sécrétée par la peau. Ici, les poils cornés semblent tous émaner de la périphérie d'un

prolongement cutané-papillaire ; ils poussent simultanément et augmentent ainsi l'épaisseur de la partie, qui frotte et se détruit par la surface opposée à celle où elle puise les sucs nutritifs. Comme les pertes par, l'effet de l'usure se font principalement le long des branches, l'accroissement de ces parties est aussi plus marqué, plus grand que dans les autres points de la fourchette. La portion du feuillet épidermique, qui appartient à la fourchette, présente plus d'épaisseur et de hauteur (mesure prise de haut en bas) que sur la muraille, et ce feuillet forme vers les talons deux prolongements frangés, que l'on appelle les *glomes* (*glomi furcales*).

La corne de la sole croît aussi en épaisseur, et elle acquiert d'autant plus d'étendue que la fourchette est plus petite, plus maigre (1); sa surface externe, inégale et complétement desséchée, paraît comme écailleuse. Si l'on coupe par lames minces et successives la corne de la sole, on rencontre d'abord une substance friable et farineuse. Lorsque l'on est arrivé à une certaine profondeur, les lames cessent d'être cassantes; elles offrent, au contraire, de la consistance, et elles sont d'autant plus flexibles, que l'on est plus près du tissu réticulaire sous-jacent. Ainsi, la corne dont il s'agit, étant parvenue à une certaine distance du tissu réticulaire, cesse de recevoir des sucs ; elle se dessèche, devient comme morte et se détruit par parcelles, qui tombent d'elles-

(1) L'expression *maigre* est employée en maréchalerie pour désiguer une fourchette déprimée, qui n'a pas les dimensions requises.

mêmes ou par suite d'un frottement quelconque. Ce mode de destruction, sorte d'exfoliation, n'a lieu que dans les chevaux non soumis à la ferrure : autrement il est presque toujours le résultat de la manœuvre employée pour parer le pied, le rendre droit et le disposer convenablement à recevoir le fer; car l'ouvrier effectue rarement cette manœuvre sans porter quelques coups de boutoir dans la sole et sans la débarrasser d'une partie de sa corne. Ainsi, la sole se renouvelle, se régénère continuellement et de la même manière que la fourchette; mais elle s'use différemment quand elle est abandonnée à elle-même.

Comme il a été dit précédemment, la corne constituante de la sole se présente sous l'aspect d'un solide inorganique, dans lequel on ne distingue nulle trace de la structure fibreuse, que l'on remarque à la paroi et à la fourchette. Nous avons vu que ces deux dernières parties naissent immédiatement de la peau, tandis que la corne de sole, qui se développe la dernière et peu de temps avant la naissance, provient d'un tissu velouté et isolé de la peau : ce tissu, diversement comprimé, refoulé sur lui-même, semble être une dégénérescence de ceux qui sécrètent la fourchette et la paroi; toutefois on peut le considérer comme étant moins bien organisé et jouissant d'une moindre vitalité. La corne de la châtaigne, et les diverses productions cornées qui surviennent accidentellement dans quelques points du tégument, ont beaucoup d'analogie avec la corne de la sole et ne laissent voir aucune texture filamenteuse.

La corne frontale des ruminants offre divers rapprochements avec les poils de l'animal, mais elle en diffère sous quelques rapports: de même que les poils, elle est composée d'une série de cornets fibreux emboités les uns dans les autres, et elle représente, quand elle est détachée, une tige creuse plus ou moins contournée et terminée par une pointe arrondie. Au lieu d'être remplie par une substance pulpeuse, la cavité de cette tige est occupée par un prolongement osseux, vulgairement la *cheville* et mieux le *support* de la corne. Dans la bête bovine, dont les poils sont le plus généralement unis et droits, la corne frontale est lisse, noire ou d'un blanc sale; tandis que celle des béliers devient d'autant plus rugueuse et plus contournée, que la laine est elle-même plus plissée et plus élastique.

La corne frontale n'est pas caduque comme certains poils, elle est cependant susceptible de régénération; mais cette reproduction éprouve un grand nombre de variations que nous indiquerons plus loin. Les cornes des taureaux poussent lentement, n'acquièrent qu'une longueur médiocre, sont très-luisantes et plus ou moins arquées : après la castration, elles prennent un grand développement, et elles perdent le luisant qu'elles avaient avant l'ablation des organes reproducteurs; elles s'allongent et se contournent d'autant plus que l'animal a été châtré plus jeune. Une marche toute contraire se fait remarquer dans le bélier : tant que l'animal n'a pas été mutilé, les cornes poussent avec vigueur, se contournent en spirale et acquièrent une longueur considérable. La castration empêche le développement de ces parties, et elle arrête complétement leur croissance (1).

Les cornes des bêtes bovines, qui ne se développent qu'après la naissance, portent, pendant toute la première année, une couche épidermique, analogue à celle du sabot. Ce feuillet, par lequel la corne fait éruption, rend la surface de la partie terne, inégale et écailleuse. Vers l'âge d'un an à quinze mois, il commence à tomber par lames, par écailles, et laisse apercevoir le cornet sous-jacent, qui est lisse et luisant. Cette destruction s'opère d'abord du côté de l'extrémité libre de la corne, à une certaine distance du bout, et elle gagne progressivement; mais elle ne devient jamais complète du côté de la peau, autour de laquelle subsiste toujours une lame coronaire, véritable périople, dont l'office principal est d'entretenir la souplesse de l'origine de la corne.

A l'âge d'environ vingt mois à deux ans (plus tôt dans le taureau que dans la génisse), la corne frontale se trouve débarrassée de la couche produite par l'épiderme; elle offre alors une surface luisante, parfaitement unie, et elle prend une vigueur particulière.

A partir de la deuxième année, la base de la

____

(1) La castration du jeune cerf empêche aussi la formation des bois, et celle du jeune poulain nuit prodigieusement au développement de sa crinière.

corne des mêmes quadrupèdes devient noueuse, se garnit d'une succession de cercles, dont le nombre augmente d'un par chaque année; ces cercles prennent naissance autour de la peau, d'où ils s'écartent progressivement, de manière que le cercle le plus ancien, le premier formé, se trouve toujours le plus éloigné du front. Vers la fin de cette deuxième année, il survient une dépression circulaire, qui coupe en quelque sorte le cornet bisannuel et en interrompt la continuité avec la peau (1).

Le travail de la troisième année consiste dans la formation d'un cercle suivie d'une dépression, et le même travail a lieu pour chacune des années suivantes (2).

Les cercles frontaux peuvent, jusqu'à un certain point, servir d'indices pour parvenir à la connaissance de l'âge; néanmoins ces sortes de marques ne sont pas toujours sûres et elles ne donnent parfois que des notions vagues. Le développement des trois à quatre premiers cercles est assez régulier, surtout dans la vache, et ces nodosités sont ordinairement bien détachées; mais les cercles qui survien-

(1) Ainsi, le cornet bisannuel se trouve toujours terminé par un rebord très-léger dans le bœuf, tandis qu'il est saillant dans les vaches. Ce rebord ne doit pas être confondu avec les cercles, toujours détachés par deux dépressions dont une externe et l'autre interne.

(2) Il est certain que chaque cercle trace la ligne de séparation d'un cornet d'avec la peau frontale. Dans les vieilles vaches mal nourries, la base de la corne dépérit évidemment et se déprime en raison du nombre des nœuds qu'elle fournit. Il n'est pas rare de rencontrer dans quelques-unes de ces bêtes des cercles où le cornet, coupé par ce cercle, se trouve soulevé, plus ou moins détaché, et cette séparation se fait toujours apercevoir du côté du front.

nent après sept à huit ans ne constituent communément que des rugosités, et ces rugosités sont parfois
si peu distinctes qu'elles ne peuvent fournir nulles
données précises, même approximatives. Il faut aussi
observer que les cornes des animaux que l'on pousse
en nourriture participent à l'embonpoint général ;
elles prennent une grande vigueur, augmentent en
tous sens, et les cercles se dépriment en raison inverse de la vitalité qu'elles acquièrent (1). Nous rappellerons également qu'après la castration, les cornes
du bœuf prennent, pour ainsi dire, un essor particulier : leur développement devient prompt, plus ou
moins grand suivant les races, et cette circonstance
empêche probablement que les cercles ou nœuds
soient aussi prononcés que dans les vaches.

Les considérations qui précédent prouvent que
l'accroissement des cornes frontales se fait d'une manière uniforme pendant les deux premières années,
mais qu'à partir de cette époque, cette croissance
éprouve une interversion marquée : elle donne lieu
à la formation annuelle d'un cercle et d'une dépression. Cet ordre de choses semble avoir une certaine
analogie avec les révolutions que subissent les bois
des cerfs. En effet, ne pourrait-on pas considérer la
pousse des deux premières années comme devant
être caduque et faire place à une nouvelle produc-

____

(1) Pour faire paraître les cornes jeunes et vigoureuses, les mar-
chands ont le soin de les raccourcir, de les râper et les lisser le plus près
possible du tissu réticulaire sous-jacent. Cette pratique a lieu dans les
pays où l'on regarde les petites cornes comme des caractères propres
aux vaches bonnes laitières.

tion cornée? D'après cette hypothèse, le travail de chacune des années suivantes serait un travail incomplet, avorté, et qui n'aurait pu acquérir tout son développement à cause de la persistance du jet bisannuel. La chute spontanée de ce dernier devient sans doute impossible, non-seulement parce que le support osseux a beaucoup de longueur, mais encore parce que la nutrition de la couche ongulée se fait de dedans en dehors, et qu'elle a lieu uniformément à toute la périphérie du support. On sait que les bois des cerfs se nourrissent d'une tout autre manière, et qu'à une certaine époque ils cessent de recevoir des fluides. Toutefois il est constant que la pousse principale des cornes frontales se fait pendant les vingt et vingt-quatre premiers mois de l'âge du sujet. Ce travail devient ensuite moins grand, et il s'affaiblit d'année en année, puisque les cercles qui viennent après les trois ou quatre premiers sont généralement peu distincts, ou ne présentent que de simples rugosités (1).

Une remarque importante, c'est que la corne frontale qui vient à tomber par un accident quelconque ne peut être régénérée ou remplacée que pendant le temps de la production du jet bisannuel; ce renouvellement devient d'autant plus prompt et plus parfait que la corne enlevée était plus jeune.

____

(1) Dans les jeunes poulains, la muraille du sabot se garnit de cercles dont la formation n'a aucun rapport avec ceux des cornes frontales du bœuf. Les cercles de la paroi des poulains, qui ne se montrent plus dans l'âge adulte, dépendent indubitablement de révolutions qu'on n'a pas encore appréciées.

Le support osseux, qui, après l'âge de trois ans, vient à être dépouillé de sa couche ongulée, ne se recouvre plus que d'une mauvaise corne, dont la surface est irrégulière, raboteuse, terne, et dont la structure ne présente aucune organisation. Dans les vieux sujets, ce support ne s'enveloppe plus d'une nouvelle couche cornée, il se dessèche et reste dénudé. En résumé, la reproduction de la corne frontale ne peut devenir parfaite qu'autant que les animaux sont fort jeunes et que le support osseux est intact ; le plus souvent la corne régénérée n'a ni les dimensions, ni le luisant, ni la direction de l'autre corne (1).

Examinons actuellement la manière dont s'opère la régénération de la nouvelle corne, lorsque les parties sont encore dans les conditions requises pour que cette reproduction puisse se faire. Après la chute accidentelle d'une corne frontale, le support en est saignant, très-rouge et extrêmement douloureux ; bientôt le sang se coagule à la surface de la cheville, il ne tarde même pas à se dessécher et à former une couche noirâtre qui acquiert peu à peu de la dureté, prend une certaine flexibilité et met le support entièrement à l'abri du contact des corps ambiants. Pendant la formation de cette couche défensive, il se développe du côté de la peau un nouveau travail ; on voit bientôt paraître une substance homogène, flexible, plus ou moins blanche ou

____

(1) Toutes les fois que la corne régénérée n'a pas les dimensions de l'autre corne, ou qu'elle se courbe dans un autre sens, on dit que l'animal est *mal coiffé* ou qu'*il boite* du côté de la mauvaise corne.

noire (1), qui entoure la base du support et n'est pas longtemps sans se montrer avec tous les caractères de la bonne corne. Au fur et à mesure que cette production cutanée s'avance sur le support, elle chasse, détruit la couche primitive et finit par la remplacer entièrement. Tout le support se trouve alors recouvert d'une corne fibreuse et solide, qui, continuant à prendre de l'accroissement, devient aussi parfaite que l'ancienne. Pour que la nouvelle corne puisse atteindre ce degré de perfection, il faut non-seulement que le sujet soit jeune, mais encore que le support n'ait éprouvé aucune altération; toutes les fois que le bout en a été cassé ou détruit, la nouvelle corne ne s'allonge jamais autant que l'autre, elle se dévie et présente diverses défectuosités. Il est certain que la reproduction de la corne frontale du bœuf aussi bien que du bélier se fait de la même manière que celle de la paroi des monodactyles, et qu'elle peut éprouver les mêmes altérations. Au pied comme au front, la bonne régénération de l'ongle part de la peau et commence par un anneau circulaire, qui s'allonge progressivement et finit par envahir tout le support. La couche primitive, qui se forme en même temps sur toute la surface mise à nu, se laisse manger, détruire par le solide fibreux enraciné dans la peau. Cette couche défensive, n'étant que le produit de l'exsudation d'une matière qui se dessèche promptement, ne constitue, quand elle persiste et qu'elle passe à l'état de substance

______

(1) Suivant la teinte que doit avoir la corne, teinte toujours subordonnée à celle des poils du front.

ongulée, qu'une corne informe, rugueuse, aride, cassante, qui fait corps étranger et comprime parfois les parties sous-jacentes.

§ VIII. *Du système vasculaire.*

Ce système se compose d'un assemblage de canaux membraneux, rameux, flexibles, extensibles et élastiques, que l'on nomme vaisseaux, et que l'on distingue en artères, veines, lymphatiques et capillaires. Préposés au transport des liquides, ces différents canaux forment l'appareil circulatoire, dont le cœur est l'organe central. Toutes les parties du corps, les cartilages exceptés, sont pourvues de ces canaux, dont le nombre et la disposition varient à l'infini. Les organes qui portent le plus de vaisseaux sanguins sont les poumons, le foie, la rate, les muscles, les membranes tégumentaires et le cerveau; les lymphatiques se font remarquer en très-grande abondance dans les membranes séreuses et dans le tissu cellulaire.

1° Des artères.

Les artères sont des vaisseaux fermes, contractiles, peu dilatables, qui projettent et distribuent le sang dans toutes les parties du corps avec un mouvement alternatif de diastole ou dilatation et de systole ou contraction. En s'éloignant du cœur, elles se divisent en branches, en rameaux, en ramuscules, et deviennent capillaires. Elles ont une forme cylindrique, conservent toujours le même calibre, et ne décroissent qu'en raison des ramifications qu'elles fournissent. Dans leur trajet, les gros troncs tiennent une direction assez généralement droite; les flexuosités se font remarquer dans les branches, les rameaux, les ramuscules, et ces inflexions diverses sont d'autant plus nombreuses que les divisions vasculaires sont plus petites. En se distribuant dans les diverses parties du corps, les artères contractent entre elles des anastomoses, et ces communications, rares entre les gros troncs, mais très-multipliées dans les petits vaisseaux, servent à rendre la circulation plus libre, surtout à remédier aux obstacles que le cours du sang peut éprouver d'un côté.

Ce mode de division des artères est extrêmement variable. Tantôt on voit un de ces vaisseaux fournir plusieurs branches d'un diamètre à peu près égal; d'autres fois, un rameau d'un très-petit calibre se détache d'un tronc primitif. Les artères naissent généralement proche des organes, où elles se terminent; et elles se divisent en formant des angles le plus souvent aigus; quelques divisions artérielles se font cependant à angle droit, parfois, mais rarement, à angle obtus. Quoique la symétrie soit loin d'être parfaite dans toute l'étendue du système artériel, on observe néanmoins beaucoup de parité dans les organes symétriques.

Les grosses artères sont, en général, situées profondément; les plus considérables sont placées vers le centre du corps, et l'on ne trouve aux régions superficielles que des ramifications plus ou moins déliées : leur terminaison a lieu par des radicules capillaires et microscopiques, qui font continuité avec les veines.

La surface externe des artères est entourée d'un tissu cellulaire plus ou moins lâche et abondant, qui les unit de diverses manières aux parties adjacentes, et leur fournit une gaine particulière, dont il sera parlé plus loin.

Leur surface interne est lisse, polie, luisante, humide et en contact avec le sang contenu dans le vaisseau.

Leurs parois sont formées de trois membranes superposées, parfaitement distinctes dans les troncs et dans les branches, mais qui semblent confondues dans les ramuscules. La première de ces couches, formée d'un tissu cellulaire condensé, est la plus extensible, la plus résistante et la seule qui ne se coupe pas lorsqu'on lie les artères ; elle tient d'une manière serrée à la membrane moyenne et d'une manière lâche aux parties environnantes. Ce dernier mode d'adhérence explique la déviation, le déplacement de certaines artères, quand elles sont comprimées, pressées dans un certain sens ; elle indique également la nécessité de ne pas dépouiller du tissu cellulaire extérieur les artères que l'on se propose de lier.

La *membrane mitoyenne* ou *propre*, fibreuse et d'un blanc jaunâtre, offre une épaisseur considérable dans les troncs aortiques et pulmonaires, tandis qu'elle est très-mince et peu distincte vers les petites divisions.

Cette membrane, ferme et compacte, jouit d'une

forte élasticité, qui se fait remarquer suivant le sens de ses fibres et nullement suivant la longueur du vaisseau ; elle est composée d'une multitude d'anneaux fibreux circulaires, disposés par couches concentriques formées d'un tissu fibreux jaune. Selon quelques anatomistes, ces anneaux ne sont pas tous complets ; en certains endroits, principalement aux divisions vasculaires, ils s'écartent et forment des épanouissements.

La membrane interne, séreuse, diaphane, et se déchirant facilement, est encore appelée membrane commune, parce qu'elle se continue et se fait remarquer dans toutes les ramifications des arbres vasculaires. A l'origine des deux gros troncs artériels au cœur, elle forme trois replis connus sous le nom de valvules sygmoïdes, et se continue ensuite dans les ventricules du viscère. Au niveau de chaque division artérielle, elle offre une crête intérieure plus ou moins grande, espèce d'éperon destiné à diviser la colonne sanguine. Par sa face externe, elle adhère à la membrane commune, et sa face interne est enduite d'une légère mucosité, qui facilite la progression du sang.

Toutes les artères reçoivent des vaisseaux qui pénétrent leurs parois et y distribuent les matériaux de nutrition ; elles reçoivent aussi beaucoup de nerfs qui proviennent du centre cérébro-spinal ou du tri-splanchnique, et forment à leur surface une espèce de réseau délié, soutenu par le tissu cellulaire de la première membrane. La sensibilité est très-obscure dans les vaisseaux artériels, qui jouissent d'un

mouvement bien marqué de dilatation et de resserrement; et ce phénomène, dont nous traiterons
plus loin, constitue le pouls.

Dans les jeunes animaux, les artères sont propor-
tionnellement plus multipliées et plus développées
que dans les adultes; leurs parois sont également
plus molles et plus souples; au fur et à mesure que
les animaux vieillissent, elles perdent de leur élasticité, deviennent de plus en plus fragiles et
prennent une certaine rigidité. Les ossifications
partielles qui peuvent survenir en quelques endroits
sont toujours des accidents maladifs.

2° Des veines.

Les veines, plus nombreuses, plus extensibles,
moins élastiques, moins rétractiles que les artères,
naissent des organes par des radicules très-déliées
et rapportent au cœur le sang qu'elles puisent dans
toutes les parties du corps. Après leur origine aux
dernières divisions artérielles, elles convergent vers
le cœur, se réunissent de proche en proche, grossissent progressivement, et se terminent dans les oreillettes du cœur par diverses branches et par deux
gros troncs, que l'on nomme les veines caves.

Ainsi que les artères, les veines forment deux
principaux systèmes, dont un pulmonaire qui, dans,
l'ordre de la circulation, correspond à l'artère du
même nom et dépose un sang rouge dans l'oreillette gauche du cœur.

L'autre système veineux est celui des veines caves
qui correspond à l'arbre aortique et se dégorge

dans l'oreillette droite du cœur, où il verse un sang noir. Un troisième système veineux occupe l'abdomen, c'est celui de la veine-porte, qui représente un arbre ayant un tronc, des branches et des racines; celles-ci se plongent et se perdent dans le foie, tandis que les branches proviennent des viscères digestifs renfermés dans la cavité abdominale. Les veines suivent les artères dans leur trajet et les accompagnent presque partout; elles forment, dans plusieurs parties du corps, deux ordres, l'un superficiel et l'autre profond. Les veines profondes sont presque toujours compagnes d'artères, auxquelles elles restent unies par un tissu cellulaire lâche et abondant. Les superficielles rampent communément à la périphérie des organes, où elles forment parfois des réseaux anastomotiques. Cette disposition du système veineux se fait surtout remarquer dans les mamelles et dans les muscles. C'est pour cette raison que la peau, qui recouvre presque partout des masses musculaires, offre un si grand nombre de veines sous-cutanées, non compagnes d'artères et susceptibles de prendre, par quelques circonstances maladives, un développement considérable.

Les veines sont, en général, plus superficielles que les artères; elles sont aussi plus grosses et contractent entre elles de plus nombreuses anastomoses. Ces communications veineuses, très-fréquentes dans toutes les parties où le cours du sang rencontre quelques obstacles, se font aussi remarquer entre les principaux troncs, et entre les veines superficielles et les profondes. Moins régulièrement cylindriques

que les artères, elles présentent, dans la plupart des
régions du corps, des étranglements, qui correspondent à des replis de la membrane interne, et que
l'on appelle valvules. Leurs parois membraneuses
sont blanchâtres et demi-transparentes lorsque ces
canaux sont vides; elles réfléchissent une couleur
bleuâtre tirant sur le noir, lorque ces même canaux
sont remplis de sang. La membrane externe des
veines offre la même organisation et la même disposition que celle des artères. La membrane moyenne
est à peine distincte de la précédente dans quelques
veines sous-cutanées. Dense, extensible et difficile
à rompre, cette couche membraneuse est composée
de fibres longitudinales, qui tiennent le milieu,
pour la force et la résistance, entre les tissus cellulaire et fibreux. La membrane interne, mince et
perspirable, mais plus extensible et plus résistante
que dans les artères, est en quelque sorte une continuité de celle qui tapisse les oreillettes du cœur.
Intimement unie à la membrane moyenne, elle forme
à l'intérieur des valvules semi-lunaires et placées à
des distances inégales; ces valvules, dont le bord
libre est constamment tourné du côté du cœur, sont
toujours plus nombreuses dans les petites divisions
veineuses; elles sont tantôt solitaires, parfois disposées deux à deux, mais très-rarement trois à trois.
Les replis membraneux dont il s'agit n'existent ni
dans la veine-porte, ni dans le système pulmonaire,
ni dans les veines du cerveau et du cervelet. Leur
usage est évidemment de favoriser la circulation du
sang, en s'opposant à son mouvement rétrograde.

Quoique douées d'une tonicité énergique, les veines ne jouissent cependant que d'un mouvement fort obscur. Elles se dilatent et se gonflent par l'affluence, par la raréfaction des liqueurs; elles se resserrent et se dépriment par l'effet du repos, par l'application des substances astringentes, etc.

Dans les premiers temps de la vie, le système veineux est moins grand, il paraît acquérir du développement avec l'âge, de manière que dans les vieux animaux il prédomine sur le système artériel.

3° Des lymphatiques.

On donne le nom de lymphatiques à un ordre de vaisseaux dans lesquels circule un fluide dont la couleur et la composition varient, et qui est transmis dans les veines. Ces vaisseaux, fins, valvuleux, très-multipliés, très-anastomotiques, se distinguent communément en chylifères et en lymphatiques proprement dits. Les premiers se font remarquer entre les lames du mésentère, proviennent du tube intestinal, et sont préposés à faire passer le chyle dans le torrent de la circulation. Mais, comme ces vaisseaux ne renferment pas toujours du chyle, et que leur structure est absolument la même que celle des autres lymphatiques, la division dont il s'agit n'a nul but d'utilité.

L'existence des lymphatiques a été démontrée dans tous les organes, à l'exception du cerveau, du prolongement rachidien, de l'œil et de l'oreille interne. Dans diverses parties ils forment, de même que les veines, deux plans, l'un superficiel et l'autre profond; partout où ils existent, ils contractent de fréquentes anastomoses entre eux et avec les veines.

L'origine des lymphatiques est un point d'anatomie que l'on n'a pas encore pu démontrer, et sur lequel les opinions ne sont pas d'accord. Beaucoup d'auteurs pensent qu'ils naissent dans les grandes cavités par des villosités, et, dans d'autres parties, par des pores ou suçoirs inhalants. En s'élevant des points où ils naissent, ils composent des ramuscules capillaires innombrables et d'une ténuité extrême; ces ramuscules se réunissent, s'enlacent, constituent divers réseaux radiculaires, très-anastomotiques, qui concourent à la formation de la surface même d'où ils émanent. De ces réseaux radiculaires partent des rameaux qui rampent sous les téguments, sous les membranes, dans le tissu lamineux, et qui, par la réunion successive des lymphatiques collatéraux, vont en grossissant, forment des rameaux plus considérables; ces branches, tantôt unies par faisceaux, tantôt solitaires, suivent, accompagnent généralement les veines, et se dirigent comme elles vers le centre général de la circulation.

Les ramifications lymphatiques, infiniment plus multipliées, plus anastomotiques que celles du système veineux, offrent des variations nombreuses dans leur calibre et dans leur distribution particulière. Souvent ces vaisseaux, accolés les uns aux autres et diversement enlacés, parcourent ainsi une certaine étendue sans se réunir; d'autres fois on les trouve moins nombreux et différemment distribués dans la même partie.

Presque toujours flexueux, les lymphatiques forment des courbures variées, deviennent souvent rétrogrades, passent quelquefois sur un ganglion sans le pénétrer, donnent parfois des rameaux aux veines circonvoisines, se divisent assez fréquemment en deux ou plusieurs branches, qui se réunissent après un certain trajet. Distendus par la liqueur qu'ils contiennent ou par celle que l'on y injecte, ils présentent de distance en distance des étranglements causés par les valvules situées dans leur intérieur, ce qui les fait paraître noueux, articulés en différents sens.

Après un trajet plus ou moins long et tortueux, les lymphatiques convergent de toutes parts vers leurs ganglions, et prennent, avant d'y pénétrer, le nom de lymphatiques afférents. Arrivés près de ces ganglions, ils se partagent en un grand nombre de rameaux qui, par de nouvelles divisions et subdivisions successives, se plongent dans l'intérieur de ces corps et deviennent imperceptibles. Du côté opposé de ces mêmes ganglions sortent d'autres lymphatiques appelés efférents; ceux-ci, plus gros et moins nombreux que les afférents, naissent par des ramifications radiées et également ténues, et vont aboutir à des troncs ou réservoirs particuliers. Les ganglions lymphatiques, petits corps glandiformes, mous, brunâtres et plus ou moins arrondis, résultent de l'enlacement, de l'agglomération d'une multitude de vaisseaux lymphatiques, contiennent un suc glutineux, sont entourés, pénétrés par un tissu lamineux particulier, et reçoivent divers rameaux artériels et nerveux.

Les ganglions, dont le nombre a été estimé dans l'homme à six ou sept cents (1), ont une consistance, une grosseur et une couleur variables dans les diverses époques de la vie et d'après certaines maladies. Ils sont cantonnés aux aines, aux ars, à la partie inférieure du rachis, dans le bassin, entre les lames du mésentère et du médiastin, autour des bronches; ils résident le long du cou, dans la région gutturale, dans la cavité glossienne, aux plis du jarret, du genou, de la jambe, etc. Partout ils se trouvent entourés d'un tissu cellulaire, abondant, lâche, extensible, qui leur permet d'être facilement déplacés. On les voit, à chaque région, s'enchaîner, s'unir par une multitude de ramifications qui vont d'un ganglion à l'autre et en forment une série continue. Dans le très-jeune âge, ils sont rougeâtres; chez l'animal adulte, ils sont plus petits, ont une couleur grisâtre; ils deviennent encore plus petits dans la vieillesse, où ils acquièrent de la rigidité et prennent une couleur jaunâtre.

Au résumé, les ganglions lymphatiques concourent à l'élaboration de la lymphe; ils la rendent plus homogène et lui impriment sans doute quelque autre propriété particulière, que l'on n'a pas encore pu apprécier.

Après avoir traversé un ou plusieurs de ces ganglions, les lymphatiques se rendent dans un des troncs principaux, dont le postérieur est désigné sous le titre de canal thoracique; tandis que l'anté-

____

(1) Chaussier. *Table synoptique des lymphatiques.*

rieur, très-petit et très-court, est appelé trachéal, du nom de la partie sur laquelle il rampe.

Les lymphatiques sont formés d'une membrane blanche, pellucide, très-contractile, et jouissant d'une certaine force; ils sont environnés d'un tissu cellulaire plus ou moins abondant, qui les soutient et entretient une vaporisation extérieure, nécessaire à l'exercice de leurs fonctions. L'intérieur de ces vaisseaux est garni de valvules semblables à celles des veines, mais plus multipliées et toujours disposées deux à deux.

La tonicité dont jouissent les lymphatiques est très-énergique, et devient apparente dans plusieurs circonstances; elle paraît subsister quelque temps après la mort. C'est probablement à cause de cette dernière propriété que, dans le cadavre d'un animal sain, les lymphatiques se trouvent presque entièrement vides, qu'ils sont affaissés et difficiles à apercevoir. La contractilité propre à ces vaisseaux détermine la progression de la lymphe à laquelle participent les valvules, et ils concourent à l'élaboration de cette liqueur.

4º Des capillaires.

Les vaisseaux capillaires, ainsi nommés à cause de leur ténuité, sont formés par les dernières ramifications des artères et par les premières radicules, tant des veines que des lymphatiques. Les capillaires sanguins établissent la continuité du système artériel avec le système veineux, et se distinguent en deux ordres : 1º la capillarité pulmonaire, qui lie les artères avec les veines du même nom, et par laquelle le sang veineux mis en contact avec l'air atmosphérique se change en sang artériel ; 2° les ramifications terminales de l'artère-aorte, qui s'anastomosent avec les radicules veineuses. Ce second ordre de capillaires, dans lequel le sang est étalé molécule à molécule, est le siége des grands phénomènes des sécrétions et de la nutrition.

Les capillaires lymphatiques prennent naissance, comme nous l'avons déjà dit, à la surface des membranes et dans les cavités des tissus aréolaires, où ils puisent différents fluides qu'ils portent dans le torrent de la circulation.

Envisagés d'une manière générale, les vaisseaux capillaires présentent un décroissement progressif dans les ramuscules artériels, et acquièrent un accroissement proportionnel dans les premières veinules. Ils sont répandus dans toutes les parties du corps, où ils s'épanouissent, forment différents réseaux, composés de vaisseaux microscopiques, dont les plus ténus offrent à peine le diamètre d'un seul globule de sang ; les poumons, la substance grise du cerveau, les téguments, les glandes, etc., sont les organes les plus riches en vaisseaux capillaires. Les papilles de la peau et des membranes muqueuses sont considérées comme étant formées par l'association des capillaires et des nerfs.

Les observations microscopiques faites sur différents animaux domestiques vivants ont démontré d'une manière évidente la communication directe des capillaires artériels et veineux. Avant cette découverte, on admettait un parenchyme vasculaire, qui se trouvait entre les artères et les veines, et que l'on supposait être le siége de l'exhalation et de l'in-halation.

L'extrême ténuité des capillaires s'est jusqu'ici opposée à ce que l'on eût une connaissance précise de la structure organique de ces vaisseaux ; on pense cependant que leurs parois sont formées seulement par la membrane commune à tout le système vasculaire.

La perméabilité est une des principales propriétés des capillaires, dans lesquels la circulation sanguine doit se faire tout autrement que dans les grands vaisseaux. Étalé, retenu, balancé et agité en tout sens dans les capillaires, le sang y éprouve indubitablement des élaborations particulières.

§ IX. *Du tissu érectile.*

On désigne sous ce titre un tissu mou, spongieux, élastique, qui paraît essentiellement vasculaire et dans lequel prédominent des ramifications veineuses, capables d'acquérir de l'ampleur et une certaine extension. Cette vascularité inextricable, à laquelle s'associent des filets nerveux, donne au tissu dont il s'agit des propriétés particulières et très-remarquables ; elle le rend susceptible d'éprouver, dans quelques circonstances, une tension, une turgescence spéciale, de se laisser pénétrer et distendre par le sang, enfin de prendre un développement proportionné à ses dimensions, ainsi qu'à la quantité du fluide accumulé dans son intérieur.

Le tissu érectile, plus ou moins composé, existe dans un grand nombre de parties ; mais il se fait plus particulièrement remarquer au pénis, où il forme le parenchyme principal du corps caverneux. Béclard range dans la catégorie des tissus érectiles non-seulement ceux des organes génitaux, mais encore les papilles de la peau et des membranes muqueuses, en un mot toutes les parties douées d'une certaine érectilité. Nous nous bornons à ce simple aperçu : il doit suffire ici de faire connaître les principaux caractères du tissu érectile en général ; les différentes particularités de ce tissu seront décrites avec les organes, dont elles sont dépendantes.

§ X. *Du système glandulaire.*

Les glandes, organes préposés à la sécrétion de certaines liqueurs, ont pour caractères distinctifs d'être pourvues d'un ou de plusieurs canaux excréteurs, qui charrient le fluide sécrété et le déposent dans un réservoir particulier, soit pour servir à des usages ultérieurs, soit pour être rejeté au dehors. Ce genre de solides, peu nombreux, ne comprend que les glandes lacrymales et salivaires, le foie, le pancréas, les reins, les testicules, les ovaires et les mamelles.

Quelques-uns de ces organes glanduleux, tels que le pancréas, les glandes salivaires et lacrymales, sont composés de petits grains arrondis, groupés, assemblés en lobes qui se divisent eux-mêmes en lobules ténus. Toutes ces granulations, pénétrées par des vaisseaux sanguins, donnent naissance à des canaux excréteurs, et sont entourées, unies ensemble par un tissu cellulaire abondant, qui se répand sur la périphérie de l'organe et l'enveloppe. Une structure analogue se fait aussi remarquer dans les mamelles, dont les canaux excréteurs se rendent dans des cavités oblongues que l'on appelle *sinus lactifères*. Les reins, les testicules et les ovaires sont formés d'une substance parenchymateuse, très-vasculaire, et contenue en masse dans une capsule membraneuse.

D'après ce qui vient d'être dit, les glandes constituent un ordre de parties très-composées, dans lesquelles on distingue un tissu grenu ou parenchymateux, un appareil vasculaire, un appareil excréteur, des nerfs et du tissu cellulaire. La texture intime du tissu grenu n'est pas encore bien connue, nous n'avons sur ce point de fine anatomie que des notions conjecturales. Les uns prétendent que les petits grains sont autant de sacs, de follicules qui reçoivent le fluide exhalé, et d'où partent les radicules des canaux excréteurs. D'autres, tels que Ruysch, assurent que les grains glandulaires sont entièrement vasculaires, et qu'il y a continuité immédiate des capillaires sanguins avec les canaux excréteurs. La première opinion est généralement adoptée et considérée comme la plus vraisemblable. Selon Meckel, l'analogie conduit naturellement à admettre des réservoirs, dans lesquels les liquides sécrétés s'arrêtent, et où ils acquièrent des qualités particulières.

§ XI. *Tissu fibreux blanc.*

Le tissu fibreux blanc est un solide non élastique.

filamenteux, dont les fibres, très-denses, très-serrées, se fasciculent de diverses manières, et prennent des directions déterminées : il se présente sous
deux états distincts, et constitue ou des ligaments
ou des membranes fibreuses. Dans le premier cas,
les fibres sont entassées, accumulées les unes à côté
des autres, de manière à s'éloigner également d'un
point central ; dans la membrane, les fascicules sont
arrangés en couche peu épaisse, et se croisent en
différents sens. Examiné au microscope, le tissu fibreux blanc ne laisse apercevoir que des filaments
d'une ténuité telle, que leur réunion ne semble former qu'un nuage épais.

La couleur du tissu fibreux blanc est, en général,
resplendissante ou satinée ; ses fibres, très-déliées,
parallèles ou entre-croisées, sont parfois comme tres-
sées, et d'autres fois si étroitement unies, que la
partie semble homogène et non fibreuse. Ce tissu
est, en général, peu vasculaire, très-peu extensible,
mais très-tenace ; sa résistance à la rupture est
énorme, et persiste après la mort dans toute son
énergie. Cette force de résistance lui était nécessaire
pour les usages auxquels il est destiné ; s'il avait été
élastique, il aurait perdu les trois quarts de sa force :
il est cependant des cas où il passe à l'état de tissu
élastique.

Les ligaments et les membranes qu'il forme servent d'attache ou d'enveloppe, et se distinguent d'a-
près les organes auxquels ils appartiennent. Ainsi
l'on reconnait 1° des ligaments osseux qui servent
aux articulations ; 2° des ligaments musculeux, *les*

tendons, dont l'office est de transmettre l'effet de la contraction musculaire à des parties éloignées; 3° des ligaments destinés à soutenir certains organes. Les membranes fibreuses se divisent de même en celles qui tiennent aux os, aux muscles et à différents autres organes; on les nomme, d'après cela, périoste, aponévrose, sclérotique, méninges, lames fibreuses du péricarde, des capsules synoviales.

Le tissu fibreux entre dans la composition des mailles qui constituent le tissu érectile; il concourt aussi à former divers canaux excréteurs, tels que ceux du foie, des reins, du pancréas.

§ XII. *Tissu fibreux jaune.*

Ce tissu, qui a pour caractères essentiels d'être élastique et constamment coloré en jaune, est un assemblage de filaments cylindriques très-fins, fasciculés et entortillés de manière à former un véritable tissu serpentant : quelques anatomistes l'ont comparé à de la gomme de caoutchouc; il se sépare en faisceaux bien plus facilement que le tissu fibreux blanc, et il se présente sous la forme de cordons ou de couches membraneuses.

L'élasticité énergique dont il jouit le rend capable de ramener les parties dans l'état où elles étaient avant leur déplacement par un effet quelconque.

Cette propriété élastique, qui subsiste après la mort, est surtout très-remarquable lorsque le solide a resté un peu de temps dans la macération.

Le tissu dont il est question contient peu de tissu cellulaire et peu de vaisseaux; il est assez généralement répandu; il forme la membrane fibreuse de l'abdomen, ainsi que des artères. On le rencontre entre les muscles cervicaux de l'encolure, entre les apophyses épineuses de la même région, au fourreau, dans les orbites, dans la cavité abdominale, où il présente différentes couches.

§ XIII. *Tissu fibro-cartilagineux.*

Ainsi que l'indique sa dénomination, ce tissu est un composé des tissus fibreux et cartilagineux, diversement arrangés et combinés dans des rapports différents, suivant les parties et l'étendue de ces mêmes parties. Le tissu dont il s'agit présente un aspect blanchâtre, fibreux ou homogène, selon la prédominance de l'une ou de l'autre de ses deux substances composantes. A la ténacité du tissu fibreux blanc il réunit l'élasticité du cartilage, et il jouit d'une certaine souplesse; mais ce n'est plus là la souplesse qu'offre le tissu fibreux.

On peut ranger en deux classes ou séries tous les fibro-cartilages, et les distinguer en articulaires et non articulaires. Au nombre de ces derniers, on doit compter 1° les prolongements dont sont pourvus les os des épaules et des pieds monodactyles; 2° la cloison nasale, qui fournit les appendices des ailes du nez; 3° les cartilages de l'oreille, de la trachée, de la glotte, qui sont disposés en membranes; 4° les productions, qui garnissent les coulisses dans lesquelles passent des tendons; 5° enfin certains tendons, comme celui du muscle coraco-cubital.

Parmi les fibro-cartilages articulaires, les uns, implantés aux os par leurs deux faces, établissent la continuité de ces parties et les tiennent intimement unies : les fibro-cartilages, situés entre les corps des vertèbres, en fournissent des exemples. D'autres, placés entre les surfaces diarthrodiales, ont leurs faces libres et sont adhérents par leurs bords : ces fibro-cartilages, appelés ménisques, sont toujours plus minces vers le centre qu'à la circonférence; ils complètent les rapports des surfaces articulaires, et rendent les mouvements plus libres, plus étendus. On les rencontre dans les articulations fémoro-tibiale et maxillo-temporale. Certains fibro-cartilages servent à garnir les bords des cavités diarthrodiales, et forment des lèvres telles qu'on en observe au bord de la cavité cotyloïde.

Ces parties, si différentes entre elles par leurs formes et leurs connexions, n'offrent pas partout la même structure : ainsi les ligaments inter-vertébraux, très-fibreux à leur circonférence, présentent vers leur centre une substance pulpeuse d'une apparence homogène et cartilagineuse.

De même, les prolongements de l'os du pied sont très-fibreux à leur partie postérieure, vers le talon; tandis que, antérieurement, leur substance semble n'être que du cartilage pur.

§ XIV. *Tissu cartilagineux.*

Les cartilages, parties blanchâtres, un peu flexibles, mais cassantes, d'une consistance moyenne entre l'os et le ligament, ont pour caractère essentiel une élasticité particulière, en vertu de laquelle ils se redressent avec promptitude, dès que la cause de flexion cesse d'agir.

Leur substance parait homogène au premier abord; mais un examen plus approfondi y fait découvrir une trame cellulaire, dont les mailles, les cellules sont remplies d'une matière albumineuse.

La macération seule est le moyen à l'aide duquel on parvient à découvrir cette organisation : en effet, l'immersion prolongée du cartilage dans l'eau finit par le réduire en putrilage. On aperçoit alors les fibres cellulaires, qui sont très-peu nombreuses comparativement à l'énorme quantité de matière gélatineuse déposée. On n'y voit point de vaisseaux; ils doivent cependant y exister, puisque la nutrition s'y fait aussi bien que dans les autres parties.

§ XV. *Tissu osseux.*

Le tissu osseux n'est point un élément anatomique simple; il est le résultat de l'association, de la combinaison de deux substances principales, dont on constate la présence en soumettant l'os à des agents ou réactifs chimiques, et en lui faisant éprouver une véritable décomposition. Un os que l'on fait tremper pendant quelque temps dans l'acide hydrochlorique affaibli se ramollit peu à peu, et finit par se dépouiller de toutes les molécules calcaires auxquelles il devait sa dureté. Le canevas restant présente l'aspect d'une matière cartilagineuse, flexible et réductible en colle ou gélatine par la décoction. Si l'on plonge l'os dans une solution de potasse ou de soude, la liqueur alcaline dissout la partie animale et laisse intacte la matière solidifiante, qui est très-fragile.

Ces opérations démontrent que le tissu osseux est formé de deux parties fondamentales, dont une molle, de même nature que le cartilage, en constitue le canevas, le parenchyme fibreux; l'autre, dure, véritable matière calcaire, est déposée dans la substance cartilagineuse, et y existe à l'état de cristallisation. En dernière analyse, le tissu osseux peut être considéré comme une modification première du tissu cellulaire, dans lequel la matière cartilagineuse vient d'abord s'accumuler, pour se transformer ensuite en matière osseuse.

L'eau froide n'a presque point d'action sur les os, et la macération ne les modifie qu'au bout d'un temps fort long. L'action du feu nu détruit la matière animale et ne laisse subsister que la matière calcaire, qui devient blanche, conserve le volume, la forme et une grande partie du poids de l'os.

Exposés à l'air, les os éprouvent dans leur couleur diverses altérations : quelques-uns jaunissent à leur surface, d'autres acquièrent une teinte verdâtre, et tous ceux qui ont beaucoup de sucs médullaires finissent par noircir. Enfouis dans la terre, ils se dépouillent de leurs sucs, s'exfolient et se décomposent insensiblement ; les intempéries atmosphériques leur enlèvent également les liquides qu'ils peuvent contenir. Si on les renferme dans un digesteur, et qu'on les expose ensuite à l'action de l'eau portée à un très-haut degré de chaleur, on parvient à dissoudre toute la matière animale, qui se prend en gelée, et la partie solidifiante se présente à l'état de sel terreux (1).

ARTICLE II.

EXAMEN DES FLUIDES.

Les fluides ou humeurs composent la très-grande partie du poids du corps, et ils en forment environ les neuf dixièmes (2). Ces substances constituantes sont les éléments des solides, puisque ceux-ci commencent tous par être liquides et par éprouver l'action de la circulation. Dans le jeune âge, époque où la nutrition est très-active, les fluides sont en plus grande quantité que dans l'animal adulte, où les organes ont acquis tout le degré d'accroissement qu'ils doivent avoir. Pendant la vie, les fluides se présentent sous trois états différens : le *gazeux*, le *vaporeux*, le *liquide*.

1° Les fluides gazeux, les moins composés et les moins animalisés, sont en petit nombre et ne comprennent communément que les gaz acide carbonique, hydrogène et azote. Le premier, dont la propriété est de troubler l'eau de chaux en formant du carbonate, se développe parfois à la suite des repas ou de certaines indigestions ; il s'en échappe continuellement par les perspirations cutanée et pulmo-

(1) Pour la composition chimique du tissu osseux, nous renvoyons à l'ouvrage précité de M. le professeur Lassaigne.

(2) La proportion respective des solides et des fluides est très-variable ; quelques auteurs prétendent que les fluides ne forment que les cinq sixièmes du poids du corps de l'animal.

<table><tr><td>1.</td><td>6</td></tr></table>

naire. Le gaz hydrogène, susceptible de s'enflammer au contact d'une chandelle allumée et de brûler avec une flamme bleuâtre, se rencontre dans l'estomac et dans l'intestin, et résulte d'une décomposition putride : il est presque toujours combiné avec une certaine proportion de soufre, ou de phosphore, ou de carbone. Le gaz azote, que l'on distingue par sa propriété d'éteindre une chandelle allumée et d'être impropre à la respiration, ne se forme guère qu'après la mort, ou seulement quelques instants avant l'extinction de la vie.

2° Les humeurs vaporeuses, plus composées que les fluides gazeux, sont les produits de certaines sécrétions, et ont l'eau pour base de leur composition ; elles s'échappent, se répandent sous forme de rosée aux surfaces des parties, dans les cavités, dans les aréoles de tous les tissus, dont elles entretiennent la souplesse et la vibratilité. A cette deuxième classe de fluides on doit rapporter l'humeur de la perspiration pulmonaire, la vapeur exhalée à la surface interne des plèvres, du péricarde, du péritoine, des méninges, celle enfin qui est déposée dans les vacuoles du tissu cellulaire.

3° Moins divisées que les fluides précédents, les liqueurs sont distribuées, partie dans les vaisseaux, où elles éprouvent un mouvement continuel, qui entretient leur fluidité et leurs propriétés vitales; une autre partie est exhalée dans les cellules, les aréoles et les vacuoles des tissus, où elle subit divers changements; enfin certaines liqueurs sont déposées dans des cavités particulières, où elles séjournent plus ou moins de temps, pour servir à des usages ultérieurs, ou pour être rejetées au dehors. L'eau forme la base de toutes les liqueurs animales, qui sont plus ou moins fluides, concrescibles, écumeuses et susceptibles de se putréfier dès qu'elles demeurent en repos.

Quant aux classifications des humeurs, elles ont été établies, suivant la manière de voir des auteurs. Les anciens, qui attachaient une grande importance aux quatre éléments, *l'air, l'eau, la terre* et *le feu*, reconnaissent quatre humeurs principales, le *sang*, la *lymphe* ou *pituite*, la *bile jaune*, la *bile noire* ou *l'atrabile*. A la prédominance de chacune d'elles, ils faisaient correspondre en même temps un des âges, une des saisons, un des climats, un des tempéraments. Ils prétendaient que l'atrabile était sécrétée par les capsules surrénales, qui ne sont que des corps glandiformes.

Cette première classification des anciens a été suivie de plusieurs autres : les uns se sont bornés à examiner les fluides d'après leur état, et les ont simplement divisés en liquides, en vapeurs et en gaz; d'autres les ont distingués en acides, alcalins et neutres; quelques autres, en aqueux, mucilagineux, gélatineux et huileux. Vicq-d'Azyr et Fourcroy ont reconnu des humeurs salines, huileuses, savonneuses, muqueuses, albumineuses et fibrineuses.

Beaucoup d'auteurs ont distingué les humeurs d'après les usages qu'ils leur ont attribués dans l'économie animale. La plupart en ont fait deux classes principales : dans l'une ils ont rangé les *humeurs de composition, alimentaires* et *nutritives*, et ils ont compris dans l'autre classe les *humeurs de décomposition, secondaires, excrémentitielles*. Ayant égard à ce qu'elles deviennent après qu'elles ont été fabriquées, on en a fait trois divisions, les humeurs *excrémentitielles, récrémentitielles* et *excrément-récrémentitielles*. Chaussier a établi trois classes d'humeurs, celles produites par l'action de la digestion (le chyme et le chyle), les humeurs circulantes (la lymphe et le sang), les humeurs sécrétées.

Béclard distingue les liqueurs en trois genres : 1° le sang, masse centrale où affluent et d'où partent toutes les autres ; 2° les humeurs qui arrivent du dehors au sang ; 3° celles qui en émanent.

La classification, d'après laquelle nous procéderons à l'examen des liqueurs, est à peu près celle qui a été adoptée par le professeur Chaussier, et qui nous paraît la plus simple, la plus naturelle ; nous comprendrons parmi les humeurs circulantes le chyle extrait du chyme, matière dont il sera parlé à l'article de la description du tube intestinal. Ainsi nous rapporterons toutes les humeurs à deux chefs principaux, 1° les liqueurs qui éprouvent l'action de la circulation, 2° celles qui sont le produit des sécrétions ; dans la première classe, nous placerons le sang, la lymphe et le chyle, et les humeurs sécrétées seront distinguées en perspiratoires, folliculaires et glandulaires.

§ Ier. *Fluides circulatoires.*

Ces fluides, qui se modifient, qui se détruisent et se renouvellent sans cesse, sont portés par les artères dans toutes les parties du corps ; ils reviennent au cœur par les veines, par les lymphatiques, et sont entretenus dans un mouvement continuel.

Du sang.

Le sang est un fluide rouge, onctueux, légèrement visqueux, d'une odeur plus ou moins nauséabonde, et d'une saveur un peu salée ; sa pesanteur spécifique est supérieure à celle de l'eau, et varie suivant que la partie séreuse est plus ou moins abondante. Sa température est celle du corps, dont il est même la partie la plus chaude. Ce fluide, qui paraît comme savonneux quand on le presse entre les doigts, est contenu dans le cœur, dans les artères et dans les veines.

La masse du sang n'est pas la même dans tous les animaux domestiques ; elle varie suivant les genres, selon la stature des individus, leur tempérament, leur état d'embonpoint ou de maigreur, de santé ou de maladie. Pour fixer nos idées sur ce point de physiologie et arriver à des données approximatives, nous avons recueilli tout le sang qu'il a été possible d'obtenir immédiatement avant et après la mort des différents quadrupèdes domestiques ; nous avons ensuite comparé la quantité de fluide extraite de chaque animal avec le poids total du corps. Tous les animaux ont été pesés vivants et sur pied. Ces sortes d'expériences, réitérées sur un certain nombre de sujets de différents âges, nous ont démontré que la quantité du fluide n'est jamais dans des rapports exacts avec le poids du corps.

Ainsi les individus d'un même genre et du même poids nous ont toujours présenté des différences dans la masse du sang obtenu ; beaucoup d'animaux pesant moins que d'autres ont cependant fourni plus de sang. Quoi qu'il en soit de ces variations particulières, il est certain que la masse du liquide est en raison directe de celle des animaux : on en jugera par le tableau suivant, dans lequel nous avons indiqué le terme moyen des résultats obtenus.

DÉSIGNATION DES ANIMAUX.	POIDS EN KILOGRAMMES	
	DE L'ANIMAL VIVANT.	DU SANG RECUEILLI.
Chevaux et mulets maigres sacrifiés pour différents travaux.............	de 350 à 400 k.	de 18 à 21 k.
Un âne..............	140 k.	8 k.
Bœufs abattus dans les boucheries..........	de 400 à 800 k.	de 18 à 25 k.
Moutons... *idem*.......	de 40 à 65 k.	de 2 à 3 k. 5 h.
Porcs sacrifiés dans un état moyen d'embonpoint...	de 90 à 100 k.	de 3 k. 5 h. à 4 k. 5
Chien de haute taille.....	de 30 à 35 k.	de 3 k. à 3 k. 5 h.
Un petit chien épagneul..	14 k.	1 k.

Une question assez importante à décider serait de savoir si l'on obtiendrait plus de sang au moyen d'une simple ouverture faite à l'une des jugulaires, que par les grandes et profondes incisions, qui consistent à couper les gros vaisseaux situés en avant du cœur. Le petit nombre d'expériences comparatives faites à ce sujet semble faire pencher la balance en faveur du dernier mode (1).

On sait que les émissions sanguines se réparent d'autant plus vite, que les sujets ont été moins affaiblis, et qu'ils ont perdu moins de leurs forces digestives. Voulant connaître dans quels rapports pouvait se faire le renouvellement du sang, nous avons tenté à cet effet quelques essais : nous nous bornerons à rapporter les deux suivants, qui suffiront pour donner une idée de ce renouvellement.

1° Une jument morveuse, de carrosse, de la taille d'un mètre 59 centim., de l'âge de huit ans, vigoureuse et en bon état, fut saignée à la jugulaire et à blanc, dans la matinée du 3 avril 1830 ; la même opération, réitérée les 4, 5, 6, 7, 8 du même mois, donna les résultats ci-après.

(1) Un cheval de dissection, de l'âge de huit ans et pesant sur pied 387 k. 5, fut saigné à la jugulaire jusqu'à débilité complète; on lui ouvrit ensuite l'artère carotide du même côté. Le sang recueilli tant par les vaisseaux ouverts que dans l'intérieur du cadavre produisit un poids de 19 k. 5.

Un autre cheval de dissection, de l'âge de dix ans et du poids de 362 k. 5, fut assommé comme cela se pratique dans les boucheries ; on fit ensuite une large ouverture au poitrail, et l'on prit pour ce genre de *jugulation* les mêmes soins que l'on apporte aux bœufs saignés dans les abattoirs : on recueillit, tant par cette incision qu'à l'ouverture du corps, 22 k. 8 de sang.

Sang retiré par la première saignée............ 10 kilogr.
  —   2e —............ 10
  —   3e —............ 8
  —   4e —............ 8
  —   5e —............ 7
  —   6e —............ 9

La bête mourut de faiblesse peu d'instants après la dernière saignée, et l'on recueillit à l'ouverture du cadavre............·........................ 5

  Total du sang obtenu.................... 57 kil.

2° Un fort cheval hongre, de trait, de la taille d'un mètre 55 centimètres, de l'âge de quatorze ans, et devant être abattu pour cause de morve, fut soumis aux mêmes épreuves, qui, comme les précédentes, eurent lieu le matin, l'animal étant à jeun.

La première saignée, faite le 29 avril 1830, donna.. 15 k.
La deuxième — le 1er mai............ 12 5
La troisième — le 3 mai............ 13
La quatrième — le 5 mai............ 11
Le cheval mort ensuite de cette dernière contenait dans l'intérieur............................ 4 5

  Total du sang recueilli.................... 56 kil.

Il est bien certain qu'en variant ces sortes d'expériences on obtiendra des résultats différents. Toutes les fois que les saignées, surtout les premières, seront peu considérables et ne dépasseront pas 7 kil. dans un fort cheval, l'animal résistera bien plus de temps, et la réparation des pertes sanguines deviendra plus prompte. Les émissions de 10 à 15 kilog. de sang jettent constamment le sujet dans un état d'abattement extrême; toutes les fonctions se troublent, restent en quelque sorte suspendues, et la sanguification ne reprend qu'autant que le calme se rétablit et que les organes récupèrent une certaine force. C'est pour cette raison que le renouvellement du sang est d'autant plus lent et plus difficile que l'animal a été plus affaibli.

Le sang circulant dans le corps vivant se présente sous deux états distincts, il est rouge ou noir. Le premier, d'une couleur vive et vermeille, est plus chaud, plus moléculeux que le sang noir; il circule dans tout le système aortique, et parcourt les veines pulmonaires, qui le déposent dans le ventricule gauche du cœur. Le sang noir contenu dans les systèmes des veines-caves, de la veine-porte et de l'artère pulmonaire diffère non-seulement, parce qu'il est obscur et noirâtre; mais on observe qu'il est plus visqueux, moins chaud, moins odorant et moins coagulable que le sang rouge. Au reste, ces deux sangs ont la même composition; ils contiennent les mêmes élémens, et ceux-ci se trouvent être à peu près dans les mêmes rapports.

Les recherches microscopiques tendent à prouver que le sang, considéré dans les vaisseaux et en mouvement, est composé d'un fluide séreux très-coulant, dans lequel nagent une infinité de globules rouges. La découverte de cette composition moléculaire est due à Leuwenhoeck, qui assure que ces corpuscules présentent toujours la même forme et la même grosseur. Les molécules sanguines ont été regardées par les uns comme de petits corps ronds et percés à leur centre, par d'autres comme des corpuscules gélatineux de même nature et de même structure dans tous les points; d'autres enfin ont assuré que les molécules sont formées d'une petite vessie colorée et pleine d'un fluide analogue au véhicule. Cette dernière opinion est la plus probable et la plus généralement adoptée aujourd'hui. Une autre opinion est que les vésicules globuleuses se détruisent après la mort; la substance qui les constitue se sépare en deux parties : l'une se coagule et forme un noyau central, l'autre s'échappe à travers la partie centrale coagulée et se réunit au véhicule.

Nouvellement sorti du corps, le sang exhale, pendant le temps qu'il conserve sa chaleur, une vapeur très-odorante et analogue à celle de la perspiration cutanée. Cette vapeur, qui constitue l'*aura sanguinis*, est très-putrescible, composée principalement d'eau, tenant en dissolution un peu de matière animale.

Recueilli dans un vase et laissé en repos, il se coagule, forme une masse d'une apparence gélatineuse et qui ne tarde pas à se séparer en deux parties; l'une, solide, qu'on appelle *caillot,* et l'autre, fluide, connue sous le nom de *serum.* Cette séparation dépend du resserrement du caillot, qui exprime la partie liquide qu'il renfermait, de manière que le serum augmente à mesure que le coagulum se resserre, et ce travail se soutient jusqu'à l'époque de la putréfaction.

Le serum est un liquide aqueux, jaunâtre, transparent, visqueux, alcalin, et dont la proportion varie par une foule de circonstances. Il est principalement composé d'eau et d'albumine; il contient différents sels, et il verdit les couleurs bleues végétales.

Le caillot est une masse solide, spongieuse, d'un brun rougeâtre, et qui fournit par le lavage deux parties bien distinctes, la matière colorante ou le cruor, et la fibrine. Pour effectuer cette séparation, il suffit de laver en pressant et en pétrissant doucement le coagulum; la partie colorante se détache, devient libre, et la matière fibrineuse finit par perdre toute sa couleur rouge. Le cruor, insoluble dans l'eau, a été regardé pendant longtemps comme étant un oxyde de fer uni à l'acide phosphorique. De nouvelles recherches ont démontré qu'il constitue une matière animale en combinaison avec un peroxyde de fer. La fibrine est une substance blanchâtre, feutrée, tenace, élastique, et qui, d'après l'analyse chimique, est composée de carbone, d'oxygène, d'hydrogène et d'azote.

Après avoir indiqué la composition chimique du sang, nous rappellerons que les proportions de serum, de matière colorante et de fibrine diffèrent selon les âges, les genres d'animaux, les tempéraments, suivant l'état de santé et de maladie.

Si l'on agite le sang à mesure qu'il sort des vaisseaux et qu'il est reçu dans un vase, on lui conserve sa fluidité, et l'on empêche la formation du caillot; malgré l'agitation, il y a toujours formation de petites masses fibrineuses, qui se précipitent au fond du vase dès que le liquide est refroidi et laissé en repos. C'est à l'aide de cette pratique que l'on parvient à convertir le sang en boudin.

De la lymphe.

La lymphe est une liqueur transparente, jaunâtre, inodore, d'une saveur salée. Examinée au microscope, elle présente une composition moléculaire, semblable à celle du sang ; mais ses globules sont plus petits et ne sont pas revêtus d'une enveloppe colorante. Abandonnée à elle-même, elle se coagule et forme une masse, sorte de gelée transparente qui se divise avec plus ou moins de facilité en deux parties, l'une fluide ou le serum, et l'autre solide, le caillot, d'une couleur jaunâtre. M. le professeur Lassaigne a constaté que la lymphe du cheval est un composé d'albumine, de fibrine, de différents chlorures et de sels alcalins.

Quelques heures après le travail de la chymification, la lymphe obtenue des vaisseaux mésentériques est très-peu colorée et difficilement coagulable. Longtemps après la chymification, elle a une couleur jaunâtre, et elle fournit un caillot plus considérable que dans le premier cas. L'abstinence prolongée en augmente la quantité et la consistance, elle la rend plus visqueuse, plus fibrineuse et plus gélatineuse. Quelques jours avant que les animaux ne succombent et ne périssent d'inanition, la lymphe devient séreuse, transparente, et ne se coagule que difficilement.

L'humeur dont nous nous occupons puise ses sources par toutes les voies de l'absorption lymphatique ; elle se mêle avec le chyle et partage avec lui l'office de renouveler le sang. Par l'action de la circulation et des organes à l'influence desquels elle est soumise, elle acquiert des qualités nouvelles, qui la rendent propre à la nutrition des parties.

Du chyle.

Le chyle est un produit de la digestion, il est fourni par les matières chymeuses renfermées dans l'intestin ; il est pompé par les pores inhalants, qui s'ouvrent dans cette partie du conduit alimentaire, et il concourt à réparer les pertes continuelles qu'éprouve le sang. Ce fluide, qui a donné lieu à beaucoup de recherches, ne paraît pas être le même dans tous les animaux. Celui des carnivores est limpide, d'un blanc laiteux et d'une odeur spermacée ; dans les herbivores, il a une couleur opaline ou transparente, une saveur légèrement salée et il ne donne aucune odeur déterminée. Sa consistance varie, suivant la nature des aliments et la quantité des boissons ; sa pesanteur spécifique est supérieure à celle de l'eau distillée, mais inférieure à celle du sang. Laissé en repos dans un vase, le chyle se comporte comme le sang ; il se coagule, se prend en une masse, qui acquiert par le contact de l'air une teinte rosée, et se sépare en deux parties, une liquide et l'autre solide. La partie liquide, ou le serum, est de nature albumineuse et coagulable par la chaleur, les acides et l'alcool. Le caillot, ou partie solide, de consistance gélatineuse, et plus pesant que le serum, est un mélange de fibrine, de matière grasse et d'une certaine proportion de serum.

MM. Lassaigne et Leuret ont reconnu que le chyle diffère plus d'après la nature des aliments que d'après l'espèce d'animal; ils ont constaté que ce fluide est formé de fibrine, d'albumine, d'une matière grasse, de soude, de chlorure de sodium et de phosphate de chaux. M. le docteur Marcet dit que le chyle provenant d'aliments végétaux contient trois fois plus de carbone que celui qui a été fourni par les aliments animaux.

Il est impossible d'établir des données même approximatives sur la quantité du chyle qui est formé à la suite d'un repas et dans un temps déterminé. Cette fabrication varie incontestablement, et suivant la nature des aliments, et selon les forces digestives. Dans le cheval, les vaisseaux lymphatiques du mésentère ne se trouvent gorgés de fluide chyleux qu'autant que l'animal a pris de bons aliments (l'avoine surtout), et seulement cinq à six heures après son repas. Au bout de vingt à vingt-quatre heures d'abstinence, les mêmes vaisseaux ne renferment que de la lymphe ordinaire.

§ II. *Humeurs sécrétées.*

Ces humeurs très-nombreuses émanent du sang, sont produites par l'action des organes sécréteurs, et ont différentes destinations; on les distingue en *perspirées, folliculaires* et *glandulaires*.

1° Les humeurs *perspirées* ou *exhalées* sont sécrétées aux surfaces libres des membranes; elles s'échappent sous forme de vapeurs par les pores exhalants dont sont pourvues ces membranes. Ces fluides vaporeux diffèrent les uns des autres par leurs propriétés physiques et chimiques, ainsi que par leurs usages. Les uns, *excrémentitiels*, sont rejetés au dehors comme matières superflues et nuisibles, d'autres sont résorbés et reportés dans le torrent de la circulation.

Les humeurs *récrémentitielles* sont toutes exhalées dans des cavités intérieures qui n'ont point de communication au dehors. Ce premier ordre embrasse toutes les humeurs perspirées aux surfaces des membranes séreuses splanchniques et autres ; il comprend aussi les liqueurs renfermées dans les sacs de l'amnios, du chorion et de la vésicule ombilicale.

Les humeurs perspirées *excrémentitielles* sont sécrétées par des surfaces qui communiquent au dehors et peuvent les expulser plus ou moins complétement. Dans cette seconde classe, il faut placer l'humeur de la perspiration cutanée ou transpiration insensible, l'humeur de la sueur, les fluides perspirés des appareils respiratoire, digestif, urinaire et génital.

2° Les humeurs *folliculaires*, ainsi nommées parce qu'elles sont le produit des follicules, sont de deux sortes : les unes, fournies par les follicules cutanés, constituent une huile douce et muqueuse, que l'on appelle *humeur sébacée*, et qui varie dans les différentes régions de la peau. Les autres humeurs proviennent des follicules muqueux du muco-derme, et portent le nom générique de *mucus*.

3° Les humeurs glandulaires, sécrétées par les organes que l'on appelle glandes, sont peu nombreuses, s'accumulent dans des réservoirs particuliers et servent à différents usages. A cette dernière série on doit rapporter les larmes, la salive, l'humeur pancréatique, la bile, l'urine, le sperme et le lait.

Nous n'entrerons pas dans d'autres détails sur ces humeurs, et nous nous bornons à en présenter une simple classification. Ces humeurs seront examinées particulièrement et plus convenablement, à la suite de la description des organes qui les produisent.

ARTICLE III.

ACTIONS GÉNÉRALES ET RÉCIPROQUES DES SOLIDES ET DES FLUIDES.

De la réunion des solides et des fluides dans l'économie animale, résulte un concours d'actions réciproques de ces parties les unes à l'égard des autres, actions tellement bien combinées, qu'il est difficile de savoir s'il existe une priorité, ou, en d'autres termes, si les solides ont une prépondérance marquée sur les fluides, ou bien si cette prépondérance est en faveur des derniers.

Les solides absorbent et font entrer dans le torrent circulatoire les différents fluides qui constituent les éléments premiers de toute réparation de perte. Les poumons et le foie élaborent le sang, lui

impriment des qualités particulières, et le transforment en sang artériel. Les diverses humeurs sécrétées sont toujours les produits d'organes préposés
à leur fabrication. D'autre part, les fluides ne sont
pas moins utiles aux solides ; ils leur fournissent les
matériaux de recomposition ; ils prennent leurs ré-
sidus, les entraînent avec eux ; ils deviennent les
excitants des solides, qu'ils provoquent à l'exercice
de leurs fonctions. Ainsi les solides et les fluides
s'entr'aident réciproquement et s'entretiennent les
uns par les autres. Les solides sont formés par les
fluides, qui produisent à leur tour les solides ; sans
cesse les solides se fluidifient et les fluides se solidi-
fient ; les fluides renouvellent les solides et les dé-
barrassent de ceux de leurs matériaux que la vie a
usés ; les solides forment ces mêmes fluides, qui les
décomposent et les recomposent. Ce travail continuel, où l'on remarque un concours réciproque
des uns et des autres, est entretenu par la *force
vitale*, principe d'action qui est inconnu, mais dont
les effets sont manifestes.

La force vitale, qui a fait le sujet de nombreuses
controverses, et sur laquelle Chaussier nous paraît
avoir émis les idées les plus nettes, devient la cause
de tous les phénomènes dans l'animal vivant ; c'est
elle qui imprime et soutient la vibralité des parties,
mouvement opéré et entretenu par la contraction
des solides sur les fluides d'une part, et d'un autre
côté par la dilatation, l'expansion des fluides, qui
réagissent sur les solides et s'opposent en quelque
sorte à leur resserrement. L'existence de la force

de vie s'annonce, dit le même physiologiste, par trois grandes propriétés, la *motilité*, la *sensibilité* et la *caloricité*. Ainsi, partout où il y a vie, il doit y avoir mouvement, sentiment et chaleur. Ces trois propriétés, constamment réunies, se manifestent à des degrés différents, selon les organes et suivant les animaux ; elles subissent aussi des modifications relatives à l'âge, aux tempéraments et aux maladies.

Chaque organe jouit d'une force de vie qui lui est propre et qui le rend capable d'opérer tel acte plutôt que tel autre. Ces actes, quoique différents, sont liés les uns aux autres de telle manière qu'ils concourent tous à un but commun, qui est le soutien de l'animal vivant ; ils produisent cependant des résultats particuliers et distincts, auxquels on donne le nom de *fonctions*. C'est ainsi que la digestion, dont tous les actes tendent à l'élaboration des substances alimentaires, diffère, sous tous les rapports, de la respiration, composée de l'inspiration et de l'expiration, et qui transforme le sang veineux en sang artériel. Cette méthode physiologique a pour but de présenter les phénomènes vitaux dans un ordre d'enchaînement facile à saisir, et de ranger sous un même point de vue toutes les actions qui, quoique différentes, contribuent à un même résultat.

Toutes les fonctions coopèrent à la conservation de l'individu et de l'espèce ; elles y concourent toutes plus ou moins directement : les unes sont fondamentales, parce qu'elles tiennent les autres sous leur dépendance; quelques autres sont composées et en même temps uniques; il en est aussi de simples et de multiples. Toutes s'unissent, s'associent entre elles si intimement, qu'elles s'excitent et s'entre-tiennent l'une par l'autre.

Nous ne nous arrêterons pas à retracer ici les diverses classifications qui se sont succédé et ont été plus ou moins bien inspirées; elles ont toutes leur bon comme leur mauvais côté, et les reproches que l'on peut faire à chacune d'elles proviennent de ce que l'économie animale ressemble à un cercle, dans lequel on ne peut distinguer ni commencement ni fin. La méthode qui semble la plus simple, la plus naturelle, consiste à admettre trois ordres principaux : 1° des fonctions de relation, auxquelles il faut rapporter les *sensations externes* et *internes*, la *phonation* et la *locomotion*; 2° les fonctions nutritives, qui sont la *digestion*, la *respiration*, la *circulation*, les *sécrétions*, l'*absorption* et l'*assimilation* ou *nutrition* proprement dite; 3° enfin les fonctions de reproduction, la *génération* : celle-ci se compose des actes suivants, la copulation, la fécondation, la gestation, le part et la lactation. Ces diverses fonctions, qu'il doit nous suffire d'indiquer, seront développées en suite de la description des appareils organiques, qui en sont les agents. Nous terminerons les prolégomènes anatomiques par un aperçu sur les substances animales, mortes et abandonnées à elles-mêmes, et ce dernier article comprendra l'histoire de la putréfaction.

De la putréfaction.

A la mort, les affinités chimiques reprennent tout leur empire ; les substances animales, abandonnées à elles-mêmes, se décomposent et passent successivement à de nouvelles combinaisons. Les opérations qui ont lieu à cette époque sont totalement différentes de celles qui se faisaient remarquer pendant la vie. Ces diverses opérations, toutes chimiques, produisent la destruction complète de l'édifice que la force vitale avait élevé et entretenu. La putréfaction suppose toujours une décomposition spontanée des parties animales, privées de vie et placées sous l'influence d'agents capables de favoriser ce mode de destruction.

Après la mort du cheval, que nous prenons pour exemple, le cadavre acquiert une roideur qui dure un certain temps, pendant lequel les membres, l'encolure et la tête ne peuvent être fléchis. Peu à peu ces parties reprennent de la flexibilité, mais ne la récupèrent pas aussi libre qu'elle l'était à l'instant de la mort. Le ventre se tuméfie insensiblement, se météorise, devient ballonné ; le gonflement se propage, s'étend à toutes les parties ; l'encolure et les membres redeviennent tendus et plus ou moins roides. A l'extinction de la vie, quelquefois même un peu avant, la chaleur animale commence à se dissiper, et le cadavre se refroidit plus ou moins promptement, suivant le genre de mort, l'état du sujet, et selon la température du lieu où gît le cadavre lui-même.

Après une certaine durée d'une tension extrême, les parties s'amollissent, prennent de la flaccidité; parfois elles se rupturent en différents endroits et donnent issue aux gaz emprisonnés. Pendant le ballonnement de l'abdomen, les matières liquides, accumulées dans les grandes cavités intérieures, s'échappent en plus ou moins grande quantité par les ouvertures naturelles, d'où elles suintent d'abord par flocons et en écumant. Il importe aussi de noter que, depuis l'instant de la mort jusqu'à la pourriture du corps, il se fait une évaporation continuelle de fluides, qui augmente d'autant les pertes. Ainsi le cadavre diminue de poids en raison du dégagement et de la sortie, au dehors, des différents fluides; il perd de son volume et s'affaisse par suite du ramollissement des solides, qui se dépriment toujours de plus en plus. A l'époque du ramollissement des parties, l'épiderme et les poils se détachent déjà, finissent par tomber d'eux-mêmes, et la peau ne tarde pas à transsuder une humeur putride et aqueuse. Le gonflement de l'abdomen est toujours plus ou moins prompt, et, lorsqu'il est parvenu à un certain degré, le cadavre commence à puer; son odeur, qui devient de plus en plus infecte et repoussante, attire les animaux carnassiers, qui sont avides de charogne et s'en repaissent.

Pendant cette succession de désordres qui se font remarquer à l'extérieur, les solides de l'intérieur s'amollissent toujours de plus en plus et se liquéfient; leur couleur s'altère, prend une teinte d'un blanc livide, devient successivement brune, verdâtre, enfin noirâtre. Les liquides se troublent et se remplissent de flocons; en même temps les parties molles se fondent, se transforment en une espèce de gelée et de putrilage.

Après avoir indiqué les altérations qu'éprouve le cadavre du cheval, nous allons tâcher de rendre raison de chacun des principaux phénomènes qui se font remarquer. Le premier de ces phénomènes est la roideur de l'encolure et des membres, roideur qui survient peu de temps après la mort. Cet état doit être attribué à une sorte de coagulation des sucs visqueux répandus en abondance dans les tissus cellulaire et musculaire. En effet, si l'on enlève la peau d'un cadavre encore tout chaud, le tissu cellulaire et les aponévroses, mis à découvert et laissés au contact de l'air, se dessèchent promptement et deviennent comme du parchemin collé aux parties sous-jacentes. La substance charnue d'un muscle éprouve la même sorte d'altération, et sa surface frappée par l'air perd son humidité et se durcit. Au bout d'un certain temps, ces mêmes parties reprennent de la mollesse et de l'humidité, ce qui ne peut être attribué qu'aux fluides aqueux, qui, venant à transsuder de toutes parts, déterminent le ramollissement général.

La distension progressive de l'abdomen est évidemment occasionnée par le développement des gaz dans le conduit intestinal, surtout dans le gros intestin. Ces gaz sont simples ou diversement mélangés, suivant l'état de décomposition où sont parvenues les matières animales qui les fournissent. Ils se manifestent à peu près dans l'ordre qui suit : le gaz acide carbonique se montre le premier, viennent ensuite les gaz hydrogène pur, hydrogène carboné et hydrogène sulfuré. Dans les derniers temps de la putréfaction, il se dégage de l'azote, qui, de même que le gaz hydrogène sulfuré, ne peut être respiré sans de grands dangers. Quant aux fluides gazeux qui se développent dans le tissu des parties, ils n'ont pas encore été étudiés d'une manière particulière, mais ils doivent être à peu près les mêmes que ceux de l'intestin. Toutefois il est certain que les gaz contribuent à détruire la tissure des organes, en s'interposant entre leurs fibres, qu'ils écartent toujours de plus en plus, qu'ils déchirent insensiblement et finissent par réduire en substance pultacée.

Les conditions propres à développer et entretenir la putréfaction sont incontestablement l'humidité, la chaleur et le contact de l'air. L'humidité, dont la propriété est d'amollir les parties et de les disposer à de nouvelles combinaisons essentielles de la septicité, et les matières animales complétement desséchées, n'éprouvent pas la putréfaction. Un excès d'eau change le mode de décomposition et fait passer les substances au *gras :* tel est le résultat que l'on obtient par la macération prolongée dans la même eau.

Une chaleur moyenne et modérée de dix degrés et au-dessus est également nécessaire à la formation de la putréfaction, qui n'a pas lieu lorsque la température est très-basse. Une chaleur très-forte et susceptible de dessécher promptement peut empêcher l'établissement de la putréfaction pour certaines parties détachées et peu volumineuses; mais on ignore encore à quel degré de froid et de chaud un cadavre entier de cheval ou de bœuf pourrait être préservé de la décomposition putride.

D'après M. Appert, les matières animales étant complétement soustraites à l'action de l'air, et ensuite exposées à une douce chaleur, se conservent avec toutes leurs propriétés et avec leur saveur, pendant plus d'une année, sans qu'elles présentent la moindre altération. En contribuant à la putréfaction, l'air agit dans son état de stagnation, car, à l'état de courant, il retarde la septicité en emportant les produits gazeux qui ont été formés (1).

Une remarque importante, et que les vétérinaires ne doivent pas perdre de vue, c'est que la putréfaction des cadavres des herbivores se développe avec une extrême facilité, et qu'elle parcourt rapidement ses périodes. Ces deux circonstances semblent bien dépendre des matières aqueuses et éminemment fermentescibles, qui sont accumulées dans l'intestin; mais il existe dans toutes les parties une disposition à la putréfaction, une tendance plus marquée, plus grande dans les herbivores que dans les carnivores et autres quadrupèdes. Dans les laboratoires d'anatomie, on est obligé, pour pouvoir conserver les cadavres des chevaux, d'enlever, peu d'instants après la mort, toute la masse intestinale, et d'exprimer, autant que possible, le sang que fournissent les vaisseaux ouverts. Si l'on tarde seulement de deux ou trois heures à effectuer l'opération,

(1) Voyez l'ouvrage précité de M. Lassaigne.

l'intestin est déjà distendu par le gaz, le cadavre exhale une mauvaise odeur, et il se pourrit promptement. Lors même que l'on prend toutes les précautions requises, on ne parvient encore à conserver que peu de temps le cadavre, et la corruption en est plus ou moins rapide, suivant l'état de la chaleur.

Dans beaucoup de cas, la météorisation de l'abdomen précède la mort des animaux herbivores, et ce dégagement de gaz indique un commencement de décomposition putride des matières intestinales. Plusieurs maladies, surtout celles qui ont un caractère de putridité, hâtent prodigieusement la septicité; à peine le corps est-il privé de vie, qu'il est en corruption complète. Ces faits, constatés par l'expérience journalière, doivent faire sentir la nécessité de procéder avec circonspection aux ouvertures des animaux morts de maladies putrides, et dont les cadavres sont en décomposition. On pense généralement que le tissu cellulaire coloré en vert ou d'un brun tirant sur le noir dénote le dégagement des gaz délétères et dangereux, la prudence prescrit alors de prendre les précautions convenables pour éviter les accidents. Comme ces gaz sont toujours accumulés en quantité dans les intestins, il convient de pratiquer à ces poches une issue, en ayant soin de se tenir écarté et de ne pas s'exposer à leur dégagement. On aura ensuite recours aux liqueurs chlorurées, dont on fait un usage si avantageux pour les ouvertures des cadavres humains. Les chlorures ne pourraient sûrement pas neutraliser la masse des gaz délétères renfermés dans l'intestin d'un cadavre herbivore, il faut que cette masse soit évacuée ou dissipée en majeure partie.

En résumé, le résultat de la putréfaction est de faire passer des matières organisées à l'état inorganique, et cette opération est une succession continuelle de décompositions et de nouvelles combinaisons. C'est sous ce rapport que les débris d'animaux morts sont d'excellents engrais et les meilleurs de tous.

Les détails qui précèdent pourront paraître superflus ou déplacés, puisque la putréfaction est plutôt du ressort de la chimie que du domaine de l'anatomie. Deux motifs nous ont déterminé à consacrer un article à ce genre de décomposition. Il était nécessaire et utile, pour compléter les Considérations anatomiques, de suivre les substances animales après la mort, et d'indiquer ce qu'elles deviennent quand elles sont abandonnées à elles-mêmes. La putréfaction, considérée sous des rapports pathologiques, est aussi un objet d'une grande importance pour l'exercice de la médecine des animaux domestiques. Les vétérinaires, fréquemment obligés de procéder par eux-mêmes ou de faire faire en leur présence l'ouverture des chevaux ou autres herbivores dont les cadavres sont en putréfaction, doivent connaître les phénomènes de cette décomposition putride; ces notions leur sont nécessaires, non-seulement pour distinguer les cas où les ouvertures offrent quelques dangers, mais encore pour apprécier les altérations cadavériques et ne pas les confondre avec les désordres survenus pendant la maladie et qui peuvent être causes de mort.

DEUXIÈME PARTIE.

ANATOMIE DESCRIPTIVE ET PHYSIOLOGIQUE.

Cette deuxième partie de l'anatomie, la plus étendue, embrasse non-seulement l'étude de chaque organe en particulier, la connaissance de ses formes, de ses rapports, de sa structure, de ses propriétés et de ses usages, mais encore la considération des différents actes qui coopèrent à la même fonction. Pour atteindre ce double but, il est nécessaire, indispensable de grouper les organes et de les ranger en *appareils,* suivant les fonctions spéciales qu'ils remplissent. Tous les organes du corps peuvent être distribués en huit ordres ou appareils, de la *locomotion,* de la *digestion,* de la *respiration,* de la *circulation,* de la *sensibilité,* des *sens,* de la *sécrétion urinaire* et de la *génération.* Parmi ces différents appareils, que nous examinerons successivement et d'après l'ordre dans lequel ils viennent d'être indiqués, les uns servent à la vie de relation et à celle d'assimilation ; ceux-là se trouvent dans le même individu : les autres, destinés à la conservation de l'espèce, comprennent deux séries d'organes distribués dans deux individus de la même espèce, mais de sexe différent.

ORDRE PREMIER.

ORGANES DE LA LOCOMOTION.

Ce premier appareil se compose de deux genres de parties très-différentes. Les unes, dures, sont les os et leurs dépendances ; les autres, molles et contractiles, s'attachent aux os et deviennent les organes actifs des mouvements. L'étude de la charpente animale, formée par les os, doit naturellement précéder l'étude des muscles ou organes actifs de la fonction.

SQUELETTOLOGIE.

La squelettologie ou l'étude du squelette comprend deux grandes divisions, les *généralités* et les *descriptions*.

Le squelette est l'assemblage de tous les os d'un même animal, conservés dans leur intégrité et soutenus dans leur position à peu près naturelle; il détermine la conformation générale du corps, forme diverses cavités destinées à protéger les organes, et constitue des leviers qui sont mis en mouvement par les muscles.

Quoique essentiellement composé d'os, le squelette offre encore à considérer des cartilages, des fibro-cartilages, des ligaments et des membranes synoviales; de sorte que la squelettologie embrasse à la fois la connaissance de ces cinq genres de parties, leur mode d'arrangement et leurs fonctions spéciales.

§ Iᵉʳ. *Des os.*

Les os forment la base de l'édifice animal, sont les agents passifs de la locomotion et diffèrent entre eux sous plusieurs rapports.

1° D'après la position, la régularité ou l'irrégularité de leur conformation, les uns, *pairs*, sont irréguliers, placés sur les côtés du corps ; tandis que les autres, *impairs*, sont symétriques et se trouvent dans le plan médian.

2° Suivant la grandeur déterminée d'après ses rapports à la longueur du corps, on reconnait des os grands, moyens, petits et très-petits.

3° D'après leur dimension, les uns sont longs, d'autres larges et aplatis ; quelques autres courts, épais, multifasciés.

4° D'après le mode de texture, il en est de durs, de légers, de compactes, de pesants ; d'autres sont peu durs et spongieux.

5° En raison de la quantité des sucs huileux qu'ils contiennent, on distingue des os *gras* et des os *maigres*. Les premiers, plus ou moins lourds, brûlent avec beaucoup de flamme et servent, dans les voiries, à la fonte des graisses. Par l'effet de la macération, les os maigres sont susceptibles d'acquérir une grande blancheur, qu'ils conservent très-longtemps : c'est par cette raison qu'ils doivent être employés de préférence à la confection des squelettes.

6° Leur nombre, considéré dans les différentes espèces d'animaux (1), est très-variable : ainsi l'on

(1) Pour établir l'énumération des os d'une manière qui ne soit nullement arbitraire, on doit considérer ceux-ci dans l'âge adulte, époque où l'ossification est parfaite, et ne pas compter les os qui ne concourent point à la formation du squelette. C'est d'après ces principes que nous avons déterminé le nombre des os dans les différentes classes de quadrupèdes domestiques, nous réservant d'indiquer ceux relatifs à quelques organes particuliers, lors de la description de ces mêmes organes ; nous ne comprenons pas non plus les dents, dont nous indiquerons le nombre en traitant de ces parties.

compte à peu près cent soixante-quinze os dans les monodactyles, cent soixante-douze dans les didactyles, deux cent quarante-deux dans les tétradactyles réguliers, deux cent trente et un dans les tétradactyles irréguliers.

Régions des os. On appelle ainsi des portions d'un os qui occupent une certaine portie de son étendue. Dans les os longs, on reconnaît trois régions, *un corps* (1) ou partie moyenne, et deux extrémités ; les os aplatis et courts offrent des faces , des bords et des angles.

Éminences. Toutes les éminences des os se distinguent en apophyses et en épiphyses : les premières sont continues au reste de l'os, tandis que les épiphyses en sont séparées par une couche cartilagineuse intermédiaire ; mais, comme cette couche s'ossifie et disparaît avec l'âge, on ne trouve presque plus, dans l'animal adulte, que des apophyses. Les unes et les autres se distinguent en *articulaires* et *non articulaires.* Les premières se subdivisent en celles qui servent aux articulations mobiles et en celles qui sont propres aux articulations immobiles.

Les apophyses articulaires *diarthrodiales* sont pourvues d'une enveloppe ou croûte cartilagineuse, qui rend les surfaces lisses et polies ; elles ont reçu diverses dénominations tirées de leurs formes particulières : on les nomme *têtes* quand elles sont à peu près hémisphériques ; *condyles* , lorsqu'elles

(1) Dans son acception rigoureuse, le terme de corps indique un tout ; ici, il est employé métaphoriquement pour désigner la partie principale d'un objet.

sont arrondies et déprimées sur un ou deux côtés ; *poulies* ou *troklées*, lorsqu'elles ont au milieu une dépression, une sorte de gorge relevée par deux bords.

Les éminences destinées aux articulations immobiles se nomment *synarthrodiales* ; elles forment tantôt des avances inégales, séparées par des enfoncements alternatifs que l'on appelle dentelures, et d'autres fois des lames, etc.

Quant aux apophyses non articulaires, elles servent à donner implantation à des muscles ou à des ligaments, et elles reçoivent différents noms par rapport à leur forme absolue ou relative, à leur position et à leurs usages.

Eu égard à leur forme absolue, on les nomme *protubérances*, lorsqu'elles sont saillantes et à base circonscrite ; *tubérosités*, lorsqu'elles sont beaucoup plus circonscrites et garnies d'aspérités ; *crêtes*, quand elles sont allongées, inégales ; *empreintes*, quand elles sont formées par la réunion de très-petites éminences, qui rendent la surface de l'os comme chagrinée ; *lignes*, lorsqu'elles sont allongées, mais très-étroites, et celles-ci peuvent être *âpres*, *obliques*, *longitudinales*, *demi-circulaires*, etc.

Par rapport à leur forme relative, les unes ont été comparées à une aile, à une corne, à un mamelon, un bec de corbeau, un stylet, une épine, et elles ont reçu les noms de *ptérigoïdes*, *coronoïdes*, *mastoïdes*, *coracoïdes*, *épineuses*, *styloïdes*, *odontoïdes*.

Selon leur position, il est des éminences appelées *épicondyles*, *épitroklées*.

D'après leurs usages, quelques-unes sont appelées *trokantériennes*.

Suivant leur situation et leur direction, on les distingue en apophyses *transverses, obliques, supérieures, inférieures*, etc.

Les *cavités des os* se divisent, comme les éminences, en *articulaires* et *non articulaires;* les premières sont *diarthrodiales* ou *synarthrodiales.*

Les cavités diarthrodiales, encroûtées de cartilages de la même nature que ceux des éminences de ce nom, s'appellent *cotyloïdes*, lorsqu'elles sont profondes et arrondies ; *glénoïdes*, lorsqu'elles sont ovalaires, superficielles ; *fossettes*, quand elles sont presque planes.

Parmi les cavités synarthrodiales, les unes, placées au bord des os, petites, irrégulières et séparées par des dentelures, portent le nom d'*engrenures;* d'autres, plus ou moins profondes et destinées à recevoir les dents, se nomment *alvéoles*.

Les cavités qui ne servent point aux articulations sont externes ou internes. Les premières sont dites *fosses* ou fossettes, lorsqu'elles sont larges à leur entrée et successivement plus étroites vers leur fond; *sinus*, lorsqu'elles servent de réservoir à une substance fluide (1); *trous*, lorsqu'elles communiquent

______

(1) On définit ordinairement le sinus *une cavité étroite à son entrée et large dans son fond*. Ce caractère distinctif est d'autant moins exact qu'il ne peut pas s'appliquer généralement à tous les sinus : parmi ces sortes de cavités, quelques-unes sont larges à leur entrée et étroites dans leur fond, ainsi qu'on l'observe dans la majeure partie des sinus fermés par les vaisseaux.

directement de la surface d'un os à la surface opposée; et on les nomme *hiatus*, lorsqu'elles offrent
des aspérités sur leurs bords; *conduits*, lorsqu'elles
sont longues, étroites, qu'elles parcourent un certain trajet dans l'épaisseur de l'os; *demi-circulaires*, *spiroïdes*, etc., suivant la direction particulière
qu'elles affectent; *pores*, lorsqu'elles sont très-petites, comme capillaires; *scissures*, lorsqu'elles sont
allongées, très-étroites et destinées au passage de
vaisseaux ou de nerfs; *rainures*, lorsqu'elles sont
allongées, mais garnies d'aspérités; *coulisses*, lorsqu'elles reçoivent un corps qui glisse; *gouttières*,
lorsqu'elles servent au passage d'un fluide : les coulisses sont incrustées d'un cartilage lisse, poli recouvert et environné par une capsule synoviale; enfin
on leur donne le nom d'*échancrures*, quand elles
sont pratiquées sur le bord des os.

Les cavités internes des os, moins nombreuses
que les externes, sont celles du tissu spongieux, di-
ploïque, et le canal médullaire.

Organisation des os.

Lorsque, par l'effet de la macération continuée un
certain temps, l'os a été dépouillé de sa membrane
et privé des sucs qui le pénétraient, on remarque à
sa surface diverses éminences, des inégalités, des
dépressions, des porosités très – multipliées et de
nombreuses ouvertures. Si l'on brise cet os, si on
l'entame de différentes manières pour en considérer
l'organisation, on reconnaît que sa substance présente plusieurs modes de texture, qui varient dans

les différentes espèces d'os, et dans quelques-uns suivant certaines régions de leur étendue.

Dans les os longs, la substance osseuse, très-serrée et disposée par lames superposées, forme à l'extérieur un tissu dense, *compacte*, épais vers le milieu de leur étendue, et s'amincissant successivement vers leurs extrémités; au-dessous de cette couche et à l'extrémité de ces os, la substance qui les constitue, moins serrée, présente des interstices, et forme un tissu *celluleux, spongieux* ou *vacuolaire;* enfin, vers leur milieu et à leur centre, encore plus écartée et inclinée sur elle-même en différents sens, elle compose un tissu *réticulaire* d'une finesse et d'une ténuité extrêmes (1).

Dans les os larges, aplatis et courts, on remarque seulement deux modes de texture de leur substance; leur extérieur est formé par le tissu compacte, tandis que leur intérieur offre un tissu spongieux plus ou moins abondant. Dans les os larges, le tissu compacte forme deux lames, entre lesquelles existe la substance spongieuse (2), qui, dans les os courts, est environnée seulement par une couche mince de substance compacte. On trouve dans le centre des os longs un canal cylindroïde, appelé médullaire; et vers les extrémités de ces os, ainsi que dans l'inté-

(1) On désigne communément ces trois modes de texture par les termes de *substance compacte, substance spongieuse, substance réticulaire;* ces dénominations supposent dans l'os trois substances différentes, tandis qu'il y a seulement *trois modifications* ou *manières d'être* de la substance constituante.

(2) Le *diploé* dans les os du crâne.

rieur des os larges et courts, on observe les cavités nombreuses formées par le tissu spongieux.

Ainsi la substance compacte revêt la surface extérieure des os, dont elle détermine la solidité; tandis que le tissu spongieux, toujours situé à l'intérieur, leur donne du volume sans ajouter beaucoup à leur poids, et en forme presque entièrement quelques-uns; enfin le tissu réticulaire, composé de filaments osseux, très-déliés, inclinés, entre-croisés en différents sens, existe dans le canal médullaire des os longs et soutient la moelle.

Telle est l'organisation de l'os dénudé de ses parties molles; mais, dans l'état frais, on y reconnaît des membranes, des vaisseaux, des nerfs et des sucs qui lui sont propres.

1° Les membranes des os sont au nombre de deux, distinguées en externe et en interne. La première, que l'on nomme *périoste*, est fibreuse, dense, parsemée d'un grand nombre de vaisseaux; elle revêt la surface des os, et leur est unie d'une manière intime tant par des filaments cellulaires qu'au moyen des vaisseaux et des nerfs qui pénètrent de tous côtés dans leur tissu. Par sa surface externe, le périoste adhère d'une manière lâche aux parties environnantes.

La membrane interne ou *médullaire*, communément *le périoste interne*, est mince, fine, parsemée d'un grand nombre de vaisseaux et de filaments nerveux; elle enveloppe la moelle et contient le suc médullaire. Cette membrane entretient avec le périoste les rapports les plus intimes, comme le prouvent les expériences de *Troja*, et plusieurs phénomènes pathologiques.

2. Les vaisseaux des os sont très-nombreux et en plus grande quantité dans le jeune sujet que dans l'adulte. Les uns, fins et déliés, après s'être ramifiés dans le périoste, pénètrent dans l'intérieur de l'os par les porosités multipliées de sa surface; les autres, peu nombreux, mais plus gros et plus particulièrement destinés pour la membrane médullaire, passent par des conduits particuliers, appelés *trous nourriciers*. Ces canaux, dont quelques-uns s'oblitèrent par l'effet de la vieillesse, ont une disposition remarquable dans les grands os des membres : beaucoup de ces trous nourriciers pénètrent obliquement de haut en bas dans l'intérieur de l'os; tandis que les autres ont une direction plus ou moins perpendiculaire à sa longueur.

3° Les *nerfs* des os, généralement ténus et peu nombreux, suivent la direction des artères et les accompagnent jusqu'à leur terminaison.

4° Les humeurs des os sont la *moelle* et le *suc médullaire*. La moelle est une substance grasse et onctueuse, fluide dans l'animal vivant, mais qui, après la mort et par l'effet du refroidissement, prend une certaine consistance. Contenue en masse dans le canal médullaire des os longs, cette humeur est distribuée et sécrétée dans les cellules de la membrane médullaire, qui sont elles-mêmes soutenues par le tissu réticulaire de l'os. Le suc médullaire, liqueur de même nature que la moelle, mais plus fluide, occupe les cellules de la substance spongieuse , et réside conséquemment dans tous les os pourvus de cette dernière substance ; la moelle ne se rencontre que dans les grands os, qui ont un canal destiné à cet usage.

Dans le principe de son développement, l'os n'est qu'un fluide gélatineux et n'offre nulle trace d'organisation déterminée. Au bout d'un temps , qui varie suivant la durée de la gestation, ce fluide devient blanchâtre, et acquiert la couleur, l'opacité, la consistance et la souplesse du cartilage : alors on voit paraître des vaisseaux sanguins qui convergent vers un ou plusieurs centres communs, plus fermes et plus compactes ; ce sont les noyaux primitifs de l'ossification : ainsi les os sont d'abord *gélatineux,* puis *cartilagineux,* et enfin *osseux.*

La durée de ces trois premiers états varie dans les différentes espèces d'animaux. D'après les observations de plusieurs physiologistes (1), il parait que le premier état dure, dans le poulet, jusqu'au neuvième jour de l'incubation ; dans le fœtus humain et quelques quadrupèdes, jusqu'au vingtième jour de la fécondation ; dans les femelles qui portent neuf mois, les noyaux osseux paraissent vers six semaines, et beaucoup plus tôt dans les espèces qui ne portent que deux mois (2).

Des articulations.

Examinés dans leur ensemble, dans un ordre sys-

(1) Haller, *Formation des os.*

(2) Nous ne parlons point ici du mode d'ossification propre aux os longs, courts et aplatis, parce que ces objets comporteraient, pour être exposés convenablement, des détails très-étendus qui ne peuvent faire la matière de cet ouvrage.

tématique et dans leur rapport de contiguïté, les os présentent des intersections, que l'on nomme *articulations* ou *jointures* ; et ces articulations se distinguent en celles qui sont mobiles, que l'on nomme *diarthroses*, et en immobiles, que l'on appelle *synarthroses*.

1° L'ARTICULATION MOBILE, ou la diarthrose, comprend plusieurs genres, *le genou, la charnière, le pivot, la coulisse* et la diarthrose *de continuité*.

Dans l'articulation *par genou* ou *arthrodie*, une tète est reçue dans une cavité plus ou moins profonde. Les mouvements sont libres, se font en tout sens et peuvent s'exécuter suivant l'extension, la flexion, l'adduction, l'abduction et la circonduction. Les exemples de ce mode d'articulation se remarquent dans l'union du fémur avec l'os de la hanche, dans celle de l'humérus avec le scapulum.

L'articulation par *charnière*, ou le ginglyme, a lieu toutes les fois que les parties articulaires reçoivent et sont réciproquement reçues ; les mouvements sont alternatifs et s'exécutent en sens opposés. Ce ginglyme peut être parfait ou imparfait. Dans le premier cas, les mouvements sont exactement bornés à l'extension et à la flexion ; tandis que le ginglyme est dit imparfait lorsque, outre les mouvements directs d'extension et de flexion, il s'en exécute de latéraux plus ou moins étendus, comme cela s'observe dans les articulations tibio-fémorale et maxillo-temporale.

L'articulation par *pivot* ou *trochoïde*, dont la construction se compose d'une éminence articulaire, prolongée en axe dans une cavité correspondante, ne permet qu'un mouvement semi-circulaire : l'articulation de la deuxième avec la première vertèbre de l'encolure en est un exemple.

La coulisse, *diarthrose planiforme*, se compose de deux surfaces planes qui glissent l'une sur l'autre ; la connexion des apophyses articulaires des vertèbres entre elles est une diarthrose planiforme.

Dans la diarthrose de continuité, *mixte* ou *amphiarthrose*, les surfaces articulaires ne sont point en contact immédiat ; elles se trouvent séparées par une substance fibro-cartilagineuse d'implantation. Ce genre d'union s'applique à l'articulation du corps des vertèbres entre elles et avec le sacrum.

2° L'ARTICULATION IMMOBILE, ou la synarthrose, comprend trois genres, *la suture, la gomphose, la juxtaposition* ou *l'harmonie*.

Dans la suture, il y a engrènement d'éminences irrégulières dans des cavités correspondantes : on en distingue trois variétés, 1° la suture dentelée ; exemple, l'articulation du frontal avec le pariétal ; 2° la suture squammeuse, comme l'articulation du pariétal avec la portion écailleuse du temporal ; 3° la suture lamineuse, telle est l'articulation des os du nez avec les grands sus-maxillaires.

Dans la *gomphose*, un os est enchâssé dans un autre, comme le démontre l'articulation des dents, reçues dans les alvéoles ou cavités pratiquées sur le bord des os maxillaires.

L'articulation de *juxtaposition* se fait par des bords ou par des surfaces dépourvues d'éminences ;

l'union des os ptérygoïdiens et de la portion tubéreuse du temporal est une véritable juxtaposition.

§ II. *Parties accessoires du squelette.*

Cet ordre de parties se compose, comme il a déjà été dit, de cartilages, de fibro-cartilages, de ligaments et de membranes synoviales. Ces organes, qui ne sont que des annexes des os, ont différents usages, et contribuent de plusieurs manières à la formation du squelette.

1° *Des cartilages.* Ils ont une consistance moyenne entre l'os et le ligament, et servent à différents usages : les uns, dits *cartilages de prolongement*, concourent à former certains os, auxquels ils donnent plus d'étendue et qu'ils rendent plus complets; dans cette série, on doit ranger les cartilages des côtes : d'autres, appelés *cartilages d'encroûtement*, revêtent les éminences et cavités diarthrodiales, leur fournissent une couche plus ou moins épaisse, ayant une de ses faces adhérente et continue avec l'os, tandis que l'autre face est lisse, polie et lubrifiée par l'humeur synoviale. Ces couches ou croûtes cartilagineuses jouissent d'une certaine élasticité; elles sont dépourvues de périchondre fibreux, mais la synoviale séreuse semble se propager sur leur surface; en général, les lames diarthrodiales offrent plus d'épaisseur dans le milieu des grosses éminences que vers les bords, et le contraire a lieu dans les cavités, au centre desquelles elles sont plus minces. Les cartilages dont il s'agit facilitent les glissements, favorisent la liberté des mouvements, amortissent les effets des percussions et des chocs.

Toutes les couches cartilagineuses diarthrodiales sont entourées d'une sorte de canal que l'on appelle *marge articulaire*. Ce canal circonscrit la surface articulaire et s'étend du bord du cartilage au point fixe, d'où la synoviale se réfléchit : sa largeur et sa profondeur ne sont pas les mêmes partout ; sa grandeur est toujours en rapport direct avec l'étendue et la fréquence des mouvements. Ses usages principaux paraissent être d'offrir des passages libres à la synovie, continuellement poussée d'un côté et de l'autre par les mouvements, qui ont lieu en suite de la contraction musculaire.

Un troisième ordre de cartilages, spécialement destiné à lier, à réunir les diverses pièces osseuses, comprend les restes des cartilages d'ossification, qui séparent les épiphyses d'avec la partie principale de l'os. Ces sortes de cartilages, d'autant plus nombreux et plus épais que les sujets sont plus jeunes, diminuent avec l'âge et finissent par disparaître complétement.

2° *Des fibro-cartilages.* Ces solides organiques présentent à peu près les mêmes considérations que les cartilages, desquels ils ne diffèrent que par leur texture, qui leur donne une plus ou moins grande consistance : on les divise de même en *articulaires* et de *prolongement*. Les premiers sont de deux sortes, les uns s'implantent aux os par leurs deux faces, et produisent des articulations de continuité ; tandis que d'autres, simplement posés entre deux éminences diarthrodiales, complétent la construction de l'articulation, rendent ses mouvements plus libres, plus assurés et plus étendus. Les fibro-cartilages de prolongement se réduisent à un petit nombre; ce sont ceux qui subsistent à l'extrémité supérieure du scapulum et aux parties latérales du dernier phalangien des monodactyles. Les fibro-cartilages des oreilles et de la cloison nasale composent la deuxième série (1).

3° *Des ligaments.* Le squelette des quadrupèdes domestiques porte deux sortes de ligaments : les uns, simplement destinés au soutien de certaines parties, sont appelés *suspenseurs,* le ligament cervical en fournit un exemple; les autres appartiennent aux articulations, et se distinguent suivant leur position ou d'après leur forme, en latéraux, inter-articulaires et capsulaires : les premiers, très-nombreux et placés en dehors des jointures, recouvrent communément une partie des capsules synoviales, et se font remarquer à toutes les articulations des membres, à l'exception seulement de celles du scapulum avec l'humérus et du coxal avec le fémur. Les ligaments inter-articulaires, de même nature que les précédents, sont situés en dedans des articulations, mais toujours en dehors des capsules synoviales; ils s'implantent, par leurs extrémités, aux deux os, qu'ils fixent l'un à l'autre, et ils se rencontrent aux jointures coxo-fémorale, fémoro-tibiale, etc. Les ligaments capsulaires sont des productions membraniformes, qui tapissent la majeure partie de la mem-

(1) Voyez page 77.

brane synoviale, et lui adhèrent plus ou moins fortement. Ces ligaments, différents entre eux par leur épaisseur et leur force, composent des espèces de gaines fibreuses, s'étendent d'un os à l'autre, et fortifient la membrane synoviale, sur laquelle ils sont appliqués.

4° *Des membranes synoviales.* Disposée et réfléchie à la manière du péritoine, chaque synoviale constitue une bourse, un sac clos de toutes parts, et dont la grandeur est différente suivant les articulations. Après avoir entouré les surfaces diarthrodiales, la séreuse synoviale prend un point fixe au bord des marges articulaires; elle semble ensuite se réfléchir en dedans, passer sur la marge articulaire et se continuer sur le cartilage d'encroûtement. D'après cette disposition, la membrane offre deux ou trois portions réfléchies et une extérieure ou pariétale : celle-ci se trouve fortifiée et recouverte presque partout d'un feuillet fibreux, appelé ligament capsulaire. Ce feuillet extérieur ne s'étend pas sur les points par lesquels la synoviale adhère aux tendons et aux ligaments tant latéraux qu'inter-articulaires; il présente d'autant plus d'épaisseur et de force que la capsule est susceptible de former de plus grands boursouflements. Ses fibres, parfois écartées les unes des autres, soutiennent des granulations adipeuses, que l'on a longtemps considérées comme des glandes préposées à la sécrétion de la synovie. Ainsi chaque capsule synoviale est composée de deux lames diversement unies, dont une séreuse en est la partie essentielle, sans laquelle la poche n'existerait pas; la lame extérieure, ou partie accessoire, variable par son étendue, par la disposition et l'épaisseur même de ses fibres, manque parfois et ne fait que fortifier la portion pariétale de la capsule.

PARTIE DESCRIPTIVE.

Le squelette comporte deux grandes divisions, le *tronc* et les *membres*.

Le tronc, partie principale du corps et supporté par les membres, présente trois grandes cavités, dans lesquelles sont renfermés les viscères; il se subdivise en partie centrale, composée du *rachis* et du *thorax*, et en deux extrémités, la *tête* et le *bassin*.

Le *rachis*, communément la *colonne épinière*, est le produit d'une succession d'os impairs, que l'on nomme *vertèbres*, et que l'on distingue, par rapport aux régions qu'ils occupent, en vertèbres de l'encolure, vertèbres du dos, vertèbres des lombes.

Le thorax ou la *poitrine* est formé latéralement par les côtes, divisées en antérieures ou sternales et en postérieures ou asternales; supérieurement, par les vertèbres dorsales; et, inférieurement, par le sternum, qui soutient les côtes antérieures et leur offre des points articulaires.

La tête s'articule avec la première vertèbre du rachis, se subdivise en *crâne* et en *face* ou *mâchoires*. Les os du crâne sont un *frontal*, un *pariétal*, un *occipital*, un *sphénoïde*, un *ethmoïde*, et deux *temporaux*.

Les mâchoires se distinguent en supérieure ou antérieure, et en inférieure ou postérieure : la première est composée des os ci-après dénommés, *deux grands sus-maxillaires, deux petits sus-maxillaires, deux naseaux, deux lacrymaux, deux zygomatiques, deux palatins, deux ptérygoïdiens, quatre cornets et un vomer.* La mâchoire inférieure a pour base un seul os impair, appelé *maxillaire*.

Le bassin, qui termine le tronc, comprend le *sacrum,* les *deux coxaux* et les *os coccygiens.*

Les membres, vulgairement *les extrémités,* sortes d'appendices prolongés du tronc qu'ils supportent (1), sont au nombre de quatre, dont deux postérieurs ou abdominaux, et deux antérieurs ou thoraciques.

Chaque membre postérieur se subdivise en quatre parties principales, la hanche, la cuisse, la jambe et le pied. La hanche est formée par une grande portion de *coxal*; la cuisse par le *fémur*; la jambe par le *tibia,* le *péroné* et la *rotule*; le pied comprend 1° les os du jarret, que l'on nomme *tarsiens*; 2° les os du canon, appelés *métatarsiens*; 3° enfin les os du doigt ou région digitée, qui sont *trois phalangiens* et *trois sésamoïdes.*

L'étendue de chaque membre antérieur se partage en quatre rayons principaux, l'épaule, le bras, l'avant-bras et le pied. L'épaule a pour base le *scapulum*; l'*humérus* forme la base du bras; le *cubi-*

_____

(1) Dans la volaille, le tronc n'est supporté que par les membres abdominaux ; les thoraciques servent au vol.

tus celle de l'avant-bras; et le pied, offre dans sa composition, 1° les os du genou, appelés *carpiens*; 2° ceux du canon, que l'on nomme *métacarpiens*; 3° enfin les os de la région digitée, dont *trois phalangiens* et *trois sésamoïdes*.

Dans l'étude, on reconnaît plusieurs sortes de squelettes, suivant les genres d'animaux, le sexe, l'âge des individus et la nature des liens qui unissent les os entre eux. D'après les genres, il est des squelettes de monodactyles, de didactyles, de tétradactyles et de volatiles : suivant le sexe, on distingue des squelettes de mâle et de femelle; par rapport à l'âge, des squelettes de jeune sujet, d'adulte et de vieillard; eu égard aux liens qui maintiennent la contiguïté des surfaces articulaires, on les nomme squelettes *ligamenteux* ou *naturels* lorsque les os sont unis par leurs propres ligaments, et *artificiels* lorsqu'ils sont maintenus en place par des liens étrangers, comme des fils métalliques, etc.

§ Ier. *Os du rachis.*

Le rachis ou *colonne épinière* est une longue tige, prolongée dans le plan médian depuis la tête jusqu'au bassin. Cette tige, flexible en tous sens, garnie d'éminences sur ses faces et ses côtés, porte intérieurement un canal, qui provient de la cavité du crâne et se continue dans le sacrum, même dans les premiers os coccygiens; elle est composée de vertèbres, forme la base de l'encolure, du dos et des lombes, soutient les côtes et loge le prolongement rachidien ou moelle épinière.

1° Des vertèbres en général.

Les vertèbres sont des os impairs, courts, épais, tubéreux, percés d'un grand trou pour la formation du canal rachidien, et fixés les uns à la suite des autres par des ligaments et des fibro-cartilages intermédiaires.

On reconnaît dans chaque vertèbre deux parties distinctes, dont une inférieure, la plus épaisse s'appelle le *corps*; et l'autre, supérieure, annulaire, garnie d'éminences, est nommée *spinale*.

Le *corps* détermine la base de l'os, présente antérieurement une tête, qui est déprimée du côté du grand trou vertébral, et qui diminue de grosseur d'une vertèbre antérieure à la suivante; postérieurement, l'on voit une cavité proportionnée au volume de la tête, avec laquelle elle s'articule au moyen d'une substance fibro-cartilagineuse intermédiaire. Sa face inférieure, percée de plusieurs trous nourriciers, est arrondie dans les vertèbres qui occupent le milieu du rachis; dans les autres vertèbres, elle est tubéreuse et garnie de trois éminences, dont une, médiane et longitudinale, est une véritable crête saillante; les deux éminences latérales, plus ou moins élevées et divisées, constituent les apophyses *transverses*. La face supérieure du corps compose la partie plane du trou vertébral, et offre dans le milieu une crête peu élevée,

Sur la face externe de la partie spinale, on observe dans le milieu l'*apophyse épineuse*, éminence très-élevée et terminée par une sorte de tête dans les vertèbres dorsales et lombaires; mais, dans la région de l'encolure, cette apophyse ne produit réellement qu'une crête raboteuse. A droite et à gauche de l'apophyse épineuse, ou remarque deux autres apophyses dites *articulaires*, et divisées en antérieure et en postérieure. Chacune de ces dernières éminences porte une facette diarthrodiale, plane, située en dessus dans l'apophyse articulaire antérieure, et en dessous dans la postérieure. Ces facettes concourent à former les articulations planiformes ou de coulisses, par lesquelles les vertèbres s'unissent entre elles. La face inférieure ou interne de la partie spinale constitue la portion annulaire du grand trou vertébral, et sert ainsi à la formation du canal rachidien. Sur les côtés de ce trou vertébral, on voit deux échancrures, l'une à droite et l'autre à gauche; l'échancrure antérieure se trouve entre l'apophyse articulaire et la tête, et l'échancrure postérieure est entre l'apophyse articulaire et la cavité. Ces échancrures sont destinées à compléter les trous de conjugaison appelés *inter-vertébraux*.

Connexions. Les articulations vertébrales sont nombreuses, très-fortes, ne permettent que des mouvements peu étendus, et elles sont affermies par des ligaments ainsi que par une substance fibro-cartilagineuse, que nous ferons connaître plus loin.

Chaque vertèbre s'articule avec sa voisine par trois points de contact, dont deux supérieurs, formés par les apophyses articulaires, constituent des articulations planiformes; l'autre point articulaire se fait par le corps, au moyen du fibro-cartilage qui établit la continuité des vertèbres entre elles. Ce mode de connexion est différent dans les deux premières vertèbres, qui ne comprennent que des articulations ligamenteuses pour les mouvements de la tête. Il faut encore observer que la première vertèbre s'articule avec la tête, la dernière avec le sacrum, et celles du dos avec les côtes, tant droites que gauches.

Considérations particulières. Dans le jeune âge, chaque vertèbre est composée de trois pièces, l'une inférieure, la plus considérable, forme le corps de l'os, et les deux latérales produisent la partie annulaire, ainsi que les apophyses épineuses et articulaires.

Dans la vieillesse, le rachis subit de fréquentes altérations, telles que des déviations diverses, des soudures et des fractures; ces accidents, qui sont l'effet, le résultat des travaux, des fatigues qu'éprouvent les animaux, se manifestent presque toujours dans la région des lombes et vers la partie postérieure du dos.

2° Des vertèbres en particulier.

Vertèbres cervicales ou *de l'encolure*.

Elles diffèrent de celles des autres régions par la longueur plus grande de leurs corps; par l'apophyse épineuse, qui ne forme qu'une crête; par les apophyses articulaires, beaucoup plus grosses et dont les facettes sont plus étendues; par les apophyses transverses, qui se prolongent du côté de la face inférieure, sont dites *trachéliennes*, ont un trou à leur base, et offrent deux prolongements, l'un antérieur et l'autre postérieur.

Les caractères distinctifs de ces vertèbres entre elles se tirent de leur nom et de leurs parties. Outre les noms numériques qu'elles portent, la première est appelée *atloïde*, la deuxième *axoïde*, et la dernière est dite *proéminente*, par rapport à l'élévation de son apophyse épineuse.

L'*atloïde* diffère des autres vertèbres par des caractères nombreux et frappants. Elle manque d'apophyse épineuse et articulaire ; elle a le corps court et petit, le canal vertébral très-évasé ; et ses apophyses trachéliennes sont larges, terminées par un rebord épais et raboteux. Ces dernières éminences sont courbées en bas et percées chacune de trois trous, dont le supérieur pénètre dans le canal rachidien. Antérieurement, l'atloïde offre, en place de tête, deux cavités articulaires proportionnées aux condyles de l'occipital qu'elles reçoivent : postérieurement, la cavité articulaire du corps est remplacée par une surface diarthrodiale étendue, dans laquelle on distingue 1° une cavité située dans le milieu et sur laquelle se prolonge en axe l'apophyse odontoïde ; 2° deux convexités latérales contre lesquelles s'appuient et glissent deux autres convexités, placées aux côtés et à la base de l'apophyse précédente. En avant de cette surface articulaire et toujours dans le trou vertébral, on voit plusieurs excavations raboteuses pour l'implantation des ligaments qui fixent l'apophyse odontoïde. La crête inférieure de l'atloïde est remplacée par une protubérance arrondie, gros *tubercule* peu élevé et destiné à des implantations de fibres musculaires.

L'*axoïde*, la plus longue de toutes les vertèbres, présente antérieurement une éminence articulaire, à base large, nommée apophyse *odontoïde ;* celle-ci se prolonge en axe dans le canal de l'atloïde, où elle est fixée par des ligaments courts et très-forts. Elle diffère encore des autres par le défaut d'apophyses articulaires antérieures ; par l'apophyse épineuse, qui est large, élevée et terminée par un bord épais, raboteux, bifurqué postérieurement.

Les trois vertèbres suivantes, c'est-à-dire la troisième, la quatrième et la cinquième, ne présentent entre elles que peu de différences ; dans la troisième, les apophyses articulaires antérieures sont séparées des postérieures par une sorte de col, de dépression, qui rend cette vertèbre plus dégagée. La quatrième, un peu moins longue que la précédente, porte sur ses côtés une lame échancrée dans le milieu, et qui réunit l'apophyse articulaire antérieure avec la postérieure. Dans la cinquième, cette même lame, plus élevée et dépourvue d'échancrure, se termine par un bord épais et raboteux.

La sixième vertèbre est remarquable par ses deux apophyses trachéliennes, qui ont chacune trois prolongements, et sont conséquemment tricuspides.

Dans la dernière vertèbre dite *proéminente*, l'apophyse épineuse est élevée en pointe ; les apophyses trachéliennes n'ont pas de trous ; la partie postérieure du corps offre, de chaque côté, une petite facette articulaire concave, pour la formation de la cavité destinée à recevoir la tête de la première côte.

Vertèbres dorsales ou du dos.

Distinguées par les seules dénominations numériques, ces vertèbres diffèrent principalement de celles de l'encolure et des lombes, en ce que leurs apophyses épineuses sont longues, aplaties latéralement et terminées par une grosse tubérosité. Ces éminences augmentent de longueur depuis la première jusqu'à la troisième ou quatrième suivante; elles diminuent ensuite et deviennent successivement plus courtes jusque vers le milieu du dos : à partir de ce dernier point, elles conservent une hauteur à peu près égale, et elles sont droites; tandis que les précédentes, ou les neuf à dix antérieures, sont plus ou moins courbées en arrière. Les trois ou quatre apophyses les plus élevées, et qui viennent à la suite de la seconde, forment la base du garrot.

Les vertèbres dorsales présentent encore diverses autres particularités plus ou moins frappantes. Ainsi leurs apophyses articulaires constituent des protubérances peu détachées, dont les antérieures ne sont même que des facettes, qui deviennent insensiblement concaves dans les dernières vertèbres. Leurs apophyses transverses, grosses et courtes, portent à leur partie inférieure une facette diarthrodiale qui s'articule avec la facette de la tubérosité des côtes. Enfin le corps des mêmes vertèbres offre latéralement et sur ses faces, tant antérieure que postérieure, une facette diarthodiale, concave et destinée à la formation de la cavité de conjugaison, qui reçoit la tête de la côte, et dont le fond échancré donne attache à un ligament inter-articulaire.

Les différences des vertèbres dorsales entre elles sont peu nombreuses et même peu importantes ; elles dépendent principalement de la disposition particulière de chacune de leurs apophyses épineuses, ainsi que de la forme de leur corps. La première de ces vertèbres, dont l'apophyse épineuse se termine en pointe, se rapproche beaucoup de la dernière cervicale ; cette conformité est moins sensible dans la troisième et successivement dans les suivantes. On observe aussi que les facettes propres aux articulations avec les côtes deviennent moins profondes d'une vertèbre à celle qui suit. La dernière vertèbre du dos est remarquable, en ce que son corps est dépourvu de facettes postérieures pour l'articulation avec la tête des côtes.

Vertèbres des lombes.

Ces vertèbres ont beaucoup de ressemblance avec les dernières du dos, dont elles diffèrent principalement par les apophyses transverses, longues, aplaties de dessus en dessous et prolongées horizontalement.

Quant aux caractéres différentiels des vertèbres lombaires entre elles, ils ne sont bien frappants que dans les deux dernières, ordinairement soudées ensemble tant par leur corps que par leurs apophyses transverses, grosses, très-épaisses et courbées en avant. Cette réunion est souvent précoce et a lieu avant l'âge adulte, d'autres fois elle ne survient que dans la vieillesse. Les apophyses transverses de la dernière vertèbre portent des facettes pour l'articulation avec les branches du sacrum.

DIFFÉRENCES GÉNÉRALES. Dans les *didactyles*, le rachis n'est composé que de vingt-six vertèbres, dont sept cervicales, treize dorsales et six lombaires (1).

Les vertèbres de l'encolure sont généralement plus courtes, mais plus grosses, leurs éminences sont aussi plus élevées et plus raboteuses ; les apophyses épineuses, beaucoup plus saillantes, se terminent par une tubérosité.

L'apophyse trachélienne de l'atloïde est moins courbée et ne porte que deux trous ; le postérieur manque et se trouve remplacé par un trou particulier situé sur le côté du grand trou vertébral.

L'axoïde est beaucoup moins longue que celle du cheval ; son apophyse épineuse n'est pas bifurquée : point de trou trachélien, l'apophyse odontoïde plus courte et bien plus évasée.

Dans les quatre vertèbres suivantes, le prolongement antérieur ou trachélien des apophyses transverses forme une éminence considérable, aplatie de dehors en dedans, et terminée par un rebord épais. La septième vertèbre cervicale ressemble beaucoup aux premières vertèbres du dos, surtout par son apophyse épineuse, très-longue et terminée par une tubérosité.

(1) Dans un mouton hanovrien nous avons compté vingt-sept vertèbres, dont sept lombaires.

Les vertèbres du dos diffèrent surtout par leurs apophyses épineuses plus fortes, et dont les postérieures sont très-courbées en arrière et rapprochées les unes des autres. Dans la région dorsale, les trous inter-vertébraux sont doubles ; l'antérieur est pratiqué dans l'épaisseur de la vertèbre qui précède ; le postérieur est le véritable trou de conjugaison et se trouve dans l'union des deux os.

Les vertèbres des lombes du bœuf, généralement plus grosses que celles du cheval, ont aussi des apophyses transverses plus longues et plus larges ; ces éminences sont plus fortes dans le milieu que vers les extrémités de la région, où l'on observe que les deux à trois premiers trous inter-vertébraux sont doubles, comme dans la région dorsale. Les deux dernières vertèbres lombaires ne se soudent jamais ensemble, et la sixième ne s'articule que par trois points de contact avec le sacrum.

Les différences que nous venons d'indiquer sont beaucoup moins sensibles dans la bête à laine, où les trous inter-vertébraux ne sont pas doubles.

Le rachis du *porc* se compose de vingt-huit vertèbres, divisées en sept cervicales, quatorze dorsales et sept lombaires. Ces os ont beaucoup de ressemblance avec les vertèbres du bœuf, et se rapprochent, sous quelques rapports, de celles des carnivores.

Le rachis du *chien* et du *chat* porte vingt-sept vertèbres, dont sept du cou, treize du dos et sept des lombes.

Par leur grosseur et leurs éminences, les vertébres du cou tiennent le milieu entre celles du cheval et celles du bœuf; l'atloïde porte des apophyses trachéliennes, dont les bords sont relevés, pliés en arrière et en haut. La troisième vertèbre est la seule dont l'apophyse épineuse ne forme qu'une petite crête allongée; dans les quatre suivantes, cette apophyse constitue une éminence longue et terminée par une tubérosité.

Dans la région du dos, les apophyses épineuses les plus élevées et qui correspondent au garrot sont très-écartées les unes des autres; dans les trois dernières vertèbres, les mêmes apophyses sont courtes et droites.

La région des lombes, composée de sept vertèbres et quelquefois de huit (1), a ses apophyses transverses inclinées en avant et en bas; les apophyses articulaires constituent des éminences élevées et terminées en pointe. Les deux dernières vertèbres de cette région s'articulent comme celles du bœuf.

3° Du rachis en général.

Considérée dans son ensemble, la colonne vertébrale est plus grosse, moins tubéreuse, plus libre et beaucoup plus flexible à l'encolure que dans le reste de son étendue; dans toute la longueur du dos, elle s'unit aux côtes pour former le thorax, ne jouit là que de mouvements bornés, et elle diminue insensiblement de grosseur, au fur et à mesure qu'elle s'avance vers les lombes. Elle se trouve puissam-

(1) Dans ces cas, il n'y a que douze vertèbres dorsales.

ment affermie par la disposition des apophyses
épineuses, attachées l'une à l'autre au moyen d'un
appareil ligamenteux, très-fort, et dont il sera parlé
plus loin. Aux lombes, le rachis reprend un peu de
grosseur et perd de sa flexibilité, qui ne se fait remarquer qu'antérieurement vers la région dorsale;
cette flexibilité est complétement nulle du côté du
sacrum, avec lequel la colonne forme un angle ren-
trant et un centre de mouvement qui, quoique peu
étendu, est très-fréquent et très-important; pour
peu qu'il y ait gêne dans l'exécution des mouvements du rachis avec le bassin, le derrière ne chasse
que difficilement, ou ne chasse pas du tout le corps
en avant.

En se prolongeant de la tête au bassin, la colonne
épinière suit bien la ligne verticale, mais elle forme
des courbures qu'il importe de connaître. A partir
de l'axoïde, elle se porte obliquement de haut en
bas et se continue ainsi jusqu'au thorax : à l'origine
du dos, elle prend une direction opposée à la précédente et oblique de bas en haut. Cette seconde marche, d'abord assez brusque, devient ensuite très-peu
sensible et ne se fait presque plus remarquer vers
la région lombaire. Ainsi le rachis décrit deux courbures, disposées en sens inverse. La première,
la plus grande, est principalement formée par la
région cervicale; sa convexité se trouve en bas et inférieurement, tandis que sa concavité est supérieure
et partagée symétriquement par le ligament cervical. Cette première courbure facilite les mouvements
de l'encolure et en permet l'allongement. La

deuxième courbure détermine la voussure en contre-haut de la région dorsale, voussure favorablement disposée pour l'affermissement de cette partie du rachis, ainsi que pour l'aisance des mouvements de la poitrine.

D'après sa forme, le rachis présente, deux extrémités; dont une antérieure, unie à la tête, l'autre, postérieure, qui se continue avec le sacrum ; deux faces distinguées en supérieure et en inférieure ; deux côtés, l'un droit et l'autre gauche; un canal intérieur nommé rachidien.

1° *L'extrémité antérieure* du rachis offre deux articulations diarthrodiales, très-remarquables et destinées aux mouvements particuliers de la tête sur la colonne épinière. La première de ces articulations, formée par les condyles de l'occipital reçus dans les cavités antérieures de l'atloïde, constitue une articulation de charnière imparfaite, dont les principaux mouvements sont l'élévation ou extension, et l'abaissement ou flexion de la tête, qui peut encore exécuter des mouvements d'inclinaison latérale. Cette articulation atloïdo-occipitale, pourvue de deux capsules synoviales, est affermie par deux principaux ligaments, dont un est placé dans le canal même du rachis, et l'autre se trouve en dehors sur la capsule synoviale. Le ligament intérieur *odontoïdo-occipital* consiste en un gros faisceau fibreux, large, plus épais sur les côtés que dans le milieu; ce faisceau, qui s'élargit antérieurement et se bifurque, s'implante postérieurement avec le ligament axoïdien dans l'excavation de l'apophyse odontoïde, et s'insère antérieurement à la face interne des condyles occipitaux.

Le ligament capsulaire *atloïdo-occipital* offre une disposition toute particulière et que l'on ne remarque pas ailleurs; il forme supérieurement une large couche fibreuse, épaisse, qui recouvre toute la face supérieure des deux synoviales, fortifie puissamment ces capsules et concourt à l'affermissement de l'articulation elle-même. Cette couche, dont les fibres du milieu sont entre-croisées, s'attache en arrière à tout le bord antérieur de l'atloïde, en avant et du côté de la tête au bord du grand trou de l'occipital et sur ses apophyses styloïdes. A la face inférieure de l'articulation occipito-atloïdienne, ce ligament, très-aminci, n'offre plus que quelques fibres irrégulièrement disséminées, dont les principales vont du tubercule inférieur de l'atloïde au prolongement sous-occipital.

La deuxième articulation rachidienne, préposée aux mouvements de la tête, dépend de l'union des deux premières vertèbres entre elles, et elle a lieu au moyen de l'apophyse odontoïde, prolongée en axe dans le canal vertébral de l'atloïde. De même que l'articulation atloïdo-occipitale, elle est affermie tant par des ligaments que par des muscles; mais elle ne permet que des mouvements de semi-rotation. Sa capsule synoviale, unique, et dont le feuillet extérieur présente une certaine épaisseur, se trouve comprimée, comme remplacée par les ligaments vertébraux supérieur et inférieur, et elle constitue deux vésicules ou sacs latéraux, qui semblent séparés l'un de l'autre. Le premier de ces ligaments, *odontoïdo-axoïdien*, gros faisceau, court et épais, naît de l'excavation de l'apophyse odontoïde, où il est uni avec celui qui se prolonge jusqu'aux condyles de l'occipital ; et il se termine dans les petites cavités raboteuses, situées en avant de la surface articulaire que porte le trou vertébral de l'atloïde. Le ligament vertébral inférieur, *sous-axoïdo-atloïdien*, est situé à l'opposé du précédent, à la face inférieure du corps des deux premières vertèbres ; ses fibres, serrées et argentines, s'attachent à la crête médiane de l'axoïde et se fixent au tubercule de l'atloïde, où elles se confondent avec les fibres tendineuses du muscle sous-dorso-atloïdien. Un troisième ligament dit *annulaire* se présente sous l'aspect d'une grande lame fibreuse, jaune, qui complète supérieurement le canal rachidien, provient de tout le bord antérieur de la partie annulaire de l'axoïde et s'insère au bord postérieur de l'atloïde.

2° *L'extrémité postérieure* du rachis s'articule avec le sacrum par cinq points différents de contact, et au moyen de plusieurs ligaments et de fibro-cartilages. Ainsi le corps de la dernière vertèbre lombaire se continue avec le sacrum au moyen d'un fibro-cartilage d'implantation et de même nature que les inter-vertébraux, que nous ferons ultérieurement connaître. Les autres points articulaires se font par des surfaces diarthrodiales, et dépendent des apophyses articulaires et transverses. La surface diarthrodiale de ces dernières éminences en occupe tout le bord postérieur ; elle offre deux parties un peu concaves de haut en bas et séparées par une légère éminence, le tout s'emboîtant avec la surface diarthrodiale correspondante du sacrum. Cette articulation transverso-sacrée est affermie tant supérieurement qu'inférieurement par des faisceaux fibreux, blancs, épais, dont quelques-uns sont plus ou moins obliques ; tandis que le plus grand nombre se porte en ligne droite d'un os à l'autre. Ces faisceaux fibreux, courts et attachés aux bords des marges articulaires, recouvrent et fortifient la capsule synoviale. Les articulations des apophyses articulaires avec le sacrum sembleraient former plutôt des ginglymes imparfaits que des coulisses. En effet, les surfaces diarthrodiales de la dernière vertèbre lombaire, au lieu d'être planes, sont légèrement convexes et sont reçues dans des cavités correspondantes du sacrum ; si le glissement a lieu, il doit être extrêmement borné.

3° La *face supérieure* ou spinale de la colonne est hérissée d'éminences, dont les unes, longues et médianes, composent l'épine du rachis ; tandis que les éminences latérales, peu élevées et tubéreuses, forment deux rangées disposées symétriquement, l'une à droite et l'autre à gauche ; l'encolure est dépourvue d'épine rachidienne, qui se trouve remplacée par le ligament cervical.

La face *inférieure* du rachis n'offre pas partout la même disposition ; arrondie d'un côté à l'autre vers le milieu de la colonne vertébrale, elle présente à l'encolure trois séries d'éminences, dont une médiane et deux latérales ; vers la partie postérieure des lombes, cette même face se déprime et s'aplatit.

4° *Chaque côté* du rachis est garni d'éminences irrégulières, et laisse apercevoir une succession de trous nommés inter-vertébraux. A l'encolure, les apophyses latérales sont très-saillantes, allongées d'avant en arrière, et terminées par des pointes; au dos, elles sont courtes, et semblent faire continuité avec les côtes. Dans la région lombaire, ces mêmes éminences sont allongées horizontalement et aplaties de dessus en dessous.

5° Le *canal rachidien*, qui porte sur ses côtés les trous inter-vertébraux de conjugaison, ne conserve pas un calibre uniforme dans toute sa longueur. Concave dans sa partie supérieure et aplati à sa face inférieure, il s'élargit et devient triangulaire à compter du garrot jusque vers le milieu des lombes. A partir de l'articulation atloïdo-occipitale, il va en se rétrécissant très-insensiblement jusqu'à l'axoïde; il reprend peu à peu de la grandeur jusqu'aux premières vertèbres dorsales, après quoi il diminue jusque vers les premières vertèbres lombaires, pour ensuite s'élargir et devenir plus grand; de manière que son plus grand diamètre se trouve dans le milieu de la courbure cervicale ou antérieure de la colonne.

Quoique composé d'un grand nombre de pièces osseuses articulées les unes à la suite des autres, le rachis jouit d'une force considérable qui le rend capable d'être le centre des grands mouvements; et cette force dépend principalement des moyens employés par la nature pour l'union, l'affermissement des vertèbres entre elles.

L'appareil destiné à assurer les articulations vertébrales se compose d'une multitude de ligaments et de fibro-cartilages différents les uns des autres par leur forme, leur disposition, leur texture, leurs propriétés et leurs usages. Les uns coucourent à fixer le corps des vertèbres et donnent à certaines régions de la colonne une force spéciale; d'autres, implantés au sommet des apophyses épineuses du dos et des lombes, servent à établir la continuité de ces apophyses entre elles; quelques autres enfin sont préposés au soutien des parties, sans gêner la liberté des mouvements. Dans cette série, on doit ranger les fibro-cartilages inter-vertébraux, le ligament vertébral supérieur, le ligament vertébral inférieur, les capsules synoviales, les ligaments annulaires, les ligaments inter-épineux, et enfin les ligaments sus-épineux.

a. Les *fibro-cartilages inter-vertébraux*, ainsi nommés en raison de leur position, s'implantent aux surfaces des deux vertèbres, qu'ils maintiennent intimement unies l'une à l'autre, et ils sont en rapport avec les ligaments vertébraux, tant supérieur qu'inférieur. Leur plus grande épaisseur se remarque d'abord à l'encolure, ensuite dans les premières vertèbres des lombes, et ils vont en s'amincissant de la première vertèbre dorsale jusque vers le milieu du dos. Ternes et peu consistants dans le très-jeune poulain, ces fibro-cartilages deviennent blancs et prennent avec l'âge une grande densité. Dans l'animal adulte de cinq ans, époque où ils ont acquis toute leur force, ils jouissent d'une résistance prodigieuse, presque incalculable : plusieurs d'entre eux passent à l'état osseux et produisent ainsi la soudure des vertèbres. Cette transformation se fait naturellement dans les deux dernières vertèbres lombaires ; toutes les autres ossifications sont des suites d'accidents.

Chacun de ces fibro-cartilages offre deux parties à considérer, l'une centrale et l'autre extérieure annulaire : la première, la plus mince, est composée de lames fibreuses concentriques appliquées les unes au devant des autres, étant moins fortement unies vers le milieu, où se trouve un tissu mollasse d'une apparence pulpeuse. La partie extérieure ou annulaire forme une sorte de gros bourrelet fibreux, qui circonscrit toute la partie centrale et complète en dehors la continuité vertébrale. Les fibres multipliées de ce bourlet, toutes disposées obliquement, présentent différents plans et se croisent en **X**. Ce mode d'organisation, très-apparent dans les fibro-cartilages que l'on fait dessécher après qu'ils ont macéré quelque temps, favorise la flexibilité de la colonne, donne aux fibro-cartilages une certaine élasticité sans diminuer en rien leur force de résistance.

b. Le *ligament vertébral supérieur* occupe la face supérieure du corps des vertèbres, et se présente sous la forme d'une bande très-mince, longitudinale, qui revêt la surface pleine du canal vertébral, et qui s'étend sous la gaîne rachidienne depuis le ligament odontoïdo-occipital jusqu'au sacrum. Cette couche ligamenteuse, composée de fibres nacrées et parallèles, s'élargit sur chaque fibro-cartilage, auquel elle adhère fortement; vers le milieu du corps de chaque vertèbre, elle présente un rétrécissement assez fort, qui semble la séparer en autant de productions qu'il y a de vertèbres.

c. Le *ligament vertébral inférieur*, situé à l'opposé du précédent, à la face inférieure du corps des vertèbres, comprend deux parties distinctes : l'une, antérieure, est un gros ligament qui fixe l'atloïde à l'axoïde; la deuxième production postérieure, et fixée à la face sous-lombo-dorsale, est une longue couche fibreuse, argentine, qui commence vers la onzième ou douzième vertèbre dorsale, et se continue jusqu'au sacrum. Cette bande, très-mince antérieurement, prend de l'épaisseur et de la largeur à la région sous-lombaire, se renforce des faisceaux tendineux qui proviennent des piliers du diaphragme et se confondent avec elle.

d. Les *capsules synoviales* des articulations planiformes ne contiennent qu'une petite quantité d'humeur, n'offrent à leur face externe que quelques faisceaux fibreux provenant des tendons circonvoisins, et elles sont particulièrement affermies par les muscles qui les recouvrent.

e. Les *ligaments annulaires*, ainsi nommés parce qu'ils fixent, qu'ils attachent les parties annulaires des vertèbres les unes aux autres, complétent la surface supérieure ou concave du canal rachidien. Chaque ligament annulaire représente une expansion membraneuse, inter-vertébrale, ayant une certaine épaisseur, et étant fixée, par ses bords tant antérieur que postérieur, aux parties annulaires des deux vertèbres, qu'elle unit l'une à l'autre.

Les ligaments annulaires de l'encolure sont une suite de celui qui s'étend de la partie annulaire de l'axoïde au bord postérieur de l'atloïde. Ainsi que ce dernier, que nous avons déjà fait connaître, ils sont épais, jaunes et doués d'une assez forte élasticité. Dans la région dorso-lombaire, ces ligaments sont blancs et minces, ce qui tient indubitablement au peu de mouvement dont jouissent les parties.

f. Les *ligaments inter-épineux* n'offrent ni la même disposition, ni la même structure à l'encolure qu'au dos et aux lombes. Les ligaments inter-épineux de l'encolure constituent des cordons cylindriques, couchés longitudinalement sur les vertèbres et dérobés par les fibres d'insertion de la partie lamineuse du ligament cervical. Ces ligaments, dont le tissu est jaune, contribuent, par leur élasticité, à étendre les vertèbres l'une sur l'autre, et ils deviennent par là les auxiliaires du ligament cervical. Les ligaments inter-épineux de la région dorso-lombaire sont formés d'une succession de faisceaux fibreux, blancs, nacrés, placés les uns au-dessus des autres, tous dirigés d'avant en arrière, et attachés aux bords de deux éminences, desquelles ils établissent la continuité. Chacun de ces ligaments occupe tout l'intervalle inter-épineux, présente d'autant plus d'épaisseur et de force que les deux apophyses sont plus écartées l'une de l'autre. Dans les

monodactyles, ces ligaments sont en partie charnus et en partie tendineux : c'est pour cette raison
qu'ils ont été décrits, dans les premières éditions
de l'*Anatomie vétérinaire*, comme étant de véritables muscles.

g. Les *ligaments sus-épineux* se rapprochent
des précédents sous le rapport de la structure, et
se divisent de même en ceux de la région dorso-
lombaire et en ceux de l'encolure, qui se réduisent en un seul, le *ligament cervical*. Les sus-épineux dorso-lombaires se composent d'un amas de
fibres longitudinales blanches, très-serrées, qui réunissent, entourent les protubérances du sommet des
apophyses épineuses. Cet appareil fibreux, dans lequel se confondent les fibres tendineuses d'un grand
nombre de muscles, se fait remarquer sur toute la
longueur du sacrum, se propage en avant sur le
sommet de l'épine dorso-lombaire, jusqu'à la troisième vertèbre dorsale, d'où part le ligament sus-
épineux, qui appartient à l'encolure et dont la description suit.

Le *ligament cervical*, si remarquable par son
étendue et par ses usages, constitue une grande cloison longitudinale, composée de deux portions gé-
minées, appliquées l'une contre l'autre. Cette cloison, prolongée dans le plan médian, depuis le garrot
jusqu'à la tête, sépare les muscles cervicaux droits
d'avec les cervicaux gauches, donne attache à plusieurs de ces muscles, et contribue spécialement
au soutien de la tête et de l'encolure.

On distingue, au ligament cervical, un bord supérieur et une partie inférieure lamineuse. Le bord supérieur, très-épais et que l'on désigne communément sous le nom *de corde* du ligament, semble refoulé sur lui-même, et ses côtés évasés donnent implantation à différents muscles. Cette corde forme en quelque sorte la continuité de l'appareil sus-épineux, dont est pourvu le sommet de l'épine dorsolombaire. Au niveau de la troisième vertèbre de l'encolure, la même corde se sépare de la portion lamineuse, passe sur l'axoïde et l'atloïde sans s'y attacher, et va se terminer à la tubérosité cervicale de l'occipital, entre les tendons des grands complexus.

La portion lamineuse ou diaphragmatique prend son origine aux apophyses épineuses du garrot, passe entre les muscles dorso-occipitaux ou grands complexus, et adhère à ces muscles par un tissu cellulaire, lâche et abondant. Proche de la face spinale de l'encolure, elle se divise en dentelures, qui s'insèrent anx crêtes épineuses des six dernières vertèbres cervicales et laissent entre elles un intervalle occupé par les ligaments inter-épineux. Le ligament cervical, étant formé de fibres jaunes et fasciculées, jouit de toutes les propriétés inhérentes aux tissus fibreux jaunes; par sa grande élasticité, il contribue puissamment au soutien de la tête et de l'encolure, soulage ainsi les muscles cervicaux, et il tient lieu d'épine cervicale sans gêner en rien les mouvements de la tête et de l'encolure.

§ II. *Os du thorax.*

Le thorax, grande cavité conoïde, arrondie supérieurement et déprimée inférieurement sur les côtés, parait comme tronqué à ses deux extrémités et coupé à sa base obliquement du haut en bas et d'arrière en avant ; il renferme les principaux organes de la respiration et de la circulation. Il est formé, supérieurement, par les vertèbres dorsales déjà décrites, inférieurement par le sternum, et latéralement par les côtes, dont dix-huit droites et dix-huit gauches.

Le sternum.

Cet os impair, allongé, spongieux, inégalement épais et plat, réside à la partie inférieure du thorax, où il tient une direction oblique de haut en bas et d'avant en arrière ; il est fixé entre les côtes sternales, s'articule avec leur cartilage et leur sert de point d'appui.

On doit y distinguer trois faces, dont deux latérales et une supérieure ; trois bords, deux latéraux articulaires et un inférieur raboteux ; deux extrémités, distinguées en antérieure et en postérieure.

Les deux *faces latérales*, inégales et raboteuses, semblent se contourner en dessous et deviennent inférieures vers le tiers postérieur de l'os ; elles donnent attache à différents muscles. La face supérieure, lisse et de forme pyramidale, concourt à la formation des parois inférieures du thorax, se termine antérieurement par une pointe, prolongée jusqu'au niveau des deux premières côtes.

Chaque *bord latéral* offre une succession alternative d'éminences et de cavités; celles-ci, concaves d'avant en arrière et incrustées d'une lame diarthrodiale, s'articulent avec les cartilages des côtes sternales. Presque toutes ces cavités sont situées dans l'intervalle des pièces spongieuses; on ne compte que huit cavités, attendu que la dernière reçoit les cartilages de deux côtes sternales.

Le *bord inférieur*, épais, raboteux et convexe, suivant sa longueur, donne implantation à plusieurs muscles qui vont s'insérer aux membres antérieurs.

L'extrémité antérieure, plus élevée que la postérieure, se termine par un prolongement aplati latéralement, courbé de bas en haut et nommé *trachélien;* cette apophyse, longue, épaisse, et que l'on a comparée à la carène d'un vaisseau, donne implantation à différents muscles. L'extrémité postérieure du sternum fournit aussi un prolongement qui se déprime dans le sens opposé au précédent, et concourt à former les parois inférieures de l'abdomen. Cette dernière partie du sternum, désignée dans l'homme sous le nom de *cartilage xiphoïde,* constitue un large appendice palmiforme, flexible et terminé par un bord très-mince.

CONNEXIONS. Elles sont ligamenteuses, serrées, et ont lieu avec les cartilages des côtes sternales. Ces articulations sterno-costales sont au nombre de huit de chaque côté; chacune d'elles offre une petite capsule synoviale, pourvue de deux lames fibreuses, qui font fonction de ligaments latéraux; l'une de ces lames, appliquée sur la partie antérieure de la synoviale articulaire, s'attache en haut au cartilage costal et en bas au sternum. La lame fibreuse postérieure est située à l'opposé de la précédente et contracte les mêmes implantations.

PARTICULARITÉS. Le sternum présente une organisation très-remarquable; il est composé de sept pièces osseuses, arrondies, spongieuses et fixées l'une à la suite de l'autre au moyen d'une substance cartilagineuse. Par l'effet de l'âge, cette substance osso-cartilagineuse prend plus de consistance et de dureté; mais elle ne devient jamais complétement osseuse, et la partie cartilagineuse prédomine pendant toute la vie de l'animal.

DIFFÉRENCES. Le sternum des *didactyles* diffère de celui des monodactyles tant par sa forme que par sa composition : il est aplati de dessus en dessous, et n'a pas de prolongement trachélien ; son extrémité antérieure, très-relevée, forme une pièce particulière et seulement articulée avec la partie principale de l'os, en arrière de la première côte. Cette articulation diarthrodiale et de charnière est entourée d'une capsule synoviale, et permet des mouvements latéraux de gauche à droite. La division dont il s'agit ne se remarque pas dans le sternum de la bête à laine, qui présente, au reste, la même configuration que celui du bœuf.

Dans tous les quadrupèdes ruminants, le prolongement abdominal du sternum constitue un appendice moins large, mais plus long et ayant sa base plus détachée que dans les monodactyles. Le sternum des veaux et des agneaux se compose de sept pièces osseuses, unies par des couches cartilagineuses, qui s'ossifient avec l'âge.

Dans les *carnivores*, le sternum est étroit, plus allongé, presque cylindrique, et formé de six à sept pièces réunies au moyen d'une substance cartilagineuse. L'appendice antérieur constitue une longue éminence terminée par une pointe mousse.

Les côtes.

Les côtes tirent leur nom de leur situation, sont au nombre de trente-six, dont dix-huit droites et dix-huit gauches : ce sont des os pairs, allongés, déprimés de dehors en dedans, articulés supérieurement avec les vertèbres dorsales, et terminés inférieurement par un prolongement cartilagineux, au moyen duquel ils s'appuient directement ou indirectement sur le sternum. Disposées régulièrement de chaque côté du thorax et fixées les unes à la suite des autres, les côtes laissent entre elles des intervalles appelés inter-costaux, et se divisent en côtes *sternales* et côtes *asternales*. Les premières, ainsi nommées parce qu'elles aboutissent au sternum, sont antérieures et au nombre de neuf; tandis que les postérieures ou asternales ne se prolongent que d'une manière indirecte jusqu'au sternum.

L'*extrémité supérieure* ou *dorsale* des côtes se termine par deux éminences articulaires, dont la plus élevée et antérieure est appelée la *tête*, et la postérieure et inférieure se nomme la *tuberosité*. La première de ces apophyses se déprime progressivement d'une côte antérieure à la suivante, et offre deux convexités diarthrodiales séparées par une échancrure raboteuse ; elle s'articule, s'emboîte dans la cavité formée par le concours de deux vertèbres dorsales, et s'y trouve fortement fixée par un ligament inter-articulaire. La tubérosité de la côte porte une facette diarthrodiale , pour son articulation avec l'apophyse transverse de la dernière des deux vertèbres qui complètent la cavité diarthrodiale de conjugaison. Autour de la facette et un peu plus bas, on voit diverses empreintes musculaires.

La tête se trouve séparée et plus ou moins détachée de la tubérosité précédente par une échancrure, véritable scissure destinée au passage des vaisseaux et nerfs intercostaux.

Par son *extrémité inférieure*, chaque côte s'articule avec son cartilage au moyen d'un ligament court, flexible, et cette jonction se fait à angle plus ou moins ouvert.

Les cartilages costaux peuvent être considérés comme des os spongieux, très-cassants, et qui prennent de la dureté à mesure que l'animal vieillit ; ceux des côtes sternales augmentent de longueur successivement depuis le premier jusqu'au dernier, et s'articulent avec le sternum au moyen d'une éminence condyloïde incrustée d'un cartilage diarthrodial. Les cartilages des côtes asternales sont arrondis, terminés en pointe et maintenus rapprochés les uns contre les autres ; ils constituent un long cercle qui borde l'abdomen, détermine l'étendue de l'hypocondre et maintient les extrémités inférieures des côtes. Les cartilages asternaux diminuent de grosseur et de longueur depuis le deuxième ou troisième jusqu'au dernier.

Dans les côtes d'une certaine largeur, la face externe présente une dépression longitudinale, sorte de gouttière située près du bord antérieur et dans laquelle s'attache le muscle intercostal externe. La face interne de chaque côte est lisse, polie et tapissée par la plèvre.

Quant aux *bords*, l'antérieur, tourné en dedans, est tranchant dans les côtes plates et il décrit une concavité semi-circulaire et plus ou moins grande; le bord postérieur, convexe, épais et arrondi, présente du côté interne une scissure longitudinale, qui règne sur la moitié supérieure ou environ de l'os, et donne passage aux vaisseaux, ainsi qu'aux nerfs intercostaux. Cette scissure manque dans les côtes antérieures et postérieures.

Connexions. Elles sont serrées, peu mobiles, et ont lieu supérieurement avec les vertèbres du dos, et inférieurement avec les cartilages costaux. Chaque articulation dorso-costale est en quelque sorte double, et comprend deux points principaux de contact : l'un de ces points, dépendant de la tête reçue dans une cavité proportionnée, offre un ligament inter-articulaire et deux petites capsules synoviales; le deuxième point articulaire, formé par l'union de la tubérosité avec la facette de l'apophyse transverse de la vertèbre postérieure, n'a qu'une seule capsule synoviale.

Ainsi articulées et fixées sur les parties latérales du thorax, les côtes exécutent un mouvement d'arrière en avant et de dedans en dehors; ce mouvement est moins étendu dans les côtes sternales que dans les asternales, dont la partie inférieure, libre, leur permet de s'élever et de s'écarter de celles du côté opposé. Peu sensible dans les premières côtes, ce jeu devient plus développé dans les côtes qui suivent; de manière que la côte postérieure est toujours plus mobile que celle qui la précède : aussi les dernières asternales sont en quelque sorte flottantes, tandis que les deux premières sternales, la droite et la gauche, sont fixes, et ne jouissent que d'un mouvement extrêmement obscur. Dans les grandes dilatations du thorax, toutes les côtes se meuvent, en se portant d'arrière en avant et de dedans en dehors; les sternales se contournent sur le sternum, qui leur sert de point d'appui, et les asternales s'élèvent en s'écartant de celles du côté opposé.

Considérées dans leur disposition générale et dans leurs rapports respectifs, les côtes présentent entre elles plusieurs différences remarquables, dont les plus importantes sont relatives à leur direction, à leur courbure, à leur longueur et à leur largeur. Fixées supérieurement aux vertèbres dorsales, elles s'écartent de celles du côté opposé, seulement par leur partie inférieure, et progressivement d'une côte antérieure à la postérieure. Les deux premières (la droite et la gauche) rentrent inférieurement en dedans, et se touchent au point de leur articulation sur le sternum; cette direction change dans les suivantes, qui s'éloignent en dehors de la ligne perpendiculaire, de manière que les dernières sont presque horizontales.

Les côtes sont généralement plus courbées dans leur partie supérieure qu'à leur extrémité inférieure; la courbure qu'elles décrivent se propage plus ou moins sur leur longueur, et a lieu de telle sorte que la convexité se trouve postérieure et externe, tandis que la concavité règne sur le bord antérieur tourné en dedans.

Elles augmentent de longueur sensiblement de l'une à l'autre, depuis la première jusqu'à la neuvième, et elles diminuent de la même manière jusqu'à la dernière. Quant à la largeur, elles suivent à peu près les mêmes variations que pour la longueur: d'où il résulte que les côtes les plus longues et les plus larges sont celles du milieu, et que les plus courtes occupent les deux extrémités. Les premières diffèrent cependant des dernières, en ce que celles-ci sont arrondies et courbées dans toute leur longueur. Les deux premières côtes ont, au contraire, une certaine largeur, surtout à leur partie inférieure, et elles ne sont courbées qu'à leur extrémité supérieure, qui est comme ployée sur elle-même.

Différences. Dans les *didactyles,* les côtes, au nombre de treize de chaque côté, dont huit sternales et cinq asternales, sont généralement plus larges que dans les monodactyles; celles du milieu, un peu courbées à leur extrémité supérieure, sont presque droites à leur partie inférieure. Les plus larges forment, avec leur cartilage, une articulation de charnière pourvue d'une capsule synoviale. Dans ces mêmes quadrupèdes, la tête des côtes est plus détachée et plus élevée que dans le cheval.

Dans les petits quadrupèdes domestiques, tels que le mouton, le porc, le chien et le chat, les cartilages costaux ne passent jamais à l'état osseux.

Dans le *porc*, on trouve à droite et à gauche quatorze côtes, divisées en six sternales et huit asternales. Ces os ne présentent de différences qu'en ce qu'ils sont, toute proportion observée, plus minces et plus aplatis qne dans les monodactyles.

Dans le *chien* et le *chat*, on compte treize côtes droites et treize gauches, parmi lesquelles neuf s'articulent inférieurement sur le sternum. Ces os sont généralement étroits, arrondis et beaucoup plus courbés que dans les autres animaux domestiques.

§ III. *Os du crâne.*

Le crâne est une cavité ovalaire, placée à la partie supérieure et postérieure de la tête, ayant une forme assez irrégulière, mais symétrique, et étant destinée à contenir l'encéphale.

Les os du crâne, presque tous aplatis, impairs, et plus ou moins courbés de dehors en dedans, sont unis entre eux par des sutures serrées, qui se soudent de bonne heure : ces os sont un *frontal*, un *pariétal*, un *occipital*, un *sphénoïde*, un *ethmoïde* et deux *temporaux* (1).

(1) Le crâne du cheval ne comprend réellement qu'un pariétal et un frontal qui, de même que l'occipital, le sphénoïde et l'ethmoïde, sont composés de plusieurs pièces dans le poulain et éprouvent des altérations particulières dans la vieillesse.

Du frontal.

Cet os symétrique, quadrilatère, aplati dans le milieu et courbé en arrière sur ses côtés, occupe la région frontale, et se trouve situé entre le pariétal, les os du nez et en avant du sphénoïde.

Sa *face externe*, plane dans le milieu et excavée latéralement, offre de chaque côté une apophyse dite *orbitaire;* celle-ci, prolongée de dedans en dehors sur l'orbite, forme une sorte d'arcade qui sépare l'orbite de la fosse temporale. A la base de cette apophyse, on remarque le *trou surcilier*, qui pénètre dans l'orbite et livre passage au nerf orbito-frontal. Au-dessous et en arrière de l'arcade, se trouve la portion de fosse qui constitue la paroi interne de l'orbite, et dans laquelle on observe, 1° en haut et près du trou surcilier, une fossette dont les bords donnent implantation au fibro-cartilage de la troklée, dans laquelle passe le muscle grand oblique de l'œil; 2" dans le fond de cette portion de fosse orbitaire, on voit un trou qui pénètre dans le crâne et va dans les cellules de l'ethmoïde. Ce trou, nommé *orbitaire*, est le plus souvent formé par le concours de deux petites échancrures, dont une appartient au frontal et l'autre au sphénoïde.

La *face interne*, inégalement concave, est partagée par une cloison transversale en deux portions, dont une supérieure et l'autre inférieure. La portion supérieure, biconcave, anfractueuse, sillonnée, forme la partie antérieure et inférieure du couvercle du cerveau; elle offre une crête médiane peu élevée et, sur chaque côté, diverses anfractuosités répondant aux circonvolutions du cerveau. Contre l'orbite, on remarque une cavité étroite, allongée, profonde, destinée à recevoir un prolongement du sphénoïde. La portion inférieure de cette même face interne constitue les sinus frontaux, qui se développent les premiers et sont séparés par une cloison osseuse.

Les *bords* sont pourvus de petites dentelures inégales propres à affermir les connexions du frontal avec les os environnants ; chaque bord latéral offre une grande et profonde échancrure occupée par l'évasement du prolongement latéral du sphénoïde.

Connexions. Elles sont très-serrées, se font par sutures dentelées, squammeuses, et ont lieu avec le pariétal, le temporal, le sphénoïde, les lacrymaux, les sus-nasaux, l'ethmoïde et l'arcade zygomatique.

Particularités. Dans le poulain, le frontal est de deux pièces ; le milieu de la surface externe est quelquefois bombé, et la mortaise interne dans laquelle s'insinue le prolongement du sphénoïde perce l'os d'outre en outre, et la perforation se montre à la surface externe près du bord orbitaire : le frontal des vieux chevaux, complétement soudé avec les os environnnants, renferme de grands sinus, qui montent progressivement et finissent par occuper toute la surface antérieure du front.

Différences. Le frontal des *didactyles* est très-étendu, occupe toute la région du front, forme le sommet de la tête et porte les chevilles ou supports des cornes ; ces éminences pyramidales, sinueuses intérieurement, feutrées et sillonnées à l'extérieur,

sont contournées, soit en spirale, comme dans le bélier, soit en arc, comme dans le bœuf. Le trou surcilier, beaucoup plus grand, forme un conduit bifurqué, dont une branche monte vers les racines
des cornes. L'ouverture de ce conduit sur le front
se continue par une scissure profonde, qui descend
jusqu'au chanfrein. En dehors de cette scissure et
près de la circonférence orbitaire, se trouve une
bosse allongée et dite *frontale*.

Le frontal du *bœuf* forme le chignon et presque
toute la fosse temporale; dans l'adulte, cet os est
pourvu de grands sinus qui s'étendent dans tout
son intérieur, se propagent dans le chignon, dans
les supports des cornes et en arrière dans les condyles de l'occipital.

Le frontal du *porc* présente une épaisseur considérable, forme de grands sinus, et l'arcade orbitaire
est complétée par un fibro-cartilage susceptible de
s'ossifier avec l'âge.

Le frontal du *chien* a une conformation toute
particulière; il présente dans son milieu une dépression longitudinale; son apophyse orbitaire est
très-courte; l'arcade de ce nom est principalement
formée par un fibro-cartilage. Les deux pièces dont
est composé cet os, dans le jeune âge, restent séparées pendant très-longtemps.

Du pariétal.

Le pariétal forme presque entièrement le couvercle du cerveau; c'est un os impair, aplati, mince,
quadrilatère, courbé en arrière sur ses côtés, situé

dans la région épicrânienne entre l'occipital, le frontal, et en avant des temporaux.

La *face externe*, convexe, tubéreuse et recouverte de chaque côté par le muscle temporo-maxillaire, est partagée en deux parties latérales par une crête médiane, peu élevée et bifurquée inférieurement ; cette crête fournit deux branches, qui laissent entre elles un écartement de forme triangulaire, et donnent implantation aux muscles fronto-auriculaire, pariéto-auriculaire et temporo-maxillaire.

Chaque partie latérale, circonscrite du côté interne par la crête précédente, concourt à former la fosse temporale et donne implantation au muscle temporo-maxillaire ; chacune de ces fosses offre une surface raboteuse, parsemée de scissures, d'empreintes musculaires, et garnie de trous, dont le nombre et la grandeur sont variables.

La *face interne* est biconcave, anfractueuse, tapissée par la méninge, et séparée en deux parties par une crête médiane : celle-ci, très-légère, se termine, supérieurement, par une grosse éminence trifasciée, nommée *protubérance pariétale* ou apophyse falciforme. Cette apophyse fournit latéralement les crêtes transversales, qui descendent obliquement jusque sur le milieu du corps du sphénoïde et donnent attache à la cloison transverse de la méninge ; à droite et à gauche de sa base, on voit une cavité digitale, dans laquelle prend naissance le conduit temporal, destiné au passage d'une veine.

Chaque partie latérale est parsemée d'impressions

cérébrales et correspond à la surface antérieure d'un des lobes du cerveau.

Les *bords* du pariétal sont garnis de dentelures qui, dans les deux latéraux, sont découpées en écailles aux dépens de la lame externe : le bord supérieur ou occipital est creusé, tant à droite qu'à gauche, par une scissure destinée à compléter le conduit temporal.

Connexions. Elles sont très-serrées, se soudent de bonne heure, se font par écailles sur les bords latéraux, par dentelures aux bords supérieur et inférieur, et elles ont lieu avec l'occipital, avec la portion squammeuse du temporal et avec le frontal.

Particularités. Dans le jeune poulain, le pariétal est composé de trois pièces, dont une, impaire, porte la protubérance pariétale, et se trouve divisée dans plusieurs sujets en deux portions. Pendant cette première époque de la vie, la surface externe de cet os offre une convexité uniforme, plus grande que dans l'adulte, et elle ne porte ni crête médiane, ni dépressions latérales.

Dans la vieillesse, les parties latérales du pariétal sont très-minces, et deviennent d'autant plus déprimées que la crête prend plus de développement.

Différences. Le pariétal des *didactyles* est un os étroit, allongé d'un côté à l'autre et placé vers le derrière de la tête, près du chignon. Dans les jeunes sujets, il est formé de deux pièces, qui se réunissent de bonne heure, tant entre elles qu'avec les os environnants ; cette soudure est très-précoce dans le bœuf, a lieu avant la naissance, et pourrait même, en raison de cette réunion, faire révoquer en doute l'existence d'un pariétal.

Le pariétal du *porc* est très-épais, forme le sommet de la tête, et présente deux pièces dans les gorets.

Dans le *chien*, la surface externe du pariétal est pourvue d'une crête médiane très-élevée ; ses fosses temporales sont profondes et raboteuses.

De l'occipital.

Os impair, bifascié, tubéreux, inégalement épais et convexe de dehors en dedans ; l'occipital présente dans le milieu de sa convexité un grand trou pour le passage du prolongement rachidien , forme le sommet de la tête et produit son articulation avec le rachis.

La *face* externe, inégalement convexe, garnie d'éminences et de trous, se trouve partagée par une ligne transversale en deux parties, l'une *occipitale* et l'autre *sous-occipitale*. Cette face offre, 1° dans le plan médian et vers le bord pariétal, une *protubérance transversale*, élevée, qui forme le sommet de la tête et donne implantation à des muscles ; en arrière de cette éminence se trouve une tubérosité dite *cervicale*, à laquelle s'attache le ligament du même nom ; plus loin se rencontre le grand *trou occipital*, ovale d'un côté à l'autre, et par lequel passe la moelle épinière ; en bas de ce trou, on observe un prolongement *sous-occipital*, qui s'unit avec le sphénoïde et donne implantation à des muscles. 2° Sur chaque côté, on remarque une crête

transversale, qui se prolonge sur l'apophyse mastoïde, d'où elle tire le nom de *mastoïdienne*; en arrière et à côté du grand trou occipital, on voit l'apophyse *styloïde*, dont la longueur est en raison directe de celle des mâchoires; en dedans et sur le
bord du trou occipital, s'observe un *condyle*, biconvexe et destiné à s'articuler avec la première ver-
tébre du rachis; entre le condyle et l'apophyse styloïde, on remarque une échancrure dite stylo-
condylienne, et sous le condyle le *trou condylien*,
parfois double et destiné au passage des nerfs. Enfin,
sur le côté du prolongement *sous-occipital*, il existe
une ouverture dont la grandeur est en raison directe
de la longueur de l'éminence, et qu'on nomme ouverture ou *hiatus occipito-temporal*.

La *face interne* de l'occipital, inégalement concave et tapissée par la méninge, loge le cervelet, le
mésocéphale et l'origine du prolongement rachidien :
elle présente, en haut, une fosse concave, garnie
d'impressions cérébrales et propre à contenir le cervelet; en bas et sur le prolongement sous-occipital,
une cavité oblongue, sorte de scissure large, lisse,
polie et destinée à soutenir le bulbe du prolongement rachidien. A l'origine de cette scissure et au
niveau de la jonction de l'occipital avec le corps du
sphénoïde se remarque une fossette biconcave, destinée à contenir les tubercules de la protubérance
annulaire du mésocéphale.

Les *bords* de l'occipital présentent, dans quelques
parties de leur étendue, différentes dentelures propres à l'articulation de cet os.

Connexions. La plupart se font par juxtaposition, quelques-unes par sutures dentelées ; d'autres, mobiles, sont affermies par des ligaments et par des muscles : elles ont lieu avec le pariétal, le temporal et le sphénoïde, d'une manière immobile, et par charnière imparfaite avec le rachis.

Particularités. Dans le très-jeune âge, l'occipital est composé de quatre pièces, qui se soudent de bonne heure, tant entre elles qu'avec le pariétal et le sphénoïde.

Différences. *Didactyles*. Cet os est situé tout à fait à la partie postérieure de la tête, dont le sommet est formé par le frontal. La protubérance transversale, destinée à l'implantation des grands muscles extenseurs de la tête, constitue une crête demi-circulaire et placée en arrière du chignon. L'apophyse sous-occipitale est plus courte, mais plus grosse et plus tubéreuse ; il y a deux trous condyliens, dont un externe et l'autre interne ; celui-ci, particulier aux didactyles, forme un conduit qui s'ouvre dans le crâne, à côté de la protubérance pariétale. Les ouvertures sous-occipitales sont remplacées par plusieurs trous.

Tétradactyles. Les trous condyliens, l'apophyse et l'hiatus sous-occipitaux offrent les mêmes considérations que dans le bœuf. L'occipital du *porc*, ayant une configuration toute particulière, forme le sommet de la tête ; ses apophyses styloïdes sont très-longues, et sa protubérance transverse, large et élevée, forme deux ailes latérales.

Du sphénoïde.

C'est un os impair, bifascié, quadrilatère, courbé en avant d'un côté à l'autre, épais dans le milieu et mince sur les côtés; il forme la base du crâne, les parois supérieures de la cavité gutturale, et il a des connexions avec tous les autres os du crâne.

On peut reconnaître dans le sphénoïde trois parties distinctes : l'une épaisse, cylindroïde et placée dans le milieu, fait continuité avec le prolongement sous-occipital, et constitue le corps ou partie moyenne de l'os; les deux autres parties latérales, distinguées en droite et en gauche, sont aplaties, évasées, forment deux grandes lames courbées d'arrière en avant; ces lames s'enchâssent par leur extrémité dans le frontal et correspondent aux grandes ailes du sphénoïde de l'homme.

La *face externe* du sphénoïde, convexe d'un côté à l'autre, pourvue d'éminences et de trous, forme la paroi supérieure de la cavité gutturale; on y remarque, dans le milieu et sur la longueur du corps, diverses empreintes musculaires, dont les supérieures se confondent avec celles du prolongement sous-occipital. Chaque partie latérale laisse voir (*a*) une petite scissure qui règne contre le corps et se termine par un conduit bifurqué, dont une branche aboutit dans le nez, l'autre s'ouvre dans l'*hiatus orbitaire;* (*b*) l'apophyse dite *sous-sphénoïdale,* qui s'unit avec la crête palatine, correspond aux petites ailes du sphénoïde de l'homme, et sert à des implantations musculaires; (*c*) le trou *sous-sphénoïdal,* qui réside à la base de l'apophyse précédente; (*d*) plus en dehors et en bas, l'*hiatus orbitaire*, large ouverture transversale située sur le côté du fond de l'orbite. Cet hiatus sert en quelque sorte de vestibule, dans lequel on distingue le trou sous-sphénoïdal, les trous sus-sphénoïdaux, la branche externe du conduit sus-sphénoïdal, enfin le trou optique.

La *face interne*, concave d'un côté à l'autre, soutient la masse encéphalique, et présente dans le milieu la fossette *sus-sphénoïdale*, destinée à recevoir la tige cérébrale du même nom; en bas, la *fossette optique*, transversale, cylindrique, dont les extrémités forment les trous optiques, qui s'ouvrent à droite et à gauche dans l'orbite. Sur chaque côté de cette même face interne, on voit le grand trou *sus-sphénoïdal*, et ce trou aboutit dans l'hiatus orbitaire par trois branches, dont la plus petite livre passage au nerf de la quatrième paire.

Le *bord supérieur* ou *sous-occipital* s'articule dans son milieu avec le prolongement de l'occipital et présente latéralement une grande échancrure irrégulière, pour la formation de l'hiatus sous-occipital.

Le bord *inférieur* ou *palatin* devient caverneux vers une certaine époque de la vie, forme des sinus intérieurs qui s'agrandissent avec l'âge et écartent les deux lames de l'os.

Chaque bord offre deux parties : l'une latérale supérieure, découpée en écailles, s'engrène avec la portion squammeuse du temporal; l'autre partie, plus grande, plus évasée et demi-circulaire, se glisse à la face interne des parties latérales du frontal, et va s'engager dans la mortaise de cet os. Ce même bord latéral du sphénoïde porte une petite échancrure pour la formation du trou orbitaire de conjugaison.

Connexions. Elles sont très-serrées, se soudent de bonne heure, se font par sutures dentelées, écailleuses, et ont lieu avec l'occipital, la portion squammeuse du temporal, le frontal, le palatin et le vomer.

Particularités. Le sphénoïde du poulain comprend deux pièces, qui se soudent de bonne heure.

Différences. Cet os est formé de deux pièces dans tous les jeunes quadrupèdes, et il a une configuration particulière à chaque genre d'animaux. Le sphénoïde des *didactyles*, généralement plus petit et dépourvu de sinus intérieurs, présente des apophyses sous-sphénoïdales, larges et plus longues que dans le cheval. Le trou sous-sphénoïdal pénètre dans le crâne.

Le sphénoïde du *porc* n'a pas de trou sous-sphénoïdal; les apophyses de ce nom sont grosses et irrégulièrement concaves; l'hiatus orbitaire constitue une grande excavation oblongue, portant un bord élevé et raboteux, formé par l'apophyse sous-sphénoïdale. La fossette sus-sphénoïdale est relevée en arrière par une protubérance longue et cruciforme. Cette éminence réside aussi dans le *chien* et le *chat*, mais elle est moins longue. Le sphénoïde de ces tétradactyles ne concourt point à la formation du trou orbitaire, qui appartient tout entier au frontal.

De l'ethmoïde.

Cet os, impair, lamelleux et caverneux, est situé dans l'intérieur de la tête, à la partie inférieure du crâne, qu'il sépare des cavités nasales; il est soutenu entre le frontal et le sphénoïde.

Léger et très-fragile, l'ethmoïde offre trois parties, dont une moyenne et deux latérales : la première, compacte et solide, en constitue le corps, porte une sorte de pilier médian, qui présente, du côté du crâne, la crête *ethmoïdale* et fournit les deux lames latérales criblées; tandis que, du côté des narines, le corps forme une lame verticale, appelée lame *perpendiculaire* de l'ethmoïde, et qui, en se prolongeant inférieurement, sépare les fosses nasales. Chaque partie latérale comprend une masse de cellules oblongues, disposées en petits cornets placés de champ les uns au-dessus des autres, d'autant plus longs et plus gros qu'ils sont plus antérieurs, plus proches du grand cornet. Toutes ces volutes, suspendues par leur extrémité supérieure à la lame criblée de l'ethmoïde, sont fixées en dehors contre le frontal; elles sont composées de lames papyracées, minces, feutrées, fragiles, et sont séparées l'une de l'autre par un écartement ou méat, qui communique dans leurs sinus intérieurs. Cette disposition particulière multiplie les surfaces sans augmenter le volume de l'os.

La face *supérieure* de l'ethmoïde, biconcave et tapissée par la méninge, offre dans son milieu la crête ethmoïdale, qui termine la crête médiane du couvercle du cerveau; de chaque côté se trouve la fosse formée par la lame criblée, et dans laquelle est reçue la couche ethmoïdale; cette fosse, profonde et à surface inégale, est parsemée de trous ronds, laisse voir, sur le côté externe, le trou orbitaire, et celui-ci se continue par deux scissures, dont une monte vers la base du cornet antérieur.

La face *inférieure* est séparée par la lame perpendiculaire en deux parties concaves, anfractueuses, qui terminent le fond des narines et sont tapissées par la membrane nasale.

Particularités. Dans le jeune âge, l'ethmoïde est formé de trois pièces, dont les deux latérales sont tellement minces et si fragiles, qu'il est presque impossible de désarticuler cet os sans les briser et les détruire en majeure partie.

Différences. Les principales résident dans les volutes ethmoïdales, plus contournées, plus nombreuses dans le chien et le chat. Il importe aussi de remarquer que l'ethmoïde des didactyles et tétradactyles est moins fragile que celui des monodactyles, et que, dans les premiers, on peut isoler cet os, le détacher et l'obtenir dans un état d'intégrité.

Du temporal.

Ainsi nommé parce qu'il constitue la base de la tempe, cet os a une forme très-irrégulière; il est pair, inégalement épais et plat, concourt à la formation du crâne, de la fosse temporale, s'articule avec l'os maxillaire, et se divise en deux portions, dont une *écailleuse* et l'autre *tubéreuse*.

1° La *portion écailleuse*, ainsi nommée parce que

ses bords sont amincis, taillés obliquement en écailles, est aplatie, bifasciée, située au-dessus de l'orbite sur le côté du pariétal; elle forme l'extrémité supérieure de l'arcade zygomatique, et présente deux faces, dont une externe et l'autre interne.

La face externe convexe offre une longue apophyse dite *zygomatique*, qui s'élève verticalement du milieu de l'os, se recourbe en bas sur le zygomatique, et constitue la partie supérieure de l'arcade du même nom. Cette apophyse présente à sa base deux faces : l'une, supérieure, concave, concourt à compléter la fosse temporale, tandis que l'inférieure forme la surface articulaire, qui correspond à la surface diarthrodiale du maxillaire. Sur cette surface articulaire, on distingue trois parties : d'abord un *condyle* contre lequel s'appuie celui de l'os maxillaire; au-dessus de celui-ci, une cavité synoviale; plus haut, une éminence mammiforme destinée à affermir l'articulation, à borner le mouvement en arrière et latéral de l'os maxillaire : cette apophyse, dite *sus-condylienne*, concourt à former l'articulation maxillo-temporale, et, dans les mouvements latéraux de la mâchoire inférieure, elle sert de point d'appui à l'os maxillaire; derrière cette même éminence articulaire, se trouve l'orifice externe du conduit temporal.

La face interne, légèrement concave et recouverte par la méninge, concourt à la formation des parois latérales du crâne, et offre diverses anfractuosités, ainsi que de légers sillons.

Les bords de cette partie écailleuse sont presque

tous découpés en écailles, aux dépens de la lame interne. Le supérieur s'appuie sur la portion tubéreuse et présente, du côté interne, une scissure qui s'unit à une semblable scissure du pariétal et complète ainsi le conduit temporal, dont il a déjà été parlé.

CONNEXIONS de cette portion. Elles ont lieu, par écailles, avec le pariétal, le frontal, le sphénoïde; par harmonie, avec la portion tubéreuse; enfin, par charnière imparfaite, avec le maxillaire.

2° La *portion tubéreuse*, très-irrégulière, garnie d'aspérités dans toute son étendue, renferme intérieurement les organes essentiels de l'audition, et offre deux parties distinctes par leur densité, leur position et leurs usages : l'une, externe, est dite *mastoïdienne*; l'autre, interne, est appelée *pétrée*. Sur la partie mastoïdienne, on remarque l'apophyse mastoïde, mammiforme, oblongue, tubéreuse, et dans laquelle on distingue une base inférieure et une crête supérieure qui s'unit avec la protubérance occipitale. Un peu en bas et en avant, se trouve le trou *prémastoïdien*, qui est l'orifice externe du conduit spiroïde; on voit à côté l'*hiatus auditif* externe, qui fait saillie sur la surface de l'os. En avant de l'hiatus se trouve le prolongement hyoïdien, logé dans une longue excavation et fixé à la branche hyoïdienne par le moyen d'un fibro-cartilage; à côté de ce prolongement, on remarque une grosse protubérance mastoïdienne, sphéroïde, caverneuse et portant les cellules du même nom; un peu plus bas, se it l'a   hyse *styloïde* du temporal, à la base de laquelle sont 1° le conduit guttural du tympan, 2° le petit trou destiné au passage du nerf tympano-lingual.

La partie pétrée, ainsi nommée à cause de sa densité, répond au cervelet; ses cavités intérieures forment le labyrinthe dans lequel vient s'épanouir la substance pulpeuse de la septième paire des nerfs encéphaliques. Sa surface cérébrale, anfractueuse, présente dans le milieu un trou divisé en deux branches : l'une, terminée en cul-de-sac, répond au limaçon et communique, par de petits pores, dans les cavités labyrinthiques; l'autre branche constitue le conduit spiroïde, qui traverse l'os et dont l'orifice extérieur forme le trou prémastoïdien.

Connexions. La portion tubéreuse s'articule par juxtaposition entre l'occipital et la portion écailleuse, et elle ne se soude que rarement avec ces os.

Particularités. La portion tubéreuse porte dans son intérieur des cavités diverticulées, destinées à la propagation, à la perception du son, et distinguées en *tympanique* et en *labyrinthique*.

La cavité tympanique, la plus grande, située en dehors, entre les parties mastoïdienne et pétrée, est essentiellement destinée à la propagation du son : elle comprend 1° la membrane du tympan; 2° quatre osselets, le *marteau*, l'*enclume*, le *lenticulaire*, l'*étrier*; 3° deux ouvertures labyrinthiques, dont une communiquant avec la rampe supérieure du limaçon est nommée *limacine*; l'autre ovalaire, fermée par la base de l'étrier et aboutissant dans le

vestibule, est dite *vestibuline*; 4° des cellules mas-
toïdiennes; 5° enfin le conduit guttural.

La cavité labyrinthique, située dans l'intérieur de
la partie pétrée, sert à la perception du son, et présente un vestibule, un limaçon à deux rampes et
trois canaux semi-circulaires (1).

Différences. Dans les *didactyles* et les *tétradactyles*, les deux portions du temporal se réunissent
et se soudent de bonne heure. Le condyle temporal
des ruminants est plus large, plus évasé, et l'apophyse sus-condylienne est courte; l'apophyse zygomatique, beaucoup moins longue, ne s'articule pas
avec l'apophyse orbitaire du frontal; la protubérance mastoïdienne est très-grosse et pyriforme.

Dans les *tétradactyles*, le contour décrit par l'a-
pophyse zygomatique est beaucoup plus grand, et
augmente ainsi la profondeur de la fosse temporale, point de prolongement hyoïdien bien marqué.

Dans le *porc*, l'apophyse sus-condylienne est remplacée par une crête transversale, en arrière de laquelle se trouve une scissure qui tient lieu de conduit temporal; point d'apophyse mastoïde déterminé,
on voit seulement une grande crête et diverses empreintes musculaires; la protubérance mastoïdienne,
très-longue, se présente sous la forme d'un gros mamelon.

Le condyle temporal du *chien* et du *chat* est remplacé par une cavité concave d'avant en arrière, et
dont la partie supérieure est complétée par l'apo-

______

(1) Nous traiterons de ces parties plus en détail à l'article du sens
de l'ouïe; il doit nous suffire ici de les indiquer.

physe sus-condylienne, qui est courbée en bas et embrasse le condyle maxillaire. La protubérance mastoïdienne constitue une grosse éminence sphéroïde formée par une lame mince.

§ IV. *Os de la face.*

Prolongée en bas et en avant du crâne, la face comprend la plus grande étendue de la tête, et se divise en mâchoire supérieure, antérieure ou *syncrânienne,* et en mâchoire inférieure, postérieure ou *diacrânienne.*

Les os de la mâchoire supérieure, au nombre de dix-neuf et presque tous pairs, diffèrent entre eux autant par leur forme que par leur grandeur.

Du grand sus-maxillaire.

Cet os pair, court-allongé, trifascié, gros et épais, s'étend le long des parois supérieures de la bouche, depuis le fond de l'orbite jusqu'à la dent angulaire ou crochet; il détermine la base de la mâchoire supérieure et s'articule avec presque tous les autres os de cette mâchoire; il loge les dents molaires supérieures, concourt à former les parois de la bouche, les cavités nasales, le fond de l'orbite et les sinus de la tête : on y reconnaît trois faces, l'une externe ou du chanfrein, l'autre inférieure ou palatine, et la troisième interne ou nasale; deux extrémités, dont une supérieure et l'autre inférieure; trois bords distingués en alvéolaire, palatin et nasal.

La *face externe,* inégalement convexe, présente, supérieurement, une épine raboteuse nommée *sus-*

maxillaire, et cette épine termine la crête zygomatique; plus haut et en avant, on voit le trou sus-
maxillaire, qui est l'orifice inférieur du conduit de
ce nom.

La *face palatine*, légèrement concave, offre, le
long du bord alvéolaire, une *scissure longitudinale*,
et présente à son extrémité inférieure les *ouvertures
incisives*.

La *face nasale*, inégalement concave, forme les
parois latérales et inférieures de la fosse nasale, et
soutient les cornets; on y remarque, sur la partie
inférieure, une large gouttière prolongée de l'orifice
externe à l'orifice guttural du nez. Plus haut et
entre les deux cornets, se trouve une autre gouttière
longitudinale, qui communique dans l'intérieur des
cornets, et dont la base pénètre dans les sinus au
moyen d'une ouverture étroite, mais toujours ouverte. Vers l'extrémité inférieure de cette dernière
gouttière, on rouve l'orifice nasal du conduit lacrymal.

L'*extrémité* supérieure, plus grosse que l'inférieure, laisse voir, près du fond de l'orbite, une
grosse protubérance arrondie. Plus en dedans, se
trouve une fosse, sorte de vestibule au fond duquel
on distingue, 1° le trou nasal, qui pénètre dans le
nez; 2° l'orifice supérieur du conduit palatin; 3° enfin l'ouverture du conduit sus-maxillaire. L'extrémité inférieure du grand sus-maxillaire est amincie,
représente un biseau sur lequel est pratiqué l'alvéole du crochet.

Le *bord alvéolaire* loge les dents molaires et le

crochet lorsque cette dernière dent existe ; il offre, pour chaque dent, une cavité alvéolaire proportionnée à la forme et à la grandeur de la racine qui s'y enfonce. A l'extrémité supérieure de ce même bord et contre la dernière molaire, se trouve une tubérosité peu élevée, nommée *alvéolaire*, et destinée à l'attache des fibres du muscle sphéno-maxillaire.

Le *bord palatin*, denticulé, s'unit avec le maxillaire opposé, et forme une suture longitudinale, saillante, qui sépare la voûte osseuse du palais en deux parties égales.

Le bord nasal, taillé en mortaise étroite, reçoit la lame de l'os sus-nasal.

L'intérieur du grand sus-maxillaire offre des sinus qui se développent après les sinus frontaux, augmentent avec l'âge et acquièrent une étendue considérable.

CONNEXIONS. Elles sont nombreuses et ont lieu de diverses manières avec tous les autres os de la mâchoire, excepté avec le ptérygoïdien. Quelques-unes se soudent de bonne heure, tandis que d'autres subsistent très-longtemps.

CONSIDÉRATIONS PARTICULIÈRES. Le grand sus-maxillaire éprouve des changements remarquables, suivant les différentes époques de la vie : ainsi la face du chanfrein devient bombée et proéminente, tant que les premières dents molaires croissent et s'enfoncent en dedans ; ce qui a lieu jusqu'à l'âge de six à sept ans. A partir de cette époque, elle s'affaisse à mesure que les dents sont expulsées des alvéoles, et elle finit par devenir concave (1) ; il se forme alors un sinus *sus-maxillaire* inférieur, séparé des supérieurs par une lame transversale qui se perfore avec l'âge ; ce nouveau sinus communique avec les sinus primitifs par l'ouverture commune, située à l'extrémité supérieure du méat, qui sépare les deux cornets.

Différences. *Didactyles.* L'épine sus-maxillaire est composée d'une série de petits tubercules placés les uns contre les autres, depuis le niveau de la troisième molaire jusqu'à l'épine zygomatique. La protubérance orbitaire constitue une grosse éminence arrondie, formée d'une lame mince et dont la cavité intérieure augmente l'étendue du sinus sus-maxillaire. On ne voit que la trace d'une scissure palatine ; la voûte osseuse du palais du bœuf est caverneuse et concourt à la formation des sinus.

Dans le *porc*, la surface du chanfrein présente une longue excavation dans laquelle s'ouvre le conduit sumaxillaire, et dont l'extrémité supérieure concourt à la formation de la fosse larmière. L'alvéole de la dent angulaire rend l'os bombé et donne lieu à une protubérance d'autant plus grosse que la dent est plus forte. Point de protubérance orbitaire ni de tubérosité alvéolaire ; la voûte palatine est âpre et rugueuse.

Le sus-maxillaire du *chien* n'offre ni épine sus-maxillaire, ni protubérance orbitaire ; sa tubérosité alvéolaire ne représente qu'un mamelon raboteux.

____

(1) Ces changements sont très-importants à saisir, parce qu'ils sont les signes distinctifs des vieilles et des jeunes têtes.

Du petit sus-maxillaire.

Ce petit os pair, court allongé et réuni en appendice à l'extrémité inférieure du grandsus-axillaire, présente une base et un prolongement supérieur. La base ou la grosse extrémité porte les dents incisives, ainsi que la lèvre supérieure ; tandis que le prolongement forme une sorte de biseau, qui monte en s'amincissant jusqu'à l'os sus-nasal.

Sa *face labiale*, lisse et ovalaire, est recouverte par la lèvre supérieure, dont le tissu musculeux s'implante près du bord alvéolaire.

Sa *face palatine* complète la voûte osseuse du palais et concourt à la formation des ouvertures incisives.

La *face nasale*, opposée à la précédente, termine la narine et est tapissée par la membrane du nez.

Le *bord supérieur*, libre et arrondi, donne implantation au tissu musculeux de l'aile inférieure des naseaux.

Le *bord inférieur* ou *alvéolaire* présente les alvéoles destinés aux dents incisives et concourt à former l'espace interdentaire.

Le *bord interne* denticulé s'unit avec l'autre petit sus-maxillaire, porte une scissure dont la jonction avec une pareille scissure de l'os opposé produit le *trou incisif*; ce trou inflexe s'ouvre dans le milieu de la surface labiale et livre passage à l'artère palato-labiale.

CONNEXIONS. Elles ont lieu, par mortaise, avec le grand sus-maxillaire, par engrenures avec l'os

opposé, enfin par gomphose avec les dents incisives.

Différences. *Didactyles.* Cet os grêle, dépourvu
de dents incisives, constitue un appendice comme
ajouté au grand sus-maxillaire, avec lequel il ne se
soude jamais. Le bord inférieur, dépourvu d'alvéoles, est tubéreux et donne attache au bourrelet
cartilagineux; le trou incisif est remplacé par une
large ouverture.

Le petit sus-maxillaire du *porc* est un os large et
d'une certaine étendue; le trou incisif, situé entre
les deux pinces, est complété par un cartilage.

Dans le *chien* et le *chat*, cet os, très-petit, se
soude de bonne heure avec les os environnants.

Du sus-nasal.

Cet os pair, mince et plat-allongé, est situé en bas
du frontal et en avant des sus-maxillaires. Étant réunis, les deux sus-nasaux représentent un cœur de
cartes à jouer : ils sont allongés, se terminent inférieurement par une pointe isolée, et forment les parois supérieures des fosses nasales.

La *face externe* est polie, légèrement convexe
d'un côté à l'autre, mais plus déprimée sur le côté
externe. La face interne forme une grande gouttière longitudinale, bornée du côté externe par le
cornet antérieur, et du côté interne par une crête
raboteuse reçue dans la gouttière du bord antérieur
de la cloison nasale.

L'*extrémité supérieure*, articulée avec le frontal
par des sutures serrées, n'offre rien de remarquable;

tandis que l'inférieure fournit un prolongement détaché des sus-maxillaires, terminé en pointe aux dépens du bord externe, et appelé *épine nasale*.

Le *bord externe* est mince et enchâssé dans la mortaise des sus-maxillaires; l'interne, denticulé dans sa moitié supérieure, est dépourvu de ces sortes de découpures à sa partie inférieure.

CONNEXIONS. Elles sont peu serrées, se font par sutures dentelées ou lamineuses, et ont lieu avec le frontal, le lacrymal, les sus-maxillaires, le sus-nasal opposé et le cornet sous-ethmoïdal.

CONSIDÉRATIONS PARTICULIÈRES. Ces os concourent, par leur partie supérieure, à la formation des sinus frontaux; ils ne se soudent entre eux que vers leur extrémité supérieure, de manière que l'épine nasale reste toujours divisée. La pression exercée par la muserolle du licou ou de la bride opère, sur leur surface, une dépression transversale, use à la longue la substance de ces os et elle en produit souvent la perforation.

DIFFÉRENCES. Les os dont il s'agit ne concourent à la formation des sinus ni dans les ruminants, ni dans les tétradactyles. Le sus-nasal des *didactyles* est plus petit que dans les monodactyles, et ne se soude jamais entièrement avec les autres os. Le prolongement nasal du *bœuf* est bifurqué et porte deux pointes ou cornes.

Dans le *porc*, on compte un troisième sus-nasal, appelé l'*os du boutoir*, et qui forme la base de cette dernière partie; cet os, épais, court et trifascié, est situé dans le milieu du boutoir, au-dessous et en avant de l'épine nasale; il est attaché et soutenu par une substance fibro-cartilagineuse, production de la cloison nasale; et il donne implantation au tissu musculeux du boutoir.

Du lacrymal.

Ce petit os pair, très-mince, aplati, et d'une figure irrégulière, occupe l'angle nasal de l'œil, soutient le réservoir ainsi que le conduit lacrymal, et concourt à la formation tant de l'orbite que des sinus de la tête.

Sa *face externe* s'étend en grande partie dans l'orbite, autour de l'angle nasal et sur le chanfrein; on la divise en portion orbitaire et en portion du chanfrein. La première, concave, concourt à former les parois inférieures de l'orbite, et offre, près du bord orbitaire, une cavité dans laquelle on distingue 1° une fossette qui donne implantation au muscle petit oblique de l'œil, et qu'on nomme *fossette lacrymale*; 2° une autre fosse plus grande, infundibuliforme, dont l'évasement soutient le réservoir lacrymal, et dont le fond porte un trou, orifice supérieur du conduit *lacrymal*. Celui-ci traverse les sinus, se termine dans la narine entre les deux cornets, et sert au passage du canal lacrymal. La portion du chanfrein a peu d'étendue et offre dans son milieu un gros tubercule, l'*apophyse angulaire*, qui est destiné à donner implantation à des fibres du muscle orbiculaire des paupières.

Par sa face interne, le lacrymal concourt à former les sinus frontaux.

Les *bords* de sa circonférence sont denticulés et s'engrènent avec les os environnants.

Connexions. Elles sont très-serrées, et ont lieu avec le frontal, le sus-nasal, le grand sus-maxillaire le zygomatique.

Différences. Le lacrymal des *didactyles* se prolonge beaucoup plus sur le chanfrein, où il offre une fosse dite *larmière*. Le trou lacrymal est placé tout près du trou orbitaire, et la fossette du même nom est plus enfoncée dans l'orbite.

Dans le *porc*, la fosse larmière est plus grande et plus profonde que dans le mouton ; le trou lacrymal est double et pratiqué sur le bord même de l'orbite : ces deux trous lacrymaux, dont un plus externe que l'autre, se réunissent dans l'intérieur de l'os pour former le conduit lacrymal ; la fossette lacrymale est profonde et située vers le fond de l'orbite.

Dans le *chien* et le *chat*, le lacrymal très-petit n'offre rien de bien remarquable.

Du zygomatique.

Le zygomatique est un petit os pair, triangulaire, situé en dehors du lacrymal et sur le côté externe de l'orbite : il forme la base de l'arcade zygomatique et le côté externe de la cavité orbitaire.

Sa *face externe*, plus étendue que l'interne, est séparée en deux portions par un bord demi-circulaire, qui concourt à la formation de la circonférence orbitaire. En dehors de l'orbite, elle porte une crête raboteuse, longitudinale et appelée *zygomatique*.

La *face interne* contribue à l'étendue des sinus de la tête.

L'*extrémité inférieure* la plus grosse a des bords pourvus de dentelures irrégulières ; la *supérieure* se prolonge en haut et s'unit avec l'apophyse zygomatique du temporal.

CONNEXIONS. Elles ont lieu par engrenures avec le lacrymal, le grand sus-maxillaire et l'apophyse zygomatique du temporal.

DIFFÉRENCES. Dans les *didactyles*, le zygomatique, généralement plus grand que dans les mono-dactyles, se bifurque supérieurement, et fournit deux branches, dont la plus courte s'articule avec l'apophyse orbitaire du frontal et l'autre va s'unir avec le temporal.

Le zygomatique du *porc*, encore plus large et plus fort que celui du bœuf, offre, comme dans le *chien* et le *chat*, une petite éminence, sorte de mamelon destiné à l'implantation du fibro-cartilage qui complète l'arcade orbitaire.

Du palatin.

C'est un petit os pair, mince, allongé, étroit, presque demi-circulaire, mais plus courbé à son extrémité inférieure qu'à sa partie supérieure ; étant réunis l'un à l'autre, les palatins forment l'orifice guttural des narines, et terminent supérieurement la voûte osseuse du palais.

La *face externe*, prolongée depuis la voûte du palais dans le nez et le fond de l'orbite, offre sur sa longueur un bord qui la divise en trois portions, dont une palatine, l'autre nasale et la troisième orbitaire. La portion palatine constitue l'extrémité supérieure de la voûte du palais, et présente, contre le bord alvéolaire du grand sus-maxillaire, l'orifice inférieur du conduit palatin. La portion nasale forme les parois supérieures et latérales de l'ouverture gutturale des cavités nasales. La portion orbitaire concourt à former le fond de l'orbite, laisse voir le trou nasal ainsi que l'orifice supérieur du conduit palatin.

Le bord longitudinal, qui sépare l'ouverture guttural des narines d'avec la région du fond de l'orbite, constitue une crête raboteuse nommée *palatine;* celle-ci, très-développée dans le bœuf, est interrompue par l'apophyse ptérygoïde et terminée en haut par l'apophyse sous-sphénoïdale.

La *face interne*, généralement peu étendue, présente deux parties : l'une, supérieure, contribue à la formation des sinus sphénoïdaux; l'autre, inférieure et garnie de dentelures, porte une scissure longitudinale qui, jointe à une pareille scissure du grand sus-maxillaire, complète le conduit palatin.

L'*extrémité* supérieure, plus large et évasée, tient au sphénoïde; l'inférieure, étroite et contournée en dedans, s'articule avec le palatin opposé.

Connexions. Elles se soudent de bonne heure, ont lieu avec le palatin opposé, le grand sus-maxillaire, le vomer et le ptérygoïdien.

Différences. Les palatins des *ruminants* ont beaucoup plus d'étendue que ceux des monodactyles; ils forment une grande partie de la voûte osseuse du palais; les **crêtes palatines**, très-développées, se présentent sous forme de lames, qui donnent à l'orifice guttural des naseaux l'apparence d'un conduit prolongé en arrière et trapézoide. Le conduit palatin, pratiqué tout entier dans l'épaisseur de l'os, offre trois orifices inférieurs, dont un principal et le plus grand. Dans le *bœuf*, les palatins concourent à la formation des sinus de la voûte osseuse du palais.

Dans les *tétradactyles*, ces os ont à peu près la même étendue que dans les didactyles; dans le *porc*, la crête palatine se termine par une grosse tubérosité contre laquelle sont appuyées en dehors l'apophyse sous-sphénoïdale, et, du côté interne, l'apophyse ptérygoïde : cette disposition fait que la crête se trouve parfaitement séparée des deux apophyses précédentes.

Du ptérygoïdien.

Le ptérygoïdien, très-petit os pair, grêle, aplati et allongé, est juxtaposé sur le palatin; il forme, par son extrémité inférieure, une apophyse saillante, dite *ptérygoïde* et pourvue d'une *troklée*, dans laquelle glisse le tendon de la branche inférieure du muscle stylo-staphylin.

Cet os s'articule, par harmonie, avec le palatin; il ne présente d'autres parties essentielles que les deux objets précédemment indiqués, et il n'offre de différence dans les quadrupèdes domestiques que relativement à sa longueur et à sa largeur (1).

(1) Cet os n'est, rigoureusement, qu'un appendice ou épiphyse du

Des cornets.

Les cornets sont des os lamineux, fragiles, oblongs, caverneux intérieurement et au nombre de deux, dont un supérieur et l'autre inférieur ; ils sont couchés en long l'un au-dessus de l'autre sur les parois latérales externes des narines, et ils servent à augmenter les surfaces des fosses nasales.

Chacun de ces os est formé par une feuille osseuse, contournée de dehors en dedans, roulée en manière de cornet, et renfermant intérieurement de petites cellules composées elles-mêmes de lames encore plus minces et criblées. Les cornets ne diffèrent entre eux qu'en ce que le supérieur ou sous-ethmoïdal est le plus grand, et que sa lame se contourne en dedans par le bord inférieur de l'os, tandis que dans le cornet inférieur ou sus-maxillaire la feuille osseuse est fixée tout le long du bord inférieur et se replie en dedans par le bord supérieur.

La *surface externe*, convexe de haut en bas, est rugueuse, comme chagrinée et parsemée de quelques sillons vasculaires.

La *surface interne* concave forme une sorte de cavité labyrinthique, qui recèle diverses cellules. Dans le cornet sous-ethmoïdal, la moitié supérieure de la face interne concourt à la formation des sinus frontaux.

L'*extrémité supérieure* constitue la base du cor-

palatin, sur lequel il s'articule ; comme il reste longtemps sans se souder avec l'os sur lequel il est appliqué, nous avons jugé plus convenable de le considérer comme un os distinct.

net, et l'inférieure, bifurquée, se termine par deux prolongements cartilagineux nommés *appendices*, dont un pour chacune des ailes du nez. La base du cornet ethmoïdal fournit un prolongement ou appendice supérieur, qui monte jusque contre l'ethmoïde.

CONNEXIONS. Elles se soudent de bonne heure et se font par engrenures. Le cornet sous-ethmoïdal s'articule avec l'ethmoïde, le sus-nasal et le grand sus-maxillaire; le cornet inférieur, seulement avec le grand sus-maxillaire.

CONSIDÉRATIONS PARTICULIÈRES. Fixés l'un au-dessus de l'autre, les cornets partagent la paroi externe de l'intérieur de la narine en trois principales gouttières ou *méats*. Le premier et le supérieur de ces conduits suit la direction des os du nez et monte jusqu'à la base des cellules suspendues à la lame criblée de l'ethmoïde. Le conduit mitoyen, placé entre les deux cornets, pénètre dans les cavités labyrinthiques de ces deux os, se termine supérieurement par une ouverture étroite et oblongue qui aboutit dans les sinus de la tête. Le conduit inférieur s'étend en ligne directe de l'ouverture extérieure à l'ouverture gutturale de la narine, en suivant le dessus de la voûte osseuse du palais.

DIFFÉRENCES. Dans les *didactyles*, le cornet sus-maxillaire est le plus grand, et sa feuille se contourne en dedans par le bord postérieur; le cornet supérieur, plus petit, n'est point replié sur lui-même, et sa face interne contribue uniquement à la formation des sinus. La première des cellules ethmoïdales, l'antérieure et la plus proche du cornet, constitue, en raison de son développement considérable, un troisième cornet qui cache les ouvertures de communication de la fosse nasale dans les sinus.

Les cornets du chien sont généralement plus grands, plus repliés et plus sinueux que dans les monodactyles.

Du vomer.

Ce petit os, impair, aplati et allongé, est placé dans les narines sous leur cloison cartilagineuse, à laquelle il sert de soutien; il s'étend depuis le sphénoïde, sur la crête médiane des grands sus-maxillaires, jusqu'au niveau des ouvertures incisives.

Ses *faces* sont lisses et tapissées par la membrane muqueuse du nez.

L'*extrémité supérieure*, que l'on a comparée à des oreilles de chat, probablement à cause de son évasement, présente, à sa réunion avec le corps du sphénoïde, un écartement par où passent des vaisseaux et des nerfs qui gagnent la cloison cartilagineuse des naseaux. L'*extrémité inférieure* se termine par une pointe mince et aplatie de dessus en dessous.

Le *bord antérieur* laisse voir une goutière, sorte de mortaise profonde, qui reçoit le bord postérieur de la cloison nasale; l'autre bord offre deux parties : l'une, supérieure et libre, divise l'ouverture gutturale des narines, tandis que la partie inférieure est garnie de légères dentelures, pour son articulation avec la crête médiane des grands sus-maxillaires.

Connexions. Elles se font avec le sphénoïde, les palatins, les grands sus-maxillaires, et ont lieu aussi avec la cloison cartilagineuse du nez.

Différences. Le vomer a une configuration particulière à chaque espèce de quadrupèdes domestiques ; il est généralement plus large et plus court que dans les monodactyles.

§ V. *Os de la mâchoire inférieure* ou *postérieure*.

Articulée avec le temporal d'une manière mobile, pouvant s'écarter, se rapprocher de la supérieure, exécuter des mouvements latéraux plus ou moins étendus et variés, la mâchoire inférieure est composée d'un seul os appelé *maxillaire*.

Du maxillaire.

Cet os, impair, représente un **V**, dont les deux branches, relevées à leur extrémité supérieure et articulées avec le temporal, laissent entre elles un écartement de forme triangulaire, nommé *intervalle intermaxillaire* (le canal). Le maxillaire constitue la base de la mâchoire inférieure, loge les dents inférieures et donne attache à un grand nombre de muscles : on le divise en partie moyenne et en deux branches.

1° La partie moyenne et inférieure soutient et réunit les deux branches, porte les dents incisives et la lèvre inférieure. Sa *face externe*, convexe d'un côté à l'autre, soutient la houppe du menton, et présente dans son milieu un léger sillon longitudinal, indice de la séparation de cet os en deux pièces dans le jeune animal; ce sillon, d'autant moins saillant que l'animal est plus vieux, constitue la *symphyse maxillaire*. Vers le point de réunion des deux branches, réside une dépression circulaire appelée *le col*, sur les côtés duquel sont les deux trous *mentonniers*, l'un droit et l'autre gauche. Chacun de ces trous est l'orifice inférieur d'un long conduit, prolongé derrière les dents molaires, entre les deux tables de l'os, et dont l'entrée se trouve dans la partie concave de la face interne de la branche maxillaire; ce conduit, appelé *maxillaire*, décrit, supérieurement, une ligne courbe, et donne passage au nerf maxillaire de la cinquième paire.

La *face interne*, lisse et légèrement concave, soutient le frein de la langue, et offre vers la réunion des deux branches une surface légèrement raboteuse, nommée *génienne*, et destinée à des implantations musculaires.

Le bord *alvéolaire* est garni des alvéoles propres aux dents incisives et au crochet.

2° Chaque branche, allongée, aplatie de dehors en dedans, plus large supérieurement qu'inférieurement, présente deux faces, dont l'une externe et l'autre interne; deux extrémités distinguées en supérieure et en inférieure; deux bords opposés, l'antérieur et le postérieur.

La *face externe* se divise en deux parties : l'une, supérieure, beaucoup plus étendue et raboteuse, est garnie d'empreintes musculaires et se termine inférieurement par un rebord demi-circulaire; l'autre portion, inférieure, est lisse, polie et déprimée du côté du bord postérieur.

La *face interne* forme les parois de l'intervalle intermaxillaire, et présente, de même que la face externe, deux portions, dont la supérieure, concave et parsemée d'empreintes musculaires, laisse voir l'entrée du conduit maxillaire. A la partie inférieure, lisse et polie, on remarque la ligne *myléenne*, qui suit la direction du bord alvéolaire et donne attache au muscle mylohyoïdien.

L'extrémité supérieure, contournée en haut, se termine par deux éminences, dont la plus longue, antérieure et aplatie latéralement, porte le nom d'apophyse *coronoïde* et donne attache au muscle temporo-maxillaire.

L'autre éminence, lisse, polie et convexe d'avant en arrière, est incrustée d'une lame cartilagineuse; elle constitue le *condyle maxillaire* et s'articule avec un pareil condyle du temporal. Ces deux éminences sont séparées par une échancrure semi-lunaire appelée *corono-condylienne*.

L'extrémité inférieure s'unit avec celle du côté opposé.

Le *bord antérieur* se divise en deux parties, dont une droite, l'autre concave et supérieure : la première, la plus étendue, présente les alvéoles destinés aux racines des dents molaires, en avant desquelles s'observe le grand espace interdentaire pourvu d'une crête raboteuse. La partie supérieure ou concave constitue un bord épais, raboteux, à doubles lèvres, et terminé par l'apophyse coronoïde.

Le *bord postérieur* offre, de même que l'antérieur, deux parties distinctes : la supérieure, convexe, tubéreuse et terminée par le condyle maxillaire, semble comme refoulée et forme la base de la ganache. La partie inférieure, droite et arrondie, donne implantation au tendon de la branche digastrique du muscle stylo-maxillaire. Dans le point de séparation de la partie droite d'avec la partie convexe, se trouve une scissure, qui se contourne obliquement.

CONNEXIONS. Elles sont de plusieurs sortes, et se font avec les dents et le temporal. L'articulation avec les dents a lieu par gomphose, est immobile et serrée; tandis que l'articulation maxillo-temporale se fait par charnière, permet tous les mouvements que la mâchoire inférieure peut exécuter sous la supérieure. Cette dernière articulation a deux ligaments capsulaires et un fibro-cartilage intermédiaire, qui sépare les deux condyles adaptés l'un sur l'autre, et porte pour chacun d'eux une cavité proportionnée.

PARTICULARITÉS. Le maxillaire du jeune poulain est composé de deux pièces, dont la réunion toujours précoce constitue la symphyse du menton.

Cet os éprouve, pendant la vie de l'animal, diverses modifications, qui dépendent particulièrement du travail des dents ; tant que celles-ci s'enfoncent, le maxillaire prend du développement, du volume, et devient en quelque sorte empâté; mais, à mesure que les dents sont poussées hors des alvéoles, l'os semble se resserrer sur lui-même, et il se déprime insensiblement ; ses branches deviennent

I.

alors étroites, et son extrémité inférieure prend une direction horizontale.

DIFFÉRENCES. Dans les *didactyles*, la symphyse maxillaire ne se soude jamais, de manière que l'os reste divisé en deux pièces. L'apophyse coronoïde, plus longue, est courbée en arrière; le condyle maxillaire, beaucoup plus étendu, présente dans son milieu une concavité.

Dans le *porc*, le maxillaire est généralement plus fort; le trou mentonnier est double; sur les côtés de la surface génienne, on voit deux trous, dont un à droite et l'autre à gauche.

Les deux pièces dont est formé le maxillaire du *chien* et du *chat* ne se soudent qu'à un âge avancé. Cet os se distingue surtout par une apophyse élevée qui existe en bas de chaque condyle.

Des dents.

Les dents, instruments de la mastication, sont des parties osséiformes, très-dures, enchâssées plus ou moins profondément dans les alvéoles maxillaires, qu'elles remplissent exactement, et d'où elles se prolongent au dehors pour se mettre en contact, les supérieures avec les inférieures. Par leur mode de formation, elles offrent une certaine analogie avec les productions cornées, et elles se rapprochent des os par leurs propriétés physiques et chimiques.

Fixées l'une à la suite de l'autre au bord alvéolaire des os maxillaires, les dents forment à chaque mâchoire une ligne courbe, parabolique, dite *arcade dentaire*, dont la supérieure est plus large, plus forte et plus longue que l'inférieure. Chaque arcade se compose elle-même de deux rangées de dents, interrompues vers le quart antérieur et réunies inférieurement en demi-cercle.

Dans le genre cheval, on compte de trente-six à quarante-quatre dents, que l'on distingue en *incisives*, destinées à inciser les aliments; *angulaires*, ou *crochets* ou *lanières*, parce que, dans les carnivores, elles servent à déchirer; *molaires*, qui broient les substances alimentaires comme entre deux meules.

Toutes les dents se développent dans l'intérieur des os maxillaires, d'où elles sortent après avoir acquis une certaine grandeur, et avoir usé, détruit la table extérieure de leurs alvéoles. Les unes, faisant leur éruption peu de temps après la naissance, portent le nom de *dents de lait*; on les nomme aussi *dents fœtales*, mais mieux *caduques*, parce qu'elles tombent à l'époque où l'animal arrive à l'âge adulte: ce sont les incisives et les trois premières molaires. D'autres, dont le développement et la sortie sont plus tardifs, sont appelées *persistantes*. Enfin celles qui paraissent en arrière des caduques, et prennent leur place, sont dites *dents de remplacement*.

On reconnaît à chaque dent une partie libre et une autre enchâssée. La partie libre, plus généralement le *corps*, que l'on appelle aussi la *tête* ou la *couronne* (1), se trouve circonscrite à sa base par la

_____

(1) Ces dénominations ne peuvent pas s'appliquer aux dents des

gencive; elle est blanche, émaillée, diffère de forme, de grandeur et même de couleur, suivant l'espèce de dents et selon les diverses époques de la vie.

La partie *enchâssée* ou la *racine*, extrémité par laquelle la dent prend de l'accroissement, offre des différences remarquables et relatives, tant à l'espèce de dents qu'aux divers états de la vie. Cette portion dentaire devient successivement libre, soit en raison de la pousse de la dent hors des maxillaires, soit parce que la gencive et le bord alvéolaire s'usent, se dépriment et la découvrent (1).

De l'hyoïde.

On doit comprendre sous la dénomination d'os hyoïde un assemblage de plusieurs pièces osseuses, articulées les unes à la suite des autres; l'une de ces pièces, inférieure et impaire, constitue le corps ou partie moyenne, les quatre autres forment les branches ou parties latérales.

Le *corps*, première pièce hyoïdienne, embrasse le cartilage thyroïde, donne attache aux fibres musculaires de la base de la langue, soutient les petites branches et s'articule avec elles.

On distingue au corps de l'hyoïde, 1° un prolongement antérieur appelé *appendice*, qui représente en quelque sorte un manche de fourche et se prolonge dans la substance musculeuse de la langue;

monodactyles, à cause de leur grande usure, de leur accroissement et de leur pousse continuelle hors des alvéoles.

(1) Pour de plus longs détails, voyez le *Traité de l'âge du cheval;* troisième édition, 1834.

2° deux branches postérieures et latérales, que l'on nomme *cornes*, fixées au bord supérieur du cartilage thyroïde. Vers la base de chaque corne et sur le bord supérieur, se trouve une petite éminence diarthrodiale, condyloïde et destinée à l'articulation avec la petite branche.

Les *branches* (1) au nombre de quatre, dont deux droites et deux gauches, se divisent en deux grandes ou supérieures, et deux petites ou inférieures. Chaque grande branche constitue un os aplati et allongé, dans lequel on reconnaît (*a*) deux faces lisses et polies; (*b*) deux extrémités, l'une supérieure, attachée au prolongement hyoïdien du temporal par le moyen d'un fibro-cartilage flexible; l'extrémité inférieure est de même fixée à la petite branche par un autre fibro-cartilage, dans le centre duquel se forme souvent un noyau d'ossification; (*c*) deux bords, l'un antérieur et l'autre postérieur; celui-ci offre à sa partie supérieure une tubérosité qui sert de guide dans l'opération de l'hyovertébrotomie, et fournit une crête prolongée jusqu'au bout du fibro-cartilage supérieur : le tout est destiné à l'attache des muscles stylo-hyoïdien et grand kératohyoïdien.

La petite branche, courte et cylindroïde, forme avec le corps une articulation par genou, et donne attache à diverses productions musculaires.

PARTICULARITÉS. Dans le jeune âge, le corps de

---

(1) Ces parties se nomment, d'après les Grecs, les *kératoïdes*, d'où dérivent les dénominations de kératoglosse, etc.

l'hyoïde est formé de trois pièces, et les petites branches ont aussi des épiphyses.

Différences. *Didactyles*. Quatre petites branches, dont deux droites et deux gauches; l'appendice du corps hyoïdien est court et représente un long mamelon.

Dans le *chien* et le *chat*, les fibro-cartilages d'union des petites branches avec les grandes, et de celles-ci avec le prolongement hyoïdien du temporal, ont beaucoup de longueur et sont très-flexibles. Le corps de l'os ne porte pas d'appendice antérieur, comme dans le cheval.

§ VI. *Os du bassin.*

Le bassin concourt à la formation de l'abdomen, et se compose de quatre principaux os, le *sacrum*, le *coccyx* et les deux *coxaux*.

Du sacrum.

Cet os impair, aplati de dessus en dessous et d'une figure triangulaire, est situé à la partie supérieure du bassin entre les deux coxaux, se continue antérieurement avec le rachis, et postérieurement avec la queue ou le *coccyx*; il porte intérieurement un conduit qui règne dans toute sa longueur, et forme la continuité du canal rachidien.

Sa *face supérieure*, hérissée d'éminences et garnie de trous, offre sur la ligne médiane quatre à cinq apophyses, écartées les unes des autres et terminées chacune par une tête raboteuse. Ces apophyses, dont les antérieures sont les plus longues, constituent l'*épine sus-sacrée*. De chaque côté et près de la base de cette épine, on remarque une série de trous appelés sus-sacrés.

Sa *face inférieure*, très-légèrement concave d'avant en arrière, forme les parois supérieures de la cavité pelvienne, et laisse voir sur ses côtés les trous sous-sacrés, plus grands que les supérieurs, et distingués en six droits et en six gauches.

Son *extrémité antérieure*, beaucoup plus grosse que la postérieure, forme deux branches latérales, et offre, 1° dans le milieu, une surface articulaire qui s'unit avec le corps de la dernière vertèbre lombaire ; sur les côtés de cette face articulaire on voit deux échancrures pour la formation des deux premiers trous sacrés, tant supérieurs qu'inférieurs ; et au-dessus des échancrures, se remarquent deux éminences articulaires qui correspondent aux apophyses du même nom et ont les mêmes usages que dans les vertèbres. 2° Chaque branche trifasciée présente deux faces articulaires, dont une antérieure, diarthrodiale, s'unit avec l'apophyse transverse de la dernière vertèbre des lombes ; l'autre, postérieure et supérieure, s'articule avec le coxal.

L'extrémité postérieure, amincie et allongée, s'articule avec le premier os coccygien.

Chaque *bord latéral*, épais et tubéreux, laisse voir deux crêtes, l'une supérieure, l'autre inférieure, et elle donne implantation à plusieurs des muscles sacro-coccygiens.

Le *canal sacré*, triangulaire, diminue progressivement jusqu'à la queue, offre sur ses côtés la double rangée des trous, distingués en supérieurs et en inférieurs ou sous-sacrés.

CONNEXIONS. Elles sont serrées, ligamento-cartila-gineuses, et ont lieu par cinq points de contact avec la dernière vertèbre des lombes, et avec le coxal par la surface supérieure des apophyses transverses. Il faut aussi observer que le ligament sus-épineux de la région dorso-lombaire se continue sur le sommet de toutes les apophyses épineuses du sacrum et se confond avec les fibres tendineuses des muscles cir-convoisins.

PARTICULARITÉS. Dans les jeunes sujets, le sacrum se compose de quatre petites vertèbres, qui finissent par se souder ensemble. Dans l'âge un peu avancé, le premier os coccygien concourt à la formation du sacrum et se réunit avec lui.

DIFFÉRENCES. Le sacrum du bœuf, généralement plus grand, a une configuration particulière; il est courbé en contre-haut; les apophyses de l'épine sus-sacrée sont réunies à leur sommet par un bord épais, tubéreux, et elles sont arrondies sur les côtés. Les deux branches antérieures, plus grosses, plus éva-sées, mais moins longues que dans le sacrum du cheval, ne s'articulent pas avec la dernière vertèbre lombaire. La crête inférieure du bord latéral est longue et prolongée en bas.

Dans les *tétradactyles,* le sacrum diffère princi-palement par l'épine sus-sacrée, peu élevée et ne formant qu'une crête raboteuse.

Du coccyx.

Le coccyx, ou plus généralement la queue, comprend un assemblage de quatorze à dix-huit petits os tubéreux, articulés les uns à la suite des autres, et dont le premier tient au sacrum, avec lequel il fait continuité au moyen d'un fibro-cartilage d'implantation. Cette série de pièces osseuses forme la base de la queue, offre des points multipliés d'implantation aux muscles coccygiens, et termine le canal rachidien (1).

Ces os, appelés coccygiens et désignés par le nom collectif de coccyx, sont des vertèbres dégénérées et réunies entre elles par un fibro-cartilage épais, flexible, lamelleux dans le centre, fibreux à la circonférence ; ils diminuent progressivement de volume, et même de dureté, à compter du premier jusqu'au dernier. Les deux à trois premiers ont un trou vertébral pour la terminaison du canal rachidien, et les suivants portent une échancrure en place du trou vertébral. Ainsi qu'il a été dit précédemment, le premier coccygien finit par se réunir avec le sacrum, et il concourt alors à sa formation.

Le mode d'articulation de ces os, qui a lieu au moyen d'un fibro-cartilage intermédiaire et sans aucun point de contact immédiat, explique pourquoi

______

(1) Le nombre des os de la queue est variable non-seulement dans les différents genres d'animaux, mais dans les individus du même genre et de la même race ; j'en ai compté jusqu'à vingt et un dans un cheval, tandis que le nombre ordinaire n'est que de quatorze à quinze.

les mouvements de la queue sont si libres, si variés et si étendus (1).

Du coxal.

Le coxal, le plus grand des os aplatis, est recourbé sur lui-même en deux sens différents, et se trouve rétréci dans son milieu; il présente en dehors et dans le milieu de sa grande convexité une cavité articulaire diarthrodiale qui sert de point d'appui à l'os de la cuisse. Le coxal forme du côté externe la base de la hanche, le sommet de la croupe et l'angle de la fesse, et du côté interne les parois tant latérales qu'inférieures de la cavité pelvienne : on doit y distinguer trois régions ou portions, dont une, supérieure et antérieure, est appelée l'ilium ou la région iliale; l'autre, inférieure et antérieure, est dite le pubis ou la région pubienne ; la troisième, postérieure, qu'on appelle ischiale ou l'ischium.

1° L'*ilium*, première région, triangulaire et bifasciée, comprend la partie antérieure et supérieure du coxal, s'étend jusqu'au niveau de la cavité cotyloïde qu'il concourt à former.

Sa *face externe*, concave d'un côté à l'autre, forme une grande fosse appelée *iliale*, parsemée de légères empreintes musculaires, et destinée à l'attache du muscle grand ilio-trokantérien. La face interne, convexe, et dite surface *iliaque*, forme l'entrée de la cavité pelvienne, et présente (*a*) une

(1) Ces cartilages d'interposition sont exposés aux fractures que l'on attribue communément et à tort aux os, qui se trouvent à l'abri de ces sortes d'accidents par cela même qu'ils sont courts.

surface articulaire, tuberculée et transversale ; (*b*) diverses empreintes où s'attache le muscle iliaco-trokantinien ; (*c*) plusieurs scissures, dont les plus grandes résident près de l'angle cotyloïdien.

Le *bord lombaire* offre une lèvre épaisse, raboteuse, qui subsiste longtemps à l'état d'épiphyse, et à laquelle s'attache le muscle grand ilio-spinal. Le bord ischiatique, supérieur, interne et concave, donne implantation au ligament sacro-ischiatique. Le bord iliaque ou inférieur laisse voir quelques scissures et un grand trou nourricier, dont la direction est de haut en bas.

L'*angle antérieur*, externe et en même temps inférieur, constitue une grosse tubérosité, qui offre quatre éminences, dont deux antérieures et deux postérieures, et il forme l'angle ou le sommet de la hanche. L'angle interne et supérieur, plus petit et contourné en haut, constitue une protubérance raboteuse, convexe d'avant en arrière, et servant de base au sommet de la croupe.

L'angle postérieur, gros et prismatique, établit la réunion de l'ilium avec l'ischium et le pubis, concourt à former la cavité cotyloïde : on y remarque 1° une crête oblongue, *sus-cotyloïdienne*, prolongée antérieurement sur le bord ischiatique, et pourvue, sur sa face externe, de diverses empreintes musculaires pour l'attaque du muscle ilio-trokantérien ; 2° en avant de la cavité cotyloïde deux fortes empreintes, dont une supérieure et l'autre inférieure, pour l'attache du tendon bifurqué du muscle ilio-rotulien.

2° Le *pubis*, deuxième portion du coxal, la plus petite et de figure triangulaire, forme la partie inférieure et antérieure du bassin.

Sa *face externe,* un peu convexe, est garnie d'empreintes destinées à divers muscles ; tandis que l'interne, lisse et légèrement concave, soutient la vessie lorsqu'elle se trouve dans un état moyen de plénitude.

Le *bord antérieur* ou *abdominal* est garni de plusieurs tubérosités pour l'implantation des muscles de l'abdomen, et offre, du côté de la face externe, une gouttière profonde, sorte de coulisse qui s'étend jusque dans l'excavation de la cavité cotyloïde et donne passage à un gros ligament.

Le *bord postérieur* forme une grande échancrure semi-lunaire, qui, jointe à une pareille échancrure de l'ischium, compose l'ouverture ovalaire nommée *sous-pubienne.*

Le *bord interne* s'articule avec le pubis opposé, au moyen d'un cartilage, qui s'ossifie dans l'âge adulte et constitue la symphyse pubienne.

L'*angle interne* ne présente rien de remarquable ; tandis que l'externe, le plus long des trois, concourt à la formation de la cavité cotyloïde, où il se réunit avec les deux autres portions ; l'*angle postérieur* se continue avec l'angle antérieur et interne de l'ischium.

3° L'*ischium* termine le coxal, forme le fond de la cavité pelvienne et constitue l'angle de la fesse.

Sa *face externe,* un peu convexe, est parsemée d'empreintes musculaires ; tandis que l'interne, lisse et concave d'un côté à l'autre, concourt à la formation des parois inférieures de la cavité pelvienne.

Le *bord antérieur* échancré sert à compléter l'ouverture sous-pubienne, et laisse voir un grand trou nourricier, dirigé de bas en haut; sur le *bord postérieur*, très-épais et tubéreux, on remarque la crête *ischiale*, qui donne attache à diverses productions musculaires et aux racines du pénis ou du clitoris; le bord latéral externe, arrondi, présente une concavité; le bord interne s'articule avec l'ischium opposé, et concourt à la formation de la symphyse pubienne.

L'*angle antérieur* et externe, le plus gros et le plus long, se prolonge jusque dans le milieu de la cavité cotyloïde, où il se réunit avec l'ilium et le pubis; il concourt à la formation de cette cavité articulaire, ainsi que de la crête sus-cotyloïdienne, et offre diverses empreintes musculaires. L'angle antérieur, interne et court, se réunit avec l'angle postérieur du pubis.

Parmi les deux *angles postérieurs*, l'externe présente une grosse éminence raboteuse, oblongue et transversale, que l'on nomme *tuberosité ischiale;* cette tubérosité fait continuité du côté interne avec la crête ischiale, et fournit, du côté externe, une crête allongée, dite *épine ischiale.*

Connexions. Elles ont lieu avec le sacrum, avec le coxal opposé et avec le fémur. L'articulation sacro-iliale dépend de la jonction de deux surfaces irrégulières et rugueuses, dont une, supérieure, appartient à l'ilium et l'autre inférieure dépend du sacrum. Cette articulation complexe présente dans le milieu deux surfaces diarthrodiales oblongues, appliquées l'une sur l'autre et entourées d'une synoviale, qui ne renferme qu'une très-petite quantité de liqueur. La capsule articulaire est dérobée par une multitude de faisceaux fibreux, dont les uns, externes et de couleur argentine, sont très-forts, surtout du côté de l'angle antérieur externe de l'ilium, où ils offrent une plus grande longueur que partout ailleurs : ces premiers faisceaux ligamenteux dérobent et cachent d'autres faisceaux plus courts et implantés entre les deux surfaces articulaires; ces derniers, d'un blanc laiteux, laissent entre eux divers intervalles occupés par du tissu adipeux. Tous ces faisceaux établissent une véritable continuité des os, et ils affermissent d'une manière spéciale leur articulation, dont les mouvements, quoique très-bornés, sont très-fréquents et nécessaires pour que les membres postérieurs puissent chasser le corps en avant.

L'articulation des coxaux l'un avec l'autre, communément la *symphyse du bassin* ou *symphyse ischio-pubienne*, dépend d'un cartilage qui passe promptement à l'état osseux, et produit, bien avant l'âge adulte, la soudure plus ou moins complète des deux os.

Outre les deux articulations précédentes, le coxal est attaché au sacrum par un fort ligament *iliosacré*, qui ressemble à un gros tendon, provient de l'angle antérieur-interne de l'ilium, d'où il se porte en arrière et va s'insérer à l'épine sus-sacrée.

On doit encore comprendre dans l'appareil ligamenteux des os du bassin une expansion membra-

neuse, qui termine de chaque côté les parois latérales de la cavité pelvienne, et porte le nom de
ligament *sacro-ischiatique*. Cette large production,
composée de fibres blanches qui ont des directions
différentes, s'implante en haut au bord latéral du
sacrum et inférieurement à l'échancrure ischiatique,
ainsi qu'à la crête sus-cotyloïdienne; elle est percée
de plusieurs ouvertures qui livrent passage à des
vaisseaux et à des nerfs, et elle est en rapport, par
sa face externe, avec le muscle grand ilio-trokantérien, et par sa face interne avec la vessie et le rectum.

Considérations générales. Dans le fœtus, le coxal
est très-petit et formé de trois pièces qui sont séparées par des cartilages d'ossification et qui correspondent à chacune des trois régions que nous avons distinguées dans cet os. Après la naissance, ces pièces
osseuses prennent beaucoup de développement, ne
tardent pas à se réunir, et parviennent, en peu d'années, au degré d'accroissement qui leur est départi
dans l'ordre de l'organisation animale.

Le coxal n'éprouve, par l'effet de l'âge, nulle altération bien marquée; ainsi que nous l'avons déjà
fait observer, la symphyse ischio-pubienne se soude
pendant l'âge adulte, même dans les juments pouli-
nières; dans ces dernières, la surface pelvienne des
pubis forme une excavation particulière, et cette
cavité augmente par le renouvellement des gesta-
tions.

Il nous reste à examiner d'une manière particulière la *cavité cotyloïde* et l'*ouverture sous-pubienne*.

Grande, profonde et incrustée d'un cartilage diarthrodial, la cavité cotyloïde constitue une ouverture
tournée en bas et en dehors, dont le bord élevé est
garni d'une lèvre épaisse fibro-cartilagineuse; du
côté interne de cette cavité articulaire, on voit une
échancrure profonde, close inférieurement par le
bourrelet *cotyloïdien*, de manière qu'il ne reste
qu'un trou supérieur dans lequel passe le ligament
pubio-fémoral. Dans le fond de la même cavité se
trouve une fosse raboteuse destinée à donner attache au ligament coxo-fémoral; et du fond de cette
excavation partent deux dépressions longitudinales,
sortes de gouttières dont une se dirige vers l'ouverture sous-pubienne, et l'autre règne à la face inférieure du bord abdominal du pubis.

L'ouverture sous-pubienne, très-évasée et ovalaire,
est disposée sur un plan oblique : l'une de ses extrémités correspond à la cavité cotyloïde, et l'autre au
milieu de la symphyse ischio-pubienne; ses bords
sont pourvus de quelques empreintes musculaires.

DIFFÉRENCES. Dans le *bœuf*, le coxal est généralement plus large et plus étendu que dans le cheval.
La symphyse pubienne se soude beaucoup plus tard;
elle subsiste très-longtemps dans les vaches qui
font veaux, et elle ne disparaît que rarement dans
les brebis portières. Sur le côté externe de cette
même symphyse et près de l'arcade ischiale, se rencontre une grosse tubérosité oblongue et terminée
par une crête raboteuse.

La cavité cotyloïde, généralement moins grande,
a ses bords déprimés, comme refoulés en dehors;

la crête sus-cotyloïdienne est beaucoup plus élevée, et se termine par un bord très-mince ; les ouvertures sous-pubiennes sont aussi beaucoup plus évasées ; la tubérosité ischiale est divisée en trois angles, et les crêtes du même nom laissent entre elles un intervalle triangulaire.

Dans la bête à laine, le coxal, moins développé que celui du bœuf, se distingue principalement par une éminence qui règne dans la longueur de la face externe de l'ilium et partage la fosse iliale en deux parties égales.

Le coxal du *porc* possède, comme celui du mouton, une éminence qui divise la fosse iliale ; la crête lombaire forme une convexité transversale.

Le coxal du *chien* se reconnaît par la fosse iliale, profonde, située dans le milieu de l'os, et circonscrite tant supérieurement que latéralement par des bords saillants. Le coxal du *chat* se distingue de celui du chien par le manque de fosse iliale.

§ VII. *Os des membres.*

Des membres postérieurs ou abdominaux.

Chaque membre postérieur est divisé par des jointures en quatre rayons ou parties principales, la *hanche*, la *cuisse*, la *jambe* et le *pied*.

1° La hanche.

Ce premier rayon est formé par une grande partie de la surface externe de l'ilium, qui concourt à la formation du coxal, et dont nous avons donné la description à l'article des *os du bassin*.

2° De la cuisse.

Cette deuxième partie, située entre la hanche et la jambe, a pour base un seul os appelé le *fémur*.

Du fémur.

Le fémur, grand os long, cylindroïde, le plus fort et le plus lourd de tous les os du corps, est pourvu de grosses éminences à ses extrémités, et tient une direction un peu oblique de haut en bas et d'arrière en avant.

Le *corps*, presque cylindrique, présente diverses empreintes musculaires, plus élevées et plus nombreuses sur la face postérieure. Du côté externe et proche de l'extrémité supérieure, on remarque une éminence longitudinale, qui fait partie du trokanter et offre, dans son milieu, une grosse tubérosité courbée en avant. Vers l'extrémité inférieure et à la face postérieure, on voit (*a*) une large fosse dont le fond et les bords sont raboteux, et qui sert à l'implantation des muscles fémoro-calcanien et fémoro-phalangien ; (*b*) au-dessus de la fosse, un grand trou nourricier, dirigé obliquement de bas en haut dans l'épaisseur de l'os.

L'*extrémité supérieure* s'articule avec le coxal par genou, et donne implantation aux muscles qui font tourner la cuisse sur son axe ; on y distingue trois éminences, une *tête* et deux tubérosités, dont une externe, appelée *trokanter*, et une interne, nommée *trokantin*. 1° La tête, destinée à s'articuler avec le coxal, est interne, grosse et incrustée d'une lame cartilagineuse; elle présente du côté interne une petite fosse raboteuse pour l'implantation de divers ligaments qui servent à fixer le fémur au bassin; 2° le trokanter, très-grosse éminence raboteuse et étendue, offre un sommet, une convexité, une fosse et une crête sous-trokantérienne; 3° le trokantin, situé du côté interne et en bas de la tête, est une tubérosité raboteuse, oblongue et peu élevée.

L'extrémité inférieure, par laquelle le fémur s'appuie sur le tibia et lui transmet le poids du bassin, présente trois grosses éminences articulaires, incrustées de cartilages diarthrodiaux, et divisées en une antérieure et en deux postérieures ou condyles. La surface articulaire de l'éminence antérieure produit une poulie dont la gorge offre deux bords inégaux (1), et elle s'articule avec la rotule.

Les deux condyles, distingués en interne et en externe, sont séparés l'un de l'autre par une fosse profonde, raboteuse, dans laquelle s'attachent les ligaments qui fixent le tibia avec le fémur. Le pourtour de ces trois éminences articulaires est tubéreux, donne implantation à des muscles et à des ligaments. A la base du condyle externe et tout près de la surface rotulienne, on remarque une excavation raboteuse, dans laquelle s'attache le tendon commun des muscles fémoro-préphalangien et tibio-prémétatarsien. Au-dessus du condyle externe, se voit une crête raboteuse appelée *épicondylienne*.

(1) Le bord interne est relevé par une grosse éminence, qui empêche la luxation de la rotule en dedans.

Connexions. Le fémur s'articule par genou avec le coxal, au moyen de sa tête, reçue dans la cavité cotyloïde de l'os de la hanche. Cette articulation fémoro-coxale est affermie par deux principaux ligaments interarticulaires, le *coxo-fémoral* et le *pubio-fémoral*, et elle est entourée d'une grande capsule synoviale. Cette dernière constitue une enveloppe lâche et étendue, qui est composée de deux feuillets, l'un fibreux, l'autre séreux, et se trouve fixée tant supérieurement qu'inférieurement au bord externe des marges articulaires.

Le ligament coxo-fémoral, encore appelé *ligament rond*, consiste en un gros faisceau très-court, élargi à ses extrémités, fixé d'une part dans l'excavation de la cavité cotyloïde, et de l'autre dans la cavité raboteuse que porte la tête du fémur.

Le ligament pubio-fémoral, particulier aux monodactyles et beaucoup plus long que le précédent, occupe la fosse située à la face inférieure du bord abdominal du pubis. Ce gros faisceau ligamenteux semble être une continuité des fibres d'insertion des muscles abdominaux; il pénètre dans la cavité cotyloïde à la faveur du trou de son échancrure, se dirige en bas, et va s'insérer dans l'excavation de la tête du fémur.

Particularités. Les extrémités du fémur présentent plusieurs épiphyses dont la soudure est ordinairement précoce; cet os éprouve, dans la vieillesse, différentes altérations, et son corps se déprime d'une manière sensible.

Différences. La longueur du fémur étant toujours en raison inverse de celle du pied, le chat est, de tous les quadrupèdes domestiques, celui dont le fémur a plus de longueur (1).

Dans les *didactyles*, l'os de la cuisse présente plusieurs différences. Ainsi le sommet du trokanter constitue une très-grosse tubérosité; la fosse trokantérienne est plus profonde; la crête du même nom se trouve remplacée par deux petites éminences; la tubérosité externe du corps du fémur manque, attendu qu'il n'y a pas de muscle moyen iliotrokantérien, remplacé par la pointe pyramidale du muscle ischio-tibial externe. La crête située au-dessus du condyle interne paraît plus prononcée que dans le fémur des monodactyles.

Le fémur du *chien* et du *chat* est courbé en avant, suivant sa longueur; en place de la fosse raboteuse qui devrait exister à la partie inférieure et postérieure du corps de l'os, on observe une petite tubérosité placée près des condyles.

Dans le fémur des *tétradactyles*, on rencontre communément, au-dessus et en arrière de chaque condyle, un petit osselet surnuméraire, qui, en raison de sa situation sous les tendons et les ligaments, peut être considéré comme un véritable sésamoïde.

3° De la jambe.

Cette troisième partie, bornée supérieurement

---

(1) En établissant ces différences, on doit toujours rapporter la grandeur du fémur aux deux principales dimensions, la *longueur* et la *hauteur* du corps.

par la cuisse et inférieurement par le jarret, comprend trois os, le tibia, le péroné et la rotule.

Du tibia.

Le tibia est un grand os, prismatique, le plus gros et le plus long des os de la jambe, dont il forme la base; incliné plus obliquement que le fémur et en sens opposé, il tient une direction de haut en bas et d'avant en arrière. Sa division présente un corps et deux extrémités, dont une supérieure et l'autre inférieure.

La face antérieure et externe du *corps* est lisse et recouverte par le muscle tibio-prémétatarsien; l'antérieure et interne, moins large, offre quelques empreintes musculaires. La face postérieure, aplatie et garnie d'empreintes musculaires, laisse voir supérieurement un trou nourricier, dirigé de haut en bas. Ces trois faces sont séparées entre elles par des bords raboteux, dont l'antérieur forme la partie inférieure de la crête tibiale.

L'extrémité supérieure ou *fémorale*, beaucoup plus grosse que l'inférieure, offre deux surfaces diarthrodiales, ovalaires et séparées l'une de l'autre par une éminence : ces surfaces, dont l'interne est un peu concave, correspondent aux condyles du fémur, avec lesquels elles s'articulent au moyen des fibro-cartilages interarticulaires. L'éminence intermédiaire porte dans son milieu une excavation raboteuse, et un peu plus en arrière, une autre fosse à surface inégale; antérieurement et de chaque côté de la même éminence intermédiaire, on voit une petite cavité raboteuse, destinée à l'implantation des fibro-cartilages interarticulaires. A la circonférence de l'extrémité fémorale, on distingue trois éminences, dont une antérieure, une externe et la dernière interne. La première, la plus grosse, représente une pyramide renversée, offre dans son milieu une fosse raboteuse et se prolonge inférieurement par une crête dite *tibiale*; celle-ci descend obliquement de dehors en dedans, et se réunit au bord âpre, qui sépare les deux faces antérieures du corps de l'os.

La tubérosité latérale externe donne attache au ligament latéral externe de l'articulation, et présente une excavation, dans laquelle est fixée la tête du péroné.

La tubérosité interne, moins élevée, mais plus étendue que l'externe, donne attache au ligament latéral interne; un peu en bas de cette tubérosité, on voit une scissure qui concourt à la formation de l'arcade tibiale.

La tubérosité antérieure est séparée de l'externe par une grande coulisse, dans laquelle passe le tendon du muscle fémoro-préphalangien.

L'*extrémité inférieure* du tibia s'articule avec l'astragale, et présente dans le milieu une surface articulaire diarthrodiale, et de chaque côté une tubérosité. La surface articulaire constitue une double troklée, qui s'emboîte avec la poulie du jarret, et dont le bord intermédiaire porte une petite excavation raboteuse pour contenir la synovie.

La tubérosité latérale externe, moins grosse que l'interne, est divisée par une coulisse; la tubérosité interne offre, en arrière, une petite coulisse pour le passage du muscle péronéo-phalangien; antérieurement, elle porte une protubérance arrondie qui devient parfois très-développée, et constitue la tumeur que l'on appelle communément la *courbe*.

CONNEXIONS. Elles ont lieu de diverses manières avec le péroné, la rotule, le fémur et le premier des os tarsiens.

Nous ne décrirons ici que l'articulation *tibio-fémorale*, parce qu'elle est le centre des mouvements du tibia, qui se fléchit en arrière et opère son extension en avant sur le fémur. Cette articulation, la plus compliquée de toutes, résulte de l'adaptation de quatre éminences, unies deux à deux et fixées par un appareil ligamenteux extrêmement fort. Cet appareil se compose de capsules synoviales, de deux ligaments latéraux, de deux ligaments interarticulaires croisés, et deux fibro-cartilages interarticulaires ou ménisques.

Les *capsules synoviales,* séparées dans le milieu de l'articulation par les ligaments croisés, forment deux sacs latéraux et isolés l'un de l'autre. Chacun de ces sacs se trouve divisé par le fibro-cartilage interarticulaire en deux cavités, placées l'une au-dessus de l'autre, et communiquant ensemble par l'ouverture du même fibro-cartilage. La séreuse de la capsule se déploie sur les surfaces articulaires des os et du fibro-cartilage; tandis que le feuillet fibreux ne dépasse pas les bords articulaires.

Les *ligaments latéraux,* dont un externe et l'autre interne, s'attachent supérieurement sur les

condyles du fémur, et inférieurement aux tubérosités interne et externe du tibia. Le ligament latéral
interne, le plus fort, se prolonge inférieurement
sur la tête du péroné, où il se confond avec le tendon du muscle péronéo-préphalangien.

Les *ligaments croisés,* situés très-profondément
entre les surfaces articulaires et maintenus dans
l'adossement des deux capsules synoviales, s'attachent supérieurement dans l'excavation profonde
qui sépare les deux condyles du fémur, et s'insèrent
inférieurement dans les cavités raboteuses, qui partagent également la surface diarthrodiale du tibia en
deux éminences ovalaires. Ces ligaments, très-gros
faisceaux composés de fibres parallèles et serrées,
se croisent en X : l'externe ou postérieur se porte
obliquement de haut en bas, d'arrière en avant, et
se propage inférieurement sur le tibia ; l'interne antérieur et plus profond tient une direction contraire
au précédent.

Les *fibro-cartilages interarticulaires* représentent deux disques orbiculaires, percés vers leur
milieu, du côté du centre de l'articulation générale.
Ces lames fibro-cartilagineuses offrent deux surfaces
diarthrodiales biconcaves, et s'amincissent graduel-
lement de la circonférence au centre, où se trouve
l'ouverture de communication de la marge supérieure avec l'inférieure ; le disque latéral externe,
un peu plus fort que l'interne, s'attache antérieurement dans la petite fosse latérale externe, située
contre l'éminence qui sépare les deux surfaces diarthrodiales ovalaires ; postérieurement, il fournit deux

branches d'insertion : l'une monte et va se rendre dans l'excavation placée entre les deux condyles du fémur ; l'autre branche prend une direction inverse et s'attache, en s'élargissant, tout près et |en bas de la surface ovalaire externe. La lame fibro-cartilagineuse interne offre aussi deux attaches principales : l'une, antérieure, a lieu dans la fossette latérale interne, qui est séparée de la fossette externe par l'éminence articulaire intermédiaire ; l'insertion postérieure de la même lame se confond avec l'attache inférieure du ligament croisé postérieur, et va dans l'excavation antérieure de la même éminence articulaire.

Particularités. Dans le très-jeune âge, le tibia offre à chacune de ses extrémités une épiphyse, qui ne tarde pas à se souder avec la partie principale de l'os.

Différences. Le tibia des quadrupèdes, que nous comparons aux monodactyles, paraît comme tordu sur lui-même, et offre deux courbures qui ont lieu dans des sens différents; cette disposition se fait surtout remarquer dans les tétradactyles. En général, le tibia semble perdre de sa force en raison directe du volume du péroné. C'est pour cette raison que les didactyles, dépourvus de péroné, ont un tibia plus gros que celui des monodactyles.

Du péroné.

Cet os, grêle, allongé et fixé en appendice sur le côté externe du tibia, ne se prolonge au jarret qu'au moyen d'un ligament. Sa *partie supérieure*, plus grosse que l'inférieure, se termine par une protubérance, sorte de tête plate, raboteuse et fixée dans l'excavation de la tubérosité externe du tibia. La partie inférieure se termine en pointe, descend jusque vers le milieu de la longueur du tibia, et se continue au moyen d'un ligament qui va s'insérer aux os tarsiens.

DIFFÉRENCES. Dans les *didactyles* le péroné est remplacé par un long ligament.

Tétradactyles. Le péroné, parfait et égal à la longueur du tibia, est plus fort dans le porc que dans le chien, où il présente des articulations particulières.

De la rotule.

Principalement destinée à augmenter l'étendue des mouvements de la jambe, la rotule forme la base du grasset : c'est un os court, très-épais, irrégulier, qui est maintenu appliqué sur la troklée de l'extrémité inférieure du fémur ; on peut y reconnaître deux surfaces : l'une externe, inégale, raboteuse, offre à sa partie supérieure une protubérance saillante, en dedans de laquelle se trouve une surface transversale, circonscrite par un rebord tubéreux ; la surface interne diarthrodiale présente deux gorges séparées par une éminence : le tout destiné à s'emboîter avec la troklée du fémur.

CONNEXIONS. La rotule s'articule par charnière imparfaite avec la poulie, que présente l'éminence antérieure de l'extrémité inférieure du fémur ; elle est maintenue appliquée sur cette surface diarthrodiale non-seulement par divers ligaments, mais encore par les tendons d'insertion des muscles fémoro-rotuliens, qui produisent l'extension de la jambe.

La *capsule synoviale* de l'articulation fémoro-rotulienne offre beaucoup d'étendue et renferme une grande quantité de synovie. Sa cavité, close de toutes parts, parait se perforer à une certaine époque ; elle communique alors avec l'une ou avec l'autre des deux capsules de l'articulation tibio-fémorale ; parfois la communication se fait en même temps avec les deux poches, et elle a lieu aux points où les lames diarthrodiales des condyles semblent se toucher avec celle de la poulie.

Les *ligaments rotuliens antérieurs* se composent de trois gros cordons un peu aplatis, d'inégale grosseur, fixés l'un à l'autre par les aponévroses des muscles auxquels ils donnent attache. Ces ligaments proviennent supérieurement de la rotule, et s'attachent inférieurement à la tubérosité antérieure et supérieure du tibia; le ligament du milieu s'insère dans la fosse raboteuse que porte cette dernière éminence.

Les *ligaments latéraux*, au nombre de deux, l'un externe et l'autre interne, sont des faisceaux aplatis, peu épais, qui s'étendent des parties latérales de la rotule au-dessus des condyles du fémur, où ils s'insèrent en passant sur la capsule synoviale qu'ils affermissent.

Différences. La rotule des *didactyles* et *tétradactyles* a la forme d'une pyramide renversée et dont la base est supérieure. La surface rotulienne, dépourvue de gorge, offre dans le milieu une éminence longitudinale, peu prononcée dans le chien et dans le chat.

4° Du pied postérieur.

Cette dernière partie du membre se subdivise, par des jointures, en trois régions secondaires, le jarret, le canon et la région digitée; celle-ci comprend elle-même le paturon, la couronne et le pied proprement dit (1).

A. Le jarret.

Cette région, formée d'une série d'os courts désignés par le nom collectif d'os *tarsiens*, est le centre des mouvements soit du canon sur la jambe ou de celle-ci sur le canon, suivant les positions et les attitudes du corps.

Des os tarsiens.

Ces os courts, au nombre de six à sept, diffèrent entre eux par leur forme, leur grosseur et leur position; on les distingue tant par les noms numériques, en les comptant d'avant en arrière et de haut en bas, que par des dénominations particulières : ainsi le premier est appelé la *poulie*, le second le *calcanéum*, le troisième et le quatrième os *plats*, et les deux ou trois derniers sont les os *irréguliers*.

1° La *poulie*, ou, plus scientifiquement, l'*astragale*, os très-irrégulier, garni d'éminences et de cavités diverses, est située à la partie supérieure et antérieure du jarret; elle s'emboite avec le tibia et présente deux sortes de surfaces, dont les unes sont diarthrodiales et les autres raboteuses. Parmi les

(1) Pour de plus amples détails, voyez le *Traité du pied*. in-8, troisième édition, 1836.

surfaces incrustées de lames cartilagineuses, on distingue surtout la *troklée*, dont la gorge profonde s'emboîte exactement avec l'extrémité inférieure du tibia. Les autres surfaces diarthrodiales correspondent postérieurement au calcanéum et inférieurement au premier des deux os plats. Les surfaces raboteuses servent à l'implantation des ligaments latéraux ou interarticulaires. L'extrémité inférieure de la gorge de la troklée laisse voir une petite fosse raboteuse, dans laquelle s'implante le muscle tarso-préphalangien.

2° Le *calcanéum*, le plus grand des os tarsiens, occupe la partie supérieure, latérale, externe et postérieure du jarret, dont il forme l'angle, le sommet ou la pointe. Cet os, gros, épais et un peu allongé, présente deux extrémités, l'une supérieure et l'autre inférieure; deux faces distinguées en externe et en interne.

L'extrémité supérieure se termine par une grosse tubérosité, qui donne attache à divers muscles et détermine l'angle ou la pointe du jarret; l'inférieure, plus grosse et un peu échancrée, s'articule antérieurement avec la poulie et inférieurement avec le premier des os irréguliers.

La face externe ne présente rien de particulier, tandis que l'interne porte une très-grande coulisse, dans laquelle passe le muscle perforant.

3° Les deux os *plats* triangulaires et maintenus l'un au-dessus de l'autre; entre la poulie et le grand os du canon, se distinguent en supérieur et en inférieur : celui-ci ne diffère du premier qu'en ce qu'il est plus triangulaire et un peu plus petit.

4° Les os *irréguliers*, communément au nombre de deux, se divisent en externe et en interne : le premier, le plus gros, et allongé d'avant en arrière, occupe le côté externe du jarret, s'articule entre le calcanéum et le péroné externe du canon; le deuxième, parfois divisé en deux, occupe le côté interne de la face postérieure du jarret, s'articule avec les deux os plats et avec le péroné interne du canon.

Connexions. Tous les os tarsiens, joints tant entre eux qu'avec le tibia et les os du canon, composent une articulation de charnière très-compliquée, dont les mouvements très-fréquents se bornent à l'extension et à la flexion. Cette articulation est pourvue de plusieurs capsules synoviales, et de ligaments distingués en latéraux, postérieurs et interosseux.

Les *capsules synoviales* sont au nombre de quatre principales; l'une supérieure, *tibio-tarsienne*, entoure l'articulation du tibia avec l'astragale, et devient commune à la facette diarthrodiale, postérieure et supérieure du dernier de ces os. Les trois autres capsules forment des cavités transversales, placées de champ l'une au-dessus de l'autre et séparées par les deux os plats; le premier, de même que le supérieur de ces trois réservoirs, se propage en arrière et en haut, entre les facettes diarthrodiales inférieures de l'astragale et du calcanéum.

Dans les vieux sujets, la capsule tibio-tarsienne offre une ouverture de communication avec la capsule transversale supérieure; et cette perforation se fait toujours remarquer vers la partie inférieure de la gorge de la poulie, tout à côté du muscle tarso-préphalangien grêle.

Les *ligaments latéraux*, au nombre de deux de chaque côté du jarret, constituent deux gros faisceaux cylindroïdes et situés l'un par-dessus l'autre; le plus externe, beaucoup plus long, provient supérieurement de l'extrémité inférieure du tibia, et produit inférieurement un épanouissement, sorte d'enveloppe fibreuse, épaisse, qui occupe toute la partie latérale et inférieure du jarret, et va s'attacher aux os du canon. Le ligament profond ou interne, court et dérobé par le précédent, semble comme tordu sur lui-même et tient une direction oblique de haut en bas et d'avant en arrière; celui qui se trouve au côté externe du jarret s'attache d'une part au tibia, et inférieurement à l'astragale. Le ligament opposé à ce dernier s'implante en haut au tibia, et fournit inférieurement deux branches, dont l'une s'insère à la face interne de la poulie, et l'autre à la protubérance interne et inférieure du calcanéum.

Le *ligament postérieur* se présente sous l'aspect d'une large couche fibreuse, dense, très-épaisse, qui se fait remarquer à la face postérieure du jarret, en bas de la coulisse du calcanéum, et concourt à la formation de l'arcade calcanéenne. Par son étendue et ses points multipliés d'implantation aux os du canon et à tous les os du jarret, à l'exception de l'astragale, cette production ligamenteuse fortifie puissamment l'articulation tarsienne.

Les *ligaments interosseux* forment une série de faisceaux courts, plus ou moins nombreux et distincts, situés dans l'intérieur même de l'articulation et destinés à fixer les os auxquels ils s'attachent. Tous ces faisceaux, plus ou moins profonds, sont recouverts par les expansions fibreuses, provenant des ligaments latéraux superficiels, ainsi que du ligament postérieur.

DIFFÉRENCES. Considérés dans tous les quadrupèdes domestiques, les os tarsiens présentent des différences assez sensibles. Le calcanéum des *didactyles* est généralement moins gros et plus long. L'astragale porte trois troklées, dont deux principales, distinguées en supérieure ou antérieure, et en inférieure ou postérieure. La troisième, dont la gorge est superficielle, s'articule avec le calcanéum. Le premier des deux os plats, beaucoup plus grand que l'autre, forme une rangée et demie, tandis que le second ne fait que compléter la partie interne de la deuxième rangée; les os irréguliers sont le plus ordinairement au nombre de trois, dont un, supérieur et le plus gros, est situé au côté externe du jarret, et se trouve enclavé entre le tibia et le calcanéum. Les autres os irréguliers, pisiformes et au nombre de deux à trois, occupent la face postérieure du jarret; l'un d'eux, toujours appliqué contre l'os principal du canon, se trouve hors de rang.

B. Le Canon.

Cette dernière région, la plus longue, correspond au métatarse de l'homme, comprend trois os désignés par le nom collectif de *métatarsiens*, et distingués en *métatarsien* proprement dit et deux *péronés*.

Des os du canon.

1° Le *métatarsien* principal (et plus communément l'*os du canon*) détermine la longueur du canon et en forme la base; c'est un os long, cylindrique, très-compacte, articulé supérieurement avec le jarret, et inférieurement avec le paturon.

La surface antérieure du *corps* est lisse et arrondie d'un côté à l'autre; la postérieure, légèrement déprimée, offre supérieurement un grand trou nourricier dirigé du haut en bas dans l'épaisseur de l'os; sur ses côtés, on voit deux sortes d'arêtes ou surfaces raboteuses et longitudinales, qui n'occupent que la moitié supérieure de l'os et s'articulent avec les péronés.

L'*extrémité supérieure* ou *tarsienne* présente une surface diarthrodiale presque plane, interrompue dans son milieu par une dépression raboteuse, et cette extrémité s'articule avec le second des os plats du jarret. Sa partie antérieure laisse voir une tubérosité, qui est située plus du côté interne et sert de point d'insertion au muscle fléchisseur du canon. Sur les côtés de la face postérieure de cette même extrémité, on remarque des facettes diarthrodiales pour l'articulation des péronés.

L'*extrémité inférieure* laisse apercevoir une grande surface articulaire, convexe d'avant en arrière, et partagée dans le milieu par une éminence en deux condyles, l'un interne et l'autre externe. Chacun de ces condyles porte en dehors une fosse raboteuse, dans laquelle s'attachent les ligaments latéraux.

2° Les *péronés* sont deux os allongés, pyramidaux, placés en appendices aux côtés de la face postérieure de l'os principal du canon, et distingués en externe et en interne. Ces deux os ne diffèrent entre eux qu'en ce que l'externe est communément le plus gros ; ils n'ont qu'environ les deux tiers ou les trois quarts de la longueur totale du canon, et sont conséquemment des tarsiens imparfaits.

On reconnaît à chaque péroné deux parties, l'une supérieure, beaucoup plus grosse, se termine par une éminence, communément la *tête* du péroné, et celle-ci est pourvue de facettes articulaires tant supérieures que latérales internes, pour l'articulation avec les os du jarret et le grand métatarsien.

La partie inférieure, grêle, puisque l'os va en diminuant de haut en bas, se termine par une petite tubérosité arrondie, un peu courbée en dehors et appelée le *bouton du péroné*.

Dans l'animal avancé en âge, les péronés se soudent assez souvent avec l'os principal du canon, mais leur partie inférieure reste toujours détachée.

Les trois métatarsiens s'articulent supérieurement entre eux et avec les os du jarret ; l'os principal se joint par charnière avec les os du paturon, qui sont le premier phalangien et les deux grands sésamoïd-

Les articulations supérieures sont affermies par les

ligaments du jarret, que nous avons déjà fait connaître; et les capsules synoviales de cette région leur
sont également communes.

Le canon des *didactyles* n'est composé que d'un
seul métatarsien, différent de celui des monodactyles en ce qu'il se trouve séparé par un sillon longitudinal en deux parties égales; ce sillon indique
la division primitive du métatarsien du très-jeune
animal en deux os parfaitement distincts, ayant chacun un canal médullaire et n'étant réunis que par
un cartilage d'ossification.

L'os du canon des didactyles est encore remarquable par son extrémité inférieure, dont la surface
diarthrodiale est divisée par une excavation profonde
en deux parties symétriques, une pour chaque phalangien du paturon.

Le canon des *tétradactyles* comprend quatre métatarsiens parfaits, dont deux latéraux et deux mitoyens; dans le porc, ces derniers sont beaucoup
plus grands que les premiers, qui constituent en
quelque sorte deux appendices placés aux parties
latérales et postérieures.

C. Le paturon.

Cette première partie de la région digitée comprend trois os, dont un principal est le premier
phalangien, et les deux autres sont les grands sésamoïdes.

De l'os du paturon.

1° Le premier *phalangien*, ou plus communément l'*os du paturon*, est un os court et allongé, très-compacte, un peu aplati d'avant en arrière et plus gros supérieurement qu'inférieurement.

La face antérieure de son corps est convexe d'un côté à l'autre : la postérieure, inégalement plate, offre supérieurement une surface triangulaire raboteuse, donnant attache à un fort ligament qui va s'insérer à l'os de la couronne.

L'extrémité supérieure présente une surface diarthrodiale, très-concave d'avant en arrière, dont la gorge mitoyenne est la plus étroite et la plus profonde; sur les côtés de la partie postérieure de cette surface articulaire, on voit deux tubérosités saillantes et destinées à l'attache des ligaments latéraux.

L'extrémité inférieure, biconvexe d'avant en arrière, offre deux condyles latéraux, séparés par une dépression et portant en dehors des empreintes ligamenteuses.

2° Les grands *sésamoïdes* sont deux os courts, trapézoïdes, fixés l'un contre l'autre sur la face postérieure de l'articulation du canon avec le paturon par de très-forts ligaments. Ces os, ainsi attachés, forment une grande coulisse, dans laquelle passent et sont maintenus les tendons des muscles fléchisseurs du pied.

Les os du paturon s'emboîtent avec l'os principal du canon et produisent une articulation de charnière parfaite; articulation dont les mouvements alternatifs d'extension et de flexion sont très-étendus; articulation qui est entourée d'une grande capsule synoviale et se trouve affermie par des ligaments très-forts.

La *capsule synoviale*, très-étendue, se prolonge, en arrière et en haut, entre la bifurcation du tendon tarso-phalangien et l'os principal du canon, et forme en cet endroit un cul-de-sac, dans lequel on rencontre quelques franges synoviales. Antérieurement cette capsule est recouverte et comprimée par les tendons des muscles extenseurs du pied.

Les *ligaments latéraux*, dont l'un est externe et l'autre interne, sont des cordons arrondis, très-forts, qui s'attachent supérieurement dans l'excavation externe du condyle de l'os principal du canon, et s'insèrent inférieurement sur les côtés du premier métatarsien, par des fibres qui s'épanouissent.

Les *ligaments sésamoïdiens* sont de plusieurs sortes : on compte 1° les fibres courtes et multipliées, qui réunissent les sésamoïdes l'un à l'autre ; 2° les brides latérales, qui fixent ces os au premier phalangien ; 3° le tendon tarso-phalangien, qui les maintient en haut et contre l'os principal du canon ; 4° enfin le ligament épais, qui du bord inférieur des sésamoïdes descend jusqu'à l'os de la couronne. A cet appareil ligamenteux on pourrait encore ajouter les tendons perforé et perforant, ainsi que les diverses productions fibreuses qui concourent à former la grande gaîne dans laquelle passent ces tendons.

Dans les *didactyles*, le paturon porte une double rangée d'os, et comprend deux phalanges, dont les os ne diffèrent que par les formes et la grosseur. Il en est de même dans les *tétradactyles*, pourvus de quatre doigts et conséquemment de quatre phalanges.

Dans le bœuf, on trouve trois sésamoïdes, dont un surnuméraire, petit et très-irrégulier, est fixé par-dessus les tendons qui passent dans la coulisse des grands sésamoïdes; cet os, maintenu par des brides ligamenteuses, forme la base de l'*ergot*.

D. La couronne.

Cette région, correspondant à la deuxième phalange des orteils dans l'homme, est située entre le paturon et le pied, et a pour base le second phalangien.

De l'os de la couronne.

Le *second phalangien*, ou plus communément *l'os de la couronne*, est un os court, presque carré, et dans lequel on reconnaît quatre faces, dont la supérieure, diarthrodiale et biconcave d'avant en arrière, s'articule avec le premier phalangien. A la partie antérieure de cette surface articulaire, se trouve un prolongement plus élevé dans le centre que sur les côtés. Postérieurement et à l'opposé, on observe une tubérosité transversale, saillante et revêtue d'un fibro-cartilage; cette éminence forme une coulisse, qui éloigne les tendons du centre de l'articulation, et tient lieu d'os sésamoïdes que l'on remarque aux deux autres jointures de la région digitée.

La face inférieure, aussi diarthrodiale et biconvexe d'avant en arrière, s'articule avec les os du pied, et se trouve séparée en deux condyles par une gorge médiane.

La face antérieure, convexe d'un côté à l'autre, présente diverses empreintes ligamenteuses; la postérieure, aplatie et déprimée inférieurement, offre supérieurement l'éminence qui tient lieu d'os sésamoïde, et dont il a été parlé plus haut.

L'articulation de la couronne avec le paturon constitue une charnière parfaite, dans laquelle on distingue une capsule synoviale et deux ligaments latéraux.

La capsule articulaire, peu étendue, se trouve recouverte, fortifiée presque partout par des tendons et des ligaments.

Dans les autres quadrupèdes polydactyles, la couronne se compose d'autant d'os que la région digitée offre de divisions.

E. Le pied.

Il termine le membre, offre une enveloppe cornée nommée le sabot, sert à l'appui et comprend deux os, le troisième phalangien et le petit sésamoïde.

1° Le troisième *phalangien*, connu plus généralement sous le nom *d'os du pied*, parce qu'il en forme la base, offre une conformation analogue à celle du sabot: cet os trifascié et semi-lunaire se distingue des autres phalangiens non-seulement par sa forme, mais encore par sa structure particulière et par deux prolongements cartilagineux dont il est pourvu sur les côtés.

2° Le *petit sésamoïde*, vulgairement *l'os navi-culaire* ou *de la noix*, est posé transversalement à la face postérieure de l'articulation du pied, sert à affermir cette articulation et à éloigner le tendon du muscle perforant du centre de mouvement (1).

Os des membres antérieurs ou thoraciques.

L'étendue de chaque membre antérieur se partage en trois parties distinctes par leur forme, le mode de leur articulation et le degré de leur mobilité, *l'épaule*, *l'avant-bras* et le *pied*.

1° De l'épaule.

Fixée sur le thorax et servant de centre aux mouvements de l'avant-bras, l'épaule a pour base deux os, le *scapulum*, plus communément *l'omoplate*, et *l'humérus*.

Du scapulum.

Cet os, large, allongé et d'une forme triangulaire, est posé sur les parties latérales du thorax obliquement de haut en bas et d'arrière en avant ; il s'appuie sur l'humérus, et tient au tronc par des muscles et des ligaments.

Sa *face externe* ou *sus-scapulaire* se trouve divisée, par une éminence longitudinale appelée *l'acromion*, en deux grandes fosses inégales et distinguées en *sus-acromienne* ou *antérieure*, et *sous-acromienne* ou *postérieure*. *L'acromion*, grande crête à

(1) Pour de plus amples détails sur les os du pied et les ligaments, voyez le *Traité du pied*, troisième édition. 1836.

bords raboteux, se termine au col de l'os, et présente vers ses deux tiers inférieurs une grosse tubérosité, à laquelle s'attachent les muscles cervico-acromien et dorso-acromien.

Les fosses acromiennes sont garnies de diverses empreintes musculaires, plus saillantes dans la fosse postérieure; cette dernière, beaucoup plus grande que l'antérieure, offre un grand trou nourricier, dont la situation n'est point fixe, et dont la direction a lieu de haut en bas.

La *face interne* ou *sous-scapulaire* donne attache à divers muscles, dont les plus considérables proviennent du tronc; on y reconnaît deux parties principales : *a* une *fosse* oblongue, plus large, plus superficielle supérieurement et occupée par le muscle sous-scapulo-trochinien; *b* une surface raboteuse, placée à la partie supérieure de l'os, et près du cartilage de prolongement : cette surface se propage inférieurement sur les côtés de l'extrémité supérieure de la fosse, et donne implantation à plusieurs muscles.

L'*extrémité supérieure* ou *dorsale* est pourvue d'un grand fibro-cartilage flexible et qui, en s'éloignant de l'os, diminue d'épaisseur, se termine par un bord très-mince, incliné en dedans.

L'*extrémité inférieure* ou *humérale* présente une cavité articulaire, arrondie, peu profonde, incrustée d'un cartilage et échancrée du côté interne; cette cavité, appelée *glénoïde*, sert de centre aux mouvements de l'humérus sur le scapulum. En avant de la cavité glénoïde, on voit une grosse éminence raboteuse, appelée *apophyse coracoïde*, et à laquelle on distingue une tubérosité et un prolongement. A la base de cette même cavité, on observe un rétrécissement ou col du scapulum. L'intervalle situé entre la tubérosité coracoïde et la cavité glénoïde forme une sorte de coulisse profonde.

Le *bord antérieur*, mince et raboteux, se termine, à son extrémité supérieure, par une tubérosité, qui constitue l'angle cervical du scapulum. Le bord postérieur, dont l'extrémité supérieure forme l'angle dorsal du scapulum, est épais, arrondi du côté interne, et offre quelques scissures situées vers sa partie inférieure.

Connexions. Le scapulum est fixé sur le thorax par le moyen de plusieurs muscles et par deux lames ligamenteuses, dont une appartient au muscle costo-sous-scapulaire et l'autre est une dépendance du muscle dorso-sous-scapulaire.

Particularités. Dans les très-jeunes sujets, l'apophyse coracoïde forme épiphyse ; et, dans la vieillesse, le fibro-cartilage du scapulum s'ossifie en grande partie.

Différences. Le scapulum des *didactyles*, généralement plus large, se distingue par son acromion, terminé inférieurement par une tubérosité élevée.

Le scapulum du *porc* a pour caractère distinctif la tubérosité de l'acromion, qui est longue et inclinée en arrière ; celui du *chien* est remarquable tant pour sa largeur que par l'extrémité inférieure de l'acromion, dont la tubérosité est semblable à celle du bœuf.

Tous les *tétradactyles* portent un petit os claviculaire attaché au milieu des muscles, entre le prolongement trachélien du sternum et l'angle scapulo-huméral. Ce petit os est grêle et courbé en ∽ dans le *chat*; tandis qu'il est mince, très-petit et plat dans le *chien* et chez le *porc*.

De l'humérus.

L'humérus est un grand os long, cylindroïde, et qui paraît tordu sur lui-même; il a une direction très-oblique et inverse de celle du scapulum, forme avec ce dernier un grand intervalle triangulaire, postérieur et occupé par les muscles, qui s'insèrent à l'olécrâne.

Son *corps*, déprimé sur le côté externe, présente une grande fosse longitudinale, sorte de gouttière oblique et occupée par le muscle huméro-cubital. Vers la partie supérieure et sur le côté externe, on voit une tubérosité oblongue, élevée et inclinée d'avant en arrière, en sens opposé à celle du corps du fémur à laquelle elle correspond. La face interne, pourvue d'empreintes musculaires, présente une petite tubérosité, et porte à sa partie inférieure un trou nourricier dirigé de haut en bas.

L'extrémité supérieure se termine par trois éminences distinctes, ayant la même disposition et les mêmes usages essentiels que celles de l'extrémité coxale du fémur. L'éminence articulaire retient le nom de tête, et les deux tubérosités ceux de *trochi-*

ter et de *trochin*. Le trochiter, tubérosité externe et correspondant au trokanter, offre un sommet, une convexité et une crête. La tête, très-évasée, peu détachée de l'os et incrustée d'un cartilage, est beaucoup plus grosse et plus étendue que n'est grande la cavité glénoïde du scapulum, dans laquelle cette tête glisse et se meut en liberté. Sur la partie antérieure de cette extrémité supérieure et entre les deux tubérosités, se voit une coulisse, divisée en deux gorges et destinée au passage du tendon du muscle coraco-cubital.

L'extrémité inférieure s'articule avec l'os de l'avant-bras, se termine par une grande surface diarthrodiale, convexe d'avant en arrière et partagée en deux parties, dont l'externe constitue une poulie et l'interne un condyle. Sur les côtés de ces deux éminences articulaires, on observe deux tubérosités d'une inégale grosseur et que l'on distingue, pour l'avantage de la dénomination des muscles, en *épitroklée* et en *épicondyle ;* ces tubérosités se continuent en haut par une crête raboteuse, et laissent entre elles une fosse profonde, destinée à recevoir un prolongement de l'olécrâne dans certains mouvements d'extension de l'avant-bras sur le bras. À la partie antérieure et au-dessus du milieu de la surface diarthrodiale, on voit une autre fosse superficielle, qui a le même usage que la précédente, et reçoit un prolongement du cubitus lors des grandes flexions de l'avant-bras.

Connexions. Articulé par genou avec le scapulum au moyen d'un très-grand ligament capsulaire, l'humérus se meut sur l'os principal de l'épaule, et exécute des mouvements libres en tous sens. Cette articulation est affermie par les tendons, qui la recouvrent et appartiennent à différents muscles.

Dans le jeune animal, l'humérus porte plusieurs épiphyses.

Différence. La longueur de cet os est en raison inverse de celle du canon, qui est la principale région du pied, pris dans une acception générale.

Dans les *didactyles*, les tubérosités de l'extrémité supérieure de l'humérus sont plus grosses et plus élevées ; la coulisse antérieure ne se trouve pas divisée comme celle du cheval.

L'humérus du *porc* se distingue par le trochiter, très-gros et plus antérieur ; dans le *chien* et le *chat*, cet os a beaucoup de longueur, n'est presque pas contourné, et la fosse qui sépare l'épitrochlée de l'épicondyle perce l'os d'outre en outre.

2° De l'avant-bras.

Cette deuxième partie du membre est le premier rayon détaché du thorax ; tandis que dans l'homme le membre antérieur n'est fixé au tronc que par l'épaule, le bras étant entièrement libre et dégagé. Par son étendue et sa situation, l'avant-bras correspond à la jambe, et comprend un grand os nommé cubitus.

Du cubitus.

Le cubitus forme la base de l'avant-bras, ainsi que du coude ; c'est un grand os long, cylindroïde, courbé en avant suivant toute sa longueur, et déprimé sur sa face postérieure.

Son *corps*, lisse et un peu convexe d'un côté à l'autre sur sa face antérieure, offre, à sa face postérieure, plusieurs empreintes musculaires, ainsi qu'un grand trou nourricier dirigé de haut en bas.

L'*extrémité supérieure* s'articule avec l'os de l'humérus, et forme en arrière la base du coude; on y observe deux parties importantes : d'abord l'éminence du coude, appelée *olécrâne*, production ou partie supérieure d'un appendice, qui répond au cubitus de l'homme, et dont la soudure avec l'os principal laisse toujours des traces sensibles d'une séparation primitive. On peut reconnaître à l'olécrâne deux faces, dont une externe, raboteuse, et l'autre interne, concave et disposée en arcade; deux bords raboteux, dont l'antérieur fournit inférieurement un prolongement (1), qui complète la surface articulaire et sert à borner les mouvements d'extension de l'avant-bras sur le bras; enfin deux extrémités, dont la supérieure constitue une grosse tubérosité, tandis que l'inférieure se prolonge en pointe et se réunit avec l'os principal. Cette soudure n'a pas lieu dans toute l'étendue de l'appendice; supérieurement il subsiste un intervalle qui concourt à la formation de l'arcade cubitale et donne passage à différents vaisseaux.

L'extrémité humérale du cubitus laisse apercevoir en second lieu une surface diarthrodiale, concave d'avant en arrière, dans laquelle on distingue

(1) Vulgairement le *bec* de l'olécrâne.

une cavité glénoïdale et une légère poulie, à la formation de laquelle participe le prolongement de l'o-
lécrâne; cette troklée concourt à l'articulation de
l'avant-bras avec le bras. Sur les côtés de cette surface, on voit deux tubérosités, dont l'externe, plus
grosse et plus prolongée en bas, est divisée en deux
parties par une scissure transversale.

L'extrémité inférieure, terminée par une surface
articulaire, convexe d'avant en arrière et incrustée
d'un cartilage, offre sur ses côtés deux tubérosités,
dont l'externe porte une petite coulisse. A la partie
antérieure de cette même extrémité, se trouvent trois
coulisses, dont l'interne, la plus étroite, se contourne
obliquement en dedans.

Connexions. Elles se font avec l'humérus et la première rangée des os du genou; l'articulation cubito-
humérale constitue la jointure par charnière de l'a-
vant-bras avec le bras, présente une capsule synoviale
et deux forts ligaments latéraux. Ces derniers, gros
faisceaux arrondis et dont l'externe est le plus fort,
s'attachent supérieurement sur les côtés de l'humérus, et s'insèrent inférieurement aux tubérosités latérales du cubitus; l'interne se propage inférieurement
et concourt à la formation de l'arcade cubitale.

Particularités. Dans le jeune âge, l'olécrâne n'est
uni à l'os principal que par une substance cartilagineuse, et il ne descend que jusqu'au tiers inférieur
ou environ de ce même os, qui correspond au radius de l'homme.

Différences. Dans les *didactyles*, l'olécrâne constitue un péroné parfait, et se prolonge jusqu'aux os

du genou. L'ouverture supérieure, formée pour l'arcade cubitale, est généralement plus grande.

Dans les *tétradactyles,* l'avant-bras comprend deux os bien distincts, le radius et le cubitus : celui-ci répond à l'appendice olécrânien, est aplati et plus ou moins déprimé vers sa partie inférieure. Dans le chat, le cubitus est plus accompli que dans le porc et le chien, et le radius jouit d'un mouvement libre.

3° Du pied antérieur.

Cette troisième division du membre antérieur correspond à la main de l'homme, se subdivise de même que dans le membre postérieur, en trois parties principales, le *genou,* le *canon,* le *paturon,* la *couronne* et le *pied.*

A. Le genou.

Il répond au jarret, et porte six à sept petits os courts que l'on désigne collectivement sous le nom d'os *carpiens.*

Os carpiens.

Ces os courts, très-irréguliers, disposés sur deux rangs, et unis par des articulations serrées, peu mobiles, sont au nombre de sept principaux, se distinguent par les noms numériques, et se divisent en deux rangées, l'une supérieure et l'autre inférieure.

1° La rangée supérieure ou cubitale se compose de quatre os, dont trois, articulés en rang l'un à à côté de l'autre, se distinguent en premier, second et troisième; le quatrième, hors de rang, occupe le côté externe de l'articulation de cette première rangée avec le cubitus, et porte le nom d'os *sus-carpien*, vulgairement d'*os crochu*.

Le premier de ces os, l'externe, le plus petit et irrégulièrement arrondi, s'articule par sa partie postérieure avec le sus-carpien; le second, placé au milieu et le moyen en grosseur, offre, ainsi que le troisième, qui est le plus grand, une forme très-irrégulière; enfin le sus-carpien produit, sur le côté externe de la face postérieure de cette première rangée, une éminence saillante, tubéreuse, aplatie de dehors en dedans; cette éminence, prolongée en haut, correspond au calcanéum, et donne attache à différents muscles.

Dans la région inférieure, on compte trois os fixés l'un à côté de l'autre et inégalement aplatis sur plusieurs sens. Le premier est externe et le plus petit; le second, placé au milieu, est le plus gros; enfin le troisième et interne est le moyen en grosseur.

CONNEXIONS. Les os carpiens s'articulent entre eux, avec le cubitus et avec les métacarpiens, par de forts ligaments, épais, courts, et les mouvements de cette articulation sont bornés à la flexion et à l'extension. Les ligaments articulaires se distinguent, comme au jarret, en latéraux, en postérieurs et en interosseux; les premiers, au nombre de deux, l'un interne et l'autre externe, s'attachent supérieurement aux tubérosités latérales de l'extrémité inférieure du cubitus, s'épanouissent inférieurement sur les os carpiens et les métacarpiens, et y contractent des implantations multipliées. Le ligament latéral externe fournit une forte production fibreuse, qui fixe, maintient en place l'os sus-carpien, et concourt à la formation de l'arcade carpienne.

Les *ligaments postérieurs* constituent une couche fibreuse, épaisse, dense, élargie sur toute la face postérieure des os carpiens. Par sa surface externe, cette couche concourt à la formation de l'arcade carpienne, tandis que sa face interne prend des points multipliés d'attache sur tous les os qu'elle touche.

Les *ligaments interosseux* présentent la même disposition qu'au jarret; ce sont des faisceaux courts, plus ou moins gros, situés dans l'intérieur de l'articulation, qui s'attachent d'un os à l'autre, et fortifient ainsi la jointure du genou.

Les *capsules synoviales* constituent trois réservoirs placés l'un au-dessus de l'autre, et séparés par les deux rangées des os carpiens. Ces poches n'ont entre elles nulle communication, et ne semblent pas susceptibles de perforation comme celles du jarret et de l'articulation de la jambe avec la cuisse. Ces diverses capsules sont affermies et comprimées par les tendons et ligaments, qui les dérobent de tous côtés.

PARTICULARITÉS. Dans quelques sujets, on rencontre, à la face postérieure de la rangée inférieure des os du genou, deux très-petits osselets (il n'y en a souvent qu'un seul), arrondis et *pisiformes*.

Dans les *didactyles*, on ne compte que six os carpiens, dont deux seulement pour la région inférieure. L'os sus-carpien est moins grand et ne s'articule point avec le cubitus.

B. Le canon.

Cette deuxième partie est formée d'un ou de plusieurs os longs, appelés *métacarpiens,* qui ne diffèrent des métatarsiens que parce qu'ils sont moins cylindriques, moins longs et un peu aplatis d'avant en arrière. Ainsi nous renvoyons, pour ces os, à l'article du pied postérieur. Nous ferons observer seulement que les didactyles ont un rudiment du péroné attaché au côté externe de la face postérieure de l'os principal du canon.

C. La région digitée.

De même que dans les membres postérieurs, la région digitée antérieure ne forme qu'un seul doigt, et se partage en trois parties : le *paturon,* la *couronne* et le *pied.* La première de ces subdivisions a pour base le premier phalangien, et présente, à la face postérieure de son articulation avec le canon, les deux grands sésamoïdes ; la couronne comprend le deuxième phalangien, et le pied se compose du dernier phalangien uni au petit sésamïode. Ces os ne diffèrent de ceux de la région digitée postérieure que sous quelques rapports de forme. Ainsi le premier phalangien est un peu plus long et plus gros ; l'os de la couronne a une forme plus carrée, et sa surface antérieure est aussi plus tubéreuse ; le dernier phalangien ou l'os du pied est plus évasé, plus poreux et a des cartilages plus grands.

MYOLOGIE.

La Myologie doit suivre immédiatement la Squelettologie, parce qu'elle fait partie d'une même fonction ; elle a pour objet l'étude, la connaissance des organes actifs de la locomotion, et elle comporte deux parties principales, les *générateurs* et la partie descriptive.

ARTICLE Ier.

GÉNÉRALITÉS.

Les muscles, organes des grands mouvements, se distinguent des autres parties par leur couleur, leur composition et leurs propriétés diverses. La couleur que l'on attribue généralement à la présence du sang répandu dans la substance musculaire offre une teinte rouge ou rougeâtre, très-vive dans quelques muscles, obscure et pâle dans d'autres.

On reconnaît dans tous les muscles une partie rouge, charnue et éminemment contractile ; la plupart présentent, en outre une partie blanche diversement arrangée, et qui, suivant la disposition de ses fibres, forme des tendons ou des aponévroses.

1° La portion charnue, communément le corps,

compose la totalité de certains muscles; elle se dé-
chire avec facilité dans le cadavre, tandis qu'elle se
se roidit, se contracte avec une énergie particulière
dans l'animal vivant. Différente dans tous les muscles
par sa forme, par son volume, par sa consistance,
cette substance est évidemment fibreuse et pénétrée par
une quantité considérable de vaisseaux et de nerfs.

La *fibre musculaire* est longue, disposée en faisceaux, composés eux-mêmes de fascicules, qu'on
peut encore diviser et subdiviser jusqu'à une extrême ténuité. Les fibres les plus déliées paraissent
plissées, contournées en forme de tire-bouchon :
elles présentent des rides transversales, qu'on peut
facilement observer sur les chairs palpitantes des
animaux nouvellement sacrifiés, et que l'on remarque très-bien dans les muscles qui ont éprouvé
la cuisson. La portion charnue n'est donc qu'une
masse de fascicules, de faisceaux filamenteux, plus
ou moins longs, rapprochés et unis par un tissu
cellulaire, autre élément constitutif de l'organe. Ce
tissu très-abondant pénètre entre tous les faisceaux,
s'insinue entre les fascicules et les fibrilles, leur
fournit des gaines, et forme une enveloppe extérieure, qui embrasse la totalité de la partie. Toutes
ces gaines lamineuses, renfermées les unes dans les
autres, sont d'autant plus fines que leur contenu a
moins de volume, et elles vont en décroissant de
l'extérieur à l'intérieur; aussi le tissu lamineux
intermusculaire est-il peu apparent autour des fibrilles; mais il le devient entre les fibres composées,
et plus encore entre les faisceaux qui résultent de

leur assemblage. Quant à la gaine générale ou commune, elle varie d'épaisseur et de forme suivant les muscles : dans quelques-uns, elle constitue une enveloppe membraneuse plus ou moins résistante; d'autres fois, elle compose une couche molle, peu épaisse et facile à déchirer.

Les fibres musculaires affectent différentes directions; les unes vont en ligne droite, d'autres sont rayonnantes; il en est de disposées en cercle, en ellipse, etc., suivant les mouvements que les muscles sont destinés à produire; molle, très-contractile et contournée en tire-bouchon, la fibre charnue est d'autant plus rouge et plus abondante, que l'organe doit exécuter de plus grands mouvements.

Les artères de cette même substance charnue, très-rameuses et anastomotiques, rampent dans les principaux interstices, donnent des divisions et subdivisions successives et collatérales, qui se glissent entre tous les faisceaux, vont toujours en décroissant, et se dispersent ainsi dans tous les points de la substance musculeuse.

Les veines, très-valvuleuses et plus nombreuses que les artères, sont de deux ordres : les unes accompagnent les artères, et les suivent dans leur trajet; d'autres s'élèvent des divers points de la surface du muscle, et forment un réseau isolé et superficiel.

Les lymphatiques, très-multipliés, se rendent dans les ganglions les plus proches, et suivent plus particulièrement les ramifications veineuses.

Les nerfs pénètrent dans la chair des muscles par plusieurs points; ils accompagnent ordinairement les artères, s'unissent avec elles et se terminent sans qu'on sache précisément de quelle manière ; il est présumable qu'à leurs dernières divisions ils se combinent et s'associent avec les ramuscules artériels.

2° Les *tendons* sont des ligaments fibreux, très-résistants, arrondis ou aplatis et d'un blanc luisant : par l'une de leurs extrémités, ils font suite, sont continus à la portion charnue, tandis que l'autre extrémité est implantée à certains points des os ; ils terminent communément le muscle, et servent à transmettre son action sur les parties que l'organe est destiné à mouvoir.

Beaucoup de tendons se trouvent plongés dans la chair musculaire, où ils forment diverses lames et à laquelle ils offrent des points multipliés d'implantation. Quelques-uns constituent des cordons intermédiaires, qui réunissent deux portions charnues et rendent le muscle *digastrique ;* d'autres composent des bandes transversales ou obliques, que l'on nomme intersections, et qui concourent efficacement à augmenter, à soutenir la contraction musculaire.

Quoique différents entre eux par leur forme, leur grosseur et leur densité, tous les tendons sont formés de fibres longitudinales très-déliées et très-serrées ; ces fibres, parallèles et fixées les unes à côté des autres, ont une force considérable, et résistent, sans se rompre, à des poids énormes. Les vaisseaux et les nerfs des tendons sont peu nombreux, et tellement ténus qu'on ne les aperçoit que difficilement.

3° Les *aponévroses*, expansions membraneuses plus ou moins larges et étendues, ont une tissure

fibreuse dense et serrée ; elles sont fixées et continues à la portion charnue du muscle ; tandis que,
par le côté opposé, elles s'attachent aux os ; ou bien
elles se répandent et se terminent sur les parties molles.

Beaucoup d'aponévroses constituent des enveloppes qui couvrent les muscles et les fortifient ; d'autres forment des expansions tendineuses et s'insèrent
communément à des os ; quelques-unes se trouvent
vers le milieu des muscles, et divisent leur partie
charnue en plusieurs portions.

Les propriétés des muscles peuvent se distinguer
en physiques et en vitales : la plus remarquable, la
plus importante, celle qui établit le caractère essentiel de l'organe, est la faculté contractile dont il jouit.
Cette contraction s'exécute avec promptitude, énergie, et devient ainsi la cause déterminante des mouvements qui ont lieu dans le corps de l'animal ; elle
n'est, pour ainsi dire, que momentanée, ne dure,
ne se soutient que pendant un temps très-court ; elle
est suivie d'un relâchement d'autant plus grand,
qu'elle a été elle-même plus forte et plus prolongée.
Cet état de relâchement, nécessaire, indispensable
pour la réparation des forces épuisées, laisse au muscle la liberté de s'allonger ; tandis que la contraction
en produit le raccourcissement et déplace les parties les moins résistantes auxquelles il est attaché.

La myotilité, dont l'exercice détermine divers
changements sensibles dans l'état de l'organe, dépend de l'influence nerveuse, puisqu'elle cesse par la
ligature des nerfs, ainsi que par l'application des
narcotiques : elle tient aussi à la circulation, et s'é-

teint dès que le sang n'est plus entretenu en mouvement.

Couchés autour des os, et inégalement distribués dans le tronc et aux membres, les muscles déterminent les formes variées et particulières des différentes régions de la surface extérieure du corps. Dans quelques-unes de ces régions, ils forment des masses considérables et d'une certaine épaisseur, tandis qu'ailleurs ils ne constituent que des expansions plus ou moins minces. Assez généralement, ils sont disposés par couches successives unies par des lames d'un tissu lamineux et adipeux; mais en plusieurs endroits ils ne font que se toucher par quelque partie de leur étendue.

Chaque muscle est fixé par ses extrémités ou par ses bords, et se trouve attaché par deux points opposés, dont l'un est entrainé par l'effet de la contraction musculaire, pendant que l'autre reste fixe et résiste plus ou moins. Le premier est désigné sous le nom de *point mobile;* on le nomme aussi l'*insertion* ou la *terminaison* de l'organe; le deuxième, ou *point fixe*, en constitue l'*origine* ou le *principe*. Toutes les fois que le muscle prend son origine à un os, et qu'il s'insère à une partie molle, les points dont il s'agit ne varient point et restent constamment les mêmes. Dans tous les autres muscles, et c'est dans le plus grand nombre, ces points changent; ils deviennent successivement mobiles et fixes, suivant les attitudes que prend le corps pour l'exécution des mouvements suscités par la volonté.

Les muscles se distinguent en *pairs* et *impairs*, en

antagonistes et *congénères* : tous ceux qui coopèrent à la production d'un même mouvement sont
congénères entre eux, et ils ont pour antagonistes
tous les muscles qui déterminent des mouvements
contraires.

Les uns et les autres sont *simples* ou *composés* :
dans le premier cas, toutes les fibres charnues, plus
ou moins parallèles entre elles, forment une masse
uniforme, dans laquelle on ne rencontre nulle interposition tendineuse ou aponévrotique; dans les
muscles composés, la substance motrice offre diverses intersections composées de fibres blanches,
et elle se trouve ainsi plus ou moins divisée.

De même que les os, on reconnaît des muscles
longs, larges et courts, de grands, de moyens et de
petits : on les distingue encore suivant leur position, leur direction, leur forme et leurs divisions.
On les nomme *dentelés* lorsque leurs bords offrent
des découpures irrégulières et arrangées comme les
dents d'une scie. Ils sont appelés *biceps* ou *triceps*,
suivant qu'ils ont une extrémité divisée en deux ou
trois branches; *digastriques*, toutes les fois que
leur partie charnue se trouve complétement séparée
en deux par un tendon intermédiaire; *pennifor-*
mes, lorsque leurs fibres motrices sont disposées à
peu près comme les barbes d'une plume; et ils reçoivent l'épithète de *flabelliformes* quand les mêmes
fibres partent d'un centre tendineux et qu'elles se
divergent en éventail.

Suivant les mouvements qu'ils produisent, ils se
divisent en *fléchisseurs*, en *extenseurs*, *abducteurs*,

adducteurs, élévateurs, abaisseurs, constricteurs, dilatateurs, etc.

Nomenclature des muscles.

Cette partie de la *Myologie* a suivi les progrès de la nomenclature chimique ; elle a reçu, dans ces derniers temps, plusieurs modifications importantes, et elle a été calquée sur des principes fixes.

Dans son *Anatomie du cheval,* Ruini n'a point donné de noms aux muscles qu'il a décrits ; il s'est borné à les indiquer par ordre numérique, suivant leur position respective dans les diverses régions du corps.

Bourgelat, se mettant à la hauteur des connaissances de l'anatomie humaine, a distingué la presque totalité des muscles du cheval par des dénominations qui relatent quelques-unes des propriétés de ces organes.

Vitet, Lafosse et Delabère-Blaine ont suivi la même marche que Bourgelat, et ont assigné des noms particuliers aux muscles.

Sentant l'utilité de la méthode nominale fondée sur les attaches, et dont le professeur Chaussier a fait une si heureuse application, nous n'avons pas hésité à introduire cette nomenclature dans l'enseignement vétérinaire. Les dénominations dérivent d'une base radicale ; chacune d'elles, tirée du point principal d'origine et d'insertion, se compose de deux mots pris dans la même langue et liés par un trait d'union : le premier initial, toujours terminé par la lettre O, spécifie l'origine ou la principale de ses attaches; le second mot, ayant une signification adjective, désigne constamment l'insertion ou la terminaison la plus remarquable. Ces dénominations forment en quelque sorte une description abrégée des parties; elles indiquent les attaches et les usages essentiels des muscles, elles rappellent en même temps les éminences les plus remarquables des os.

Malgré ces avantages si marqués, et quoique établie sur un plan vaste et philosophique, cette méthode nominale renferme cependant quelques inconvénients que nous ne dissimulerons point. Certaines expressions, surtout celles qui n'ont pu être formées sans le secours de trois mots, sont dures, difficiles à retenir, et même rebutantes pour les commençants. Nous citerons pour exemples les dénominations d'*épi-troklo-préphalangien*, *sus-acromio-trochitérien*, *épi-condylo-métacarpien*, etc.

Plusieurs muscles, tels que le diaphragme, les orbiculaires de quelques-unes des ouvertures naturelles, ne peuvent être dénommés d'après les points d'origine et d'insertion. Mais le vice le plus frappant se fait sentir lorsque l'on fait usage de la nouvelle nomenclature dans une anatomie comparée. Les dénominations puisées dans l'homme ne se trouvent plus être les mêmes dans les animaux, où les attaches des muscles varient en raison des formes différentes des parties.

Pour éviter ces divers inconvénients, nous avons d'abord simplifié autant que possible les dénominations composées de plus de deux mots; c'est dans cette vue que nous nous sommes permis de réunir quelques prépositions avec le mot principal, et que nous avons formé les termes de *sus-maxillaire, sus-nasal, préphalangien, prépubien,* etc. En second lieu, nous avons placé à la suite de chaque dénomination méthodique le nom ancien consacré par Bourgelat, dont l'*Anatomie* a été rédigée pour servir de livre élémentaire à nos élèves.

Classification des muscles.

Il existe deux manières de classer les muscles : l'une, tirée de leur situation respective, a été adoptée par Ruini, qui a composé son ouvrage d'après les principes de Galien ; la deuxième, fondée sur les usages, a été suivie par Bourgelat, Vitet, Lafosse et autres.

La dernière de ces classifications semble bien offrir plus de simplicité, même plus de facilité pour les commençants ; mais elle ne peut être appliquée qu'à quelques muscles, autrement elle serait arbitraire et hypothétique. En effet, les mouvements imprimés par la contraction musculaire n'ont pas toujours lieu dans le même sens ; la plupart des muscles produisent, suivant les attitudes du corps, tantôt l'extension et tantôt la flexion des mêmes parties : beaucoup de muscles sont auxiliaires les uns des autres, et les mouvements qu'ils exécutent sont si prompts, si variés, qu'il est le plus souvent impossible de connaître et distinguer d'une manière précise la partie sur laquelle chacun de ces organes agit plus particulièrement. L'étude des muscles, d'après l'ordre de leur situation, ne présente aucune idée fausse de leurs usages variés; elle rappelle sans cesse la position, l'étendue et les rapports des parties; elle facilite surtout les rapprochements, qu'il est si important d'établir entre les muscles de tous les quadrupèdes domestiques. Ces considérations nous ont déterminé à adopter la méthode de Ruini; méthode introduite depuis nombre d'années dans l'enseignement, et que nous avons tâché de simplifier, en déterminant d'une manière précise les diverses régions du corps, et en les réduisant au plus petit nombre possible.

ARTICLE II. PARTIE DESCRIPTIVE.

MUSCLES DU TRONC.

§ 1ᵉʳ. *Muscles sous-cutanés.*

Ces muscles, peu nombreux, constituent des expansions membraniformes, qui adhèrent fortement à la peau et agissent sur elle d'une manière plus ou moins spéciale.

M. sous-cutané du thorax et de l'abdomen (*le panicule charnu*).

Ce premier muscle, plat, très-étendu et aponévrotique à ses bords, forme une expansion souscutanée, qui se propage depuis le bord antérieur de l'épaule jusque sur la croupe et à la face interne de la cuisse, et transversalement depuis l'épine dorso-lombaire jusqu'à la ligne médiane de l'abdomen : on peut y distinguer deux parties, dont une, antérieure, située sur l'épaule et le bras, possède des fibres charnues dirigées de haut en bas; tandis que la portion postérieure, beaucoup plus ample, occupe les régions costo-abdominales, et offre des fibres longitudinales dirigées d'avant en arrière.

Son origine a lieu par tous ses bords : il s'attache, supérieurement, le long de l'épine dorso-lombaire, au moyen d'une large aponévrose; inférieurement, à la ligne médiane de l'abdomen par une autre aponévrose très-forte; antérieurement il fournit une aponévrose mince, qui se répand et se perd sur le bord antérieur de l'épaule; postérieurement, il se propage sur les muscles de la croupe et à la face interne de la cuisse.

Son insertion la plus remarquable est à la peau par du tissu cellulaire abondant, mais fin et serré.

Ce muscle fait trémousser la peau, la débarrasse des insectes qui l'incommodent; il concourt aussi à augmenter la force des muscles, sur lesquels il exerce une pression un peu forte.

M. sous-cutané de l'encolure (le peaussier).

Ce second sous-cutané, très-mince et très-peu charnu, adhère fortement aux muscles, qu'il recouvre et qu'il tient réunis; il occupé plus particulièrement la face trachélienne de l'encolure, et ne se propage sur les muscles de la face cervicale que par des fibres aponévrotiques.

Son origine se fait par ses bords, au moyen de fibres aponévrotiques. Il s'insère, comme le précédent, à la surface interne de la peau.

Par sa contraction, il soutient et augmente l'action des muscles qu'il enveloppe.

M. sous-cutané de la face (*le cutané*).

Très-mince, mi-charnu et mi-aponévrotique, ce troisième cutané se propage depuis l'encolure, sur la parotide, la joue, dans la cavité intermaxillaire et sur le chanfrein, jusqu'à la commissure des lèvres. Il naît de la partie supérieure et antérieure de l'encolure, s'attache aussi sous la langue, ainsi qu'à la crête zygomatique, par des aponévroses très-minces. Il se termine à la commissure des lèvres par des fibres charnues, et contracte une adhérence intime avec la peau.

Ce dernier sous-cutané agit sur la peau des joues et du chanfrein, mais plus particulièrement sur la commissure des lèvres, à l'élévation de laquelle il contribue.

DIFFÉRENCES. 1° Dans les *didactyles*, le *sous-cutané* du *thorax* et de l'*abdomen* offre une lame charnue, demi-circulaire et qui entoure l'ouverture ombilicale. Dans les mâles, ce même muscle fournit une portion charnue, qui émane de l'extrémité postérieure de la ligne médiane de l'abdomen, et embrasse le corps du pénis; cette production correspond au ligament suspenseur du fourreau des monodactyles.

Le *sous-cutané de l'encolure* est remplacé par une couche charnue, très-étendue et formée par la réunion des trois muscles cervico-acromien, mastoïdo-huméral et dorso-acromien.

Le *sous-cutané de la face*, plus étendu et plus charnu, offre deux parties : l'une, supérieure, la plus mince, enveloppe le muscle zygomato-maxillaire ; l'autre, inférieure, plus épaisse, provient de la cavité glossienne et suit la direction du bord postérieur de l'os maxillaire.

Dans le *bœuf*, on trouve un second cutané de la face, qui occupe toute la surface du front : ce muscle *sous-cutané frontal*, mince, mi-charnu et mi-aponévrotique, se propage depuis le chignon jusqu'au chanfrein, où il se réunit de chaque côté avec les muscles sus-naso-labiaux : autour de l'orbite, il se confond avec le muscle orbiculaire des paupières. Dans son milieu, il présente une aponévrose, qui augmente de largeur depuis le chignon jusqu'au chanfrein, et sépare la substance charnue en deux parties latérales.

2° Dans le *porc*, les muscles *sous-cutanés* offrent la même disposition que dans le cheval ; nous ferons seulement remarquer que le *sous-cutané* de la région trachélienne du cou se trouve au milieu du lard, et qu'il est formé de deux couches charnues.

3° Dans le *chien* le *sous-cutané du thorax* présente deux parties distinctes : l'une, bien plus étendue et très-charnue, se propage sur l'abdomen, sur les côtes, le dos et les lombes, se réunit supérieurement et dans la longueur de la ligne médiane avec le muscle *sous-cutané* opposé, au moyen d'une aponévrose étroite, et elle se perd postérieurement sur la croupe ; antérieurement, elle fournit deux larges bandes, qui s'insinuent sous le bras et vont s'insé-

rer par des aponévroses à la face antérieure de l'humérus ; par son bord inférieur et le long de la ligne
médiane de l'abdomen, elle forme une large aponévrose et offre une longue bande charnue demi-circulaire, qui se trouve sur le côté de l'ombilic, se
prolonge en arrière et se termine, soit dans le fourreau, soit dans la substance des mamelles.

La deuxième portion du muscle *sous-cutané du
thorax* et *de l'abdomen* se répand sur les muscles
de l'épaule et du bras ; cette production, très-mince,
peu charnue et isolée de la partie principale, possède quelques fibres charnues ayant des directions
différentes, et elle se propage sur les parties environnantes par des aponévroses très-déliées.

Le *sous-cutané du cou* offre trois principaux plans de fibres, dont le plus externe, couché
près et en avant du thorax, est principalement composé de fibres transversales. Le deuxième plan, situé
antérieurement vers la tête, constitue un muscle
large, épais, commun au cou et aux lèvres, et correspondant au muscle sous-cutané de la face du cheval. Le troisième plan, le plus interne, et que l'on
découvre après avoir enlevé les deux précédents,
offre peu d'épaisseur, porte des fibres écartées, dirigées obliquement d'arrière en avant et de bas en
haut.

Le *sous-cutané frontal,* impair et sans trace de
ligne de séparation, s'étend latéralement au pourtour des oreilles et descend jusqu'au niveau des
orbites.

§ II. *Muscles du rachis ou de la colonne vertébrale.*

1° RÉGION CERVICALE DE L'ENCOLURE.

Parmi les muscles compris dans cette série, les cervico-acromien, trachélo-sous-scapulaire et cervico-sous-scapulaire se dirigent d'avant en arrière et vont s'insérer au scapulum ; tous les autres se portent d'arrière en avant, et se terminent soit à la tête, soit à l'une des deux premières vertèbres.

M. cervico-acromien (*la portion antérieure du trapèze*).

Ce muscle, large, mince et aponévrotique à ses bords, est situé immédiatement sous la peau, le long du bord supérieur du ligament cervical et sur les muscles qui se dirigent vers la tête. Sa surface externe, étroitement unie à la peau, est pourvue de fibres aponévrotiques qui croisent celles de sa substance charnue, et sont des productions du sous-cutané de l'encolure.

Origine. De tout le bord supérieur du ligament cervical par des fibres aponévrotiques, courtes et entremêlées de quelques fibres charnues.

Insertion. A l'acromion par une forte aponévrose, qui fournit inférieurement une expansion sur les muscles de l'épaule.

Usages. Il tire l'épaule en haut et en avant, soutient et augmente la contraction des muscles sur lesquels il est immédiatement situé.

M. cervico-sous-scapulaire (*le releveur propre de l'épaule*).

Épais, pyramidal et entièrement charnu, ce

muscle se trouve couché immédiatement sous l'origine du cervico-acromien et le long du bord supérieur du ligament cervical; il s'étend depuis le derrière de la tête jusqu'à l'angle cervical du scapulum.

Origine. Du bord supérieur du ligament cervical, au-dessous du muscle précédent.

Insertion. A la face interne de l'angle cervical du scapulum.

Usage. Il tire l'angle cervical du scapulum en haut et en avant.

M. cervico-trachélien (*le splénius*).

C'est un muscle large et épais, dont les fibres charnues se dirigent toutes obliquement de haut en bas, en se portant du ligament cervical aux apophyses trachéliennes de l'encolure, dont le bord inférieur est pourvu de six à sept dentelures, dont la substance charnue offre quelques fibres aponévrotiques, et dont la surface externe adhère au muscle cervico-acromien.

Origine. Du bord supérieur du ligament cervical par des fibres charnues et aponévrotiques.

Insertion. Aux apophyses trachéliennes de toutes les vertèbres cervicales par autant de dentelures dont les deux antérieures, les plus longues, vont s'attacher, par de forts tendons, à l'atloïde et à la crête mastoïdienne du temporal. Ces deux productions tendineuses se confondent avec celles du muscle *dorso mastoïden*.

Usages. Ils varient suivant l'attitude du corps, et selon que le muscle se contracte indépendamment de son congénère; le plus fréquemment le splénius sert à l'extension de la tête et de l'encolure, qu'il tire aussi de côté.

M. trachélo-sous-scapulaire (*portion antérieure du muscle grand dentelé de l'épaule.*)

Épais, très-charnu et flabelliforme, ce muscle se trouve placé profondément à la partie supérieure et inférieure de l'encolure, en avant de l'épaule; il se dirige de bas en haut, en convergeant vers la face interne de l'angle cervical du scapulum, où il s'attache. Du côté de l'encolure, il présente six digitations terminées par des tendons et d'autant plus longues qu'elles sont plus antérieures; postérieurement et sur les côtés, il adhère d'une manière intime au muscle costo-sous-scapulaire, et semble faire corps avec lui.

Origine. Des apophyses trachéliennes des cinq dernières vertèbres cervicales, au moyen de ses dentelures; il s'attache aussi à la surface externe des deux premières côtes.

Insertion. Aux empreintes musculaires de l'extrémité supérieure et interne du scapulum et proche de son angle cervical, où il s'insère par des fibres charnues et tendineuses.

Usages. Il tire l'angle cervical du scapulum en bas et en avant, concourt aussi à fixer l'épaule au thorax et à l'encolure.

M. dorso-mastoïdien (*le long transversal*).

Situé profondément sous les digitations du trachélo-sous-scapulaire, ce muscle est couché en long sur les apophyses articulaires des cinq dernières vertèbres cervicales; il offre deux portions longitudinales, superposées, unies par un tissu cellulaire abondant, et il présente divers tendons à ses extrémités.

Origine. Des apophyses transverses des deux premières vertèbres dorsales par des tendons.

Insertion. A la tubérosité mastoïde par un tendon qui lui est commun avec le cervico-mastoïdien : d'autres insertions précèdent celle-ci, elles ont lieu aux apophyses articulaires des six dernières vertèbres cervicales, et se font par des dentelures charnues et tendineuses.

Usages. Il étend la tête ainsi que l'encolure, et concourt à l'exécution de leurs mouvements latéraux.

M. dorso-occipital (*le grand complexus*).

Large, épais, d'une texture complexe, et étant pourvu d'intersections tendineuses, le *dorso-occipital* est le plus grand et le plus fort de tous les muscles cervicaux de l'encolure; il est situé très-profondément et appliqué contre le ligament cervical, auquel il adhère par un tissu cellulaire lâche et très-abondant. Ce muscle, dont la direction a lieu d'arrière en avant, fournit du côté de la tête un gros tendon, qui suit la corde du ligament cervical.

Origine. Il s'attache, par le moyen de fibres tendineuses, aux apophyses trachéliennes et épineuses des quatre à cinq premières vertèbres dorsales.

Insertion. A la protubérance occipitale par un gros tendon qui, après s'être détaché de la partie charnue, franchit les deux premieres vertèbres sans s'y attacher, et se termine à côté du ligament cervical. Avant cette principale insertion, le grand complexus s'implante successivement aux apophyses articulaires des six dernières vertèbres de l'encolure.

Usages. Le dorso-occipital est le principal agent de l'extension directe de la tête et de l'encolure; par le changement de ses points fixes, il peut devenir auxiliaire du muscle ilio-spinal et servir à ramener le derrière du corps sur le devant, comme cela a lieu pour la ruane.

M. long axoïdo-occipital (le petit complexus).

Ce petit muscle oblong représente une bandelette mince qui se trouve placée sous le tendon d'insertion du muscle précédent; il s'étend depuis la partie supérieure de l'axoïde jusqu'à la tête.

Origine. De l'apophyse épineuse de l'axoïde par des fibres charnues.

Insertion. A l'occipital sous le tendon du muscle dorso-occipital, au moyen de fibres tendineuses.

Usage. Il contribue à l'extension de la tête sur la première vertèbre.

M. court axoïdo-occipital (le grand droit de la tête).

Autre muscle grêle et cylindroïde, le grand droit est situé sous le muscle petit complexus, mais un peu sur le côté; il prend son origine à l'extrémité antérieure de l'apophyse épineuse de l'axoïde, et va s'insérer à l'occipital au-dessous du précédent, avec lequel il est congénère; il concourt cependant aux mouvements d'extension latérale.

M. petit atloïdo-occipital (*le petit droit*).

On désigne sous ce nom un faisceau musculeux, court, mince, situé très-profondément sur la face supérieure de l'articulation de la tête avec l'atloïde; faisceau qui adhère intimement à la partie du ligament capsulaire, sur laquelle il est immédiatement appliqué. Il prend son origine au bord antérieur de la face supérieure de l'atloïde, et va s'insérer à l'occipital au-dessous des deux muscles précédents. Les usages de ce petit muscle sont très-bornés; on peut présumer qu'il contribue particulièrement à soulever le ligament capsulaire, et à empêcher qu'il ne soit pincé par les abouts articulaires.

M. axoïdo-atloïdien (*le grand oblique de la tête*).

On le trouve couché obliquement sur les parties latérales de l'articulation des deux premières vertèbres cervicales, au-dessous des tendons qui vont s'insérer à l'apophyse mastoïde. C'est un muscle court, entièrement charnu, et plus épais dans le milieu qu'à ses extrémités.

Origine. Il provient de la surface latérale et raboteuse de l'apophyse épineuse de l'axoïde, par des fibres charnues d'autant plus courtes qu'elles sont plus antérieures.

Insertion. A la surface supérieure, ainsi qu'au bord de l'apophyse trachélienne de l'atloïde.

Usage. Il est le principal agent des mouvements de semi-circonduction qu'exerce la tête sur la deuxième vertèbre de l'encolure.

M. atloïdo-mastoïdien (le petit oblique de la tête).

Court, beaucoup plus petit que le précédent et presque entièrement charnu, il est situé sur le côté de l'articulation de la tête avec l'atloïde, et occupe l'intervalle qui existe entre l'apophyse trachélienne de cette dernière vertèbre et la tubérosité mastoïde; il est composé de fibres charnues, obliques, dirigées de bas en haut et d'arrière en avant.

Origine. A la partie antérieure du bord raboteux de l'apophyse trachélienne et de l'atloïde.

Insertion. Un peu en arrière de la tubérosité mastoïde, par des fibres charnues et quelques tendineuses.

Usage. Il concourt aux mouvements latéraux de la tête sur l'atloïde.

M. dorso-épineux (le court épineux).

Long et très-complexe, le dorso-épineux est placé immédiatement sur le côté des crêtes épineuses des vertèbres cervicales, s'étend depuis les premières vertèbres dorsales jusqu'à l'axoïde, et il offre une succession de portions charnues très-tendineuses.

Origine. De l'apophyse épineuse de la première vertèbre du dos, où il s'attache par des fibres tendineuses.

Insertion. A l'extrémité postérieure de l'apophyse épineuse de l'axoïde ; il s'implante aussi aux crêtes épineuses des cinq dernières vertèbres cervicales.

Usage. Il concourt particulièrement à élever et étendre les vertèbres les unes sur les autres.

MM. intercervicaux (*les Intervertébraux*).

On comprend sous cette dénomination générique cinq à six productions musculaires, continues les unes aux autres, et fixées dans les intervalles que laissent entre elles les éminences de la face cervicale de l'encolure ; ces productions contractent des implantations sur les différentes surfaces osseuses, qu'elles recouvrent.

Chacun de ces muscles intercervicaux possède des fibres tendineuses, et concourt à plier la vertèbre antérieure sur la postérieure, ou celle-ci sur l'antérieure, suivant que les points fixes sont postérieurs ou antérieurs.

Considérations particulières.

Les muscles cervicaux, disposés par couches successives, composent de chaque côté de l'encolure une masse charnue, épaisse, qui donne lieu à des mouvements étendus, très-variés, et se trouve séparée de la masse opposée par le *ligament cervical* (1). Cette masse musculaire bigéminée produit les mouvements variés d'extension de la tête et de l'encolure ; elle devient fréquemment congénère des

____

(1) Voyez la description de ce ligament, page 146 et suiv.

muscles ilio-spinaux, et elle concourt à diriger les divers mouvements de progression.

DIFFÉRENCES. 1° Dans les *didactyles*, les muscles cervicaux de l'encolure sont en même nombre que dans les monodactyles, et ils offrent la même disposition essentielle; ils composent trois couches principales; plusieurs diffèrent par leur forme et leur grandeur. Ainsi, le *cervico-acromien*, plus épais et entièrement charnu, se réunit, inférieurement, avec le muscle mastoïdo-huméral et, postérieurement, avec le muscle dorso-acromien; il forme une couche placée immédiatement sous la peau et tenant lieu de muscle sous-cutané de l'encolure.

Le *cervico-trachélien*, plus mince et bien moins large, a une direction moins oblique, et se termine par deux tendons, dont l'un va à l'atloïde et l'autre à la tubérosité mastoïde.

Le *trachélo-sous-scapulaire* est un muscle parfaitement distinct, dont l'insertion, isolée de celle du muscle costo-sous-scapulaire, a lieu par des fibres charnues, mêlées de quelques tendineuses.

Le *dorso-mastoïdien* est sans division.

Le *dorso-occipital*, moins fort et surtout moins complexe, ne présente que de légères intersections, et son tendon d'intersection est moins considérable.

Les petits muscles long et court axoïdo-occipitaux, les atloïdo-occipital et atloïdo-mastoïdien composent une masse charnue plus forte et plus épaisse que dans le cheval.

2° Dans le *porc*, les muscles cervicaux, disposés par couches comme dans les monodactyles, n'offrent de différences que dans leur forme, et plus particuliérement dans leurs attaches, à cause du manque de ligament cervical.

Le *cervico-acromien*, plus grand et plus charnu que dans le cheval, est distinct du dorso-acromien, non-seulement parce qu'il en est parfaitement séparé, mais encore par sa couleur moins rouge. A ce premier muscle de la région cervicale, on peut rapporter, comme dépendance particulière, une portion charnue, longitudinale, étroite et couchée sur le côté des vertèbres cervicales, par-dessous le muscle mastoïdo-huméral; cette partie du cervico-acromien prend son origine à l'apophyse trachélienne de l'atloïde, d'où elle se dirige d'avant en arrière, gagne le bord antérieur de l'épaule, et se réunit à la portion principale, pour se terminer avec elle à l'acromion.

Le *splénius*, moins large, mais plus épais que dans le cheval, offre deux divisions, dont la supérieure et la plus considérable s'insère par un fort tendon aplati à la tubérosité mastoïde, tandis que la portion postérieure, la plus petite, se termine à l'apophyse trachélienne de l'atloïde.

Les petits muscles, fixés sur la face supérieure et latérale de l'articulation de la tête avec l'atloïde, composent une masse plus forte et plus épaisse que dans le cheval.

La masse musculeuse de la région cervicale n'est pas partagée, comme dans les monodactyles et di-dactyles, par le ligament cervical, dont on ne trouve de trace que vers les premières éminences du garrot.

3° Dans le *chien*, les muscles cervicaux du cou sont généralement plus larges et plus divisés que dans les monodactyles.

Le *cervico-acromien* présente absolument la même disposition que dans le porc.

Le *trachélo-sous-scapulaire* s'attache aux apophyses trachéliennes de toutes les vertèbres cervicales, et seulement à la première côte.

Quant aux muscles *cervico-sous-scapulaire* et *cervico-trachélien*, nous ferons remarquer qu'à leur origine, ces muscles se réunissent par des fibres tendineuses très-courtes avec ceux du côté opposé; ils ne peuvent pas s'attacher au ligament cervical, dont le bord supérieur n'est pas assez élevé pour offrir des points d'implantation.

Le *splénius*, fort et épais, n'a d'autre insertion que celle qui a lieu, par un large tendon, à la protubérance et à la crête mastoïdienne.

Le *dorso-mastoïdien* n'offre nulle division; il passe sur l'atloïde sans s'y attacher, et fournit un tendon d'insertion à la protubérance mastoïde.

On peut considérer comme partie ou dépendance du petit oblique de la tête une production musculaire particulière, qui vient du bord antérieur de l'apophyse trachélienne de l'atloïde, et se dirige obliquement jusqu'à la protubérance transverse de l'occipital, où elle se termine.

Le *petit complexus* offre parfois à sa face interne une petite division, sorte de bandelette allongée et très-grêle.

Le *dorso-épineux*, bien plus prononcé, contracte les mêmes implantations, et offre la même disposition que dans le cheval.

Ainsi que nous l'avons déjà fait observer, le ligament cervical du chien ne donne attache à aucun des muscles cervicaux du cou; il forme une simple corde blanche, qui s'étend en long sous la réunion supérieure des muscles, prend son origine aux apophyses épineuses du garrot, et va s'insérer directement à l'extrémité postérieure de l'apophyse épineuse de l'axoïde.

2º RÉGION TRACHÉLIENNE DE L'ENCOLURE.

La majeure partie des muscles qui occupent cette région vient du thorax et du membre antérieur, et s'insère, soit à la tête, soit à l'hyoïde, ou bien au larynx et à la première vertèbre de l'encolure. Les cinq premiers composent une couche musculeuse, fixée sous la trachée, et plus épaisse postérieurement qu'antérieurement.

M. mastoïde-huméral (*le commun au bras, à l'encolure et à la tête*).

Ce muscle, très-long et d'une certaine épaisseur, est étendu sur le côté de la face trachélienne de l'encolure, depuis la protubérance mastoïde jusqu'au milieu de l'os du bras, où il se termine. On y distingue deux portions longitudinales, unies ensemble par un tissu lamineux serré, et dont la supérieure est pourvue de dentelures à son extrémité antérieure; la portion inférieure, la plus longue, fournit une production musculeuse, sorte de bande, qui va s'insérer au prolongement trachélien du sternum.

Origine. De la tubérosité mastoïde par un tendon ; il vient aussi de la protubérance de l'occipital, ainsi que du ligament cervical par une expansion aponévrotique ; d'autres implantations antérieures ont lieu aux apophyses trachéliennes des quatre à cinq premières vertèbres cervicales, et se font au moyen de tendons.

Insertion. A la partie antérieure et moyenne du corps de l'humérus par un tendon large ; près de cette insertion principale, il fournit une aponévrose qui se propage sur le bras ; il s'attache, en outre, au prolongement trachélien du sternum par la bande charnue; dont est pourvue sa portion inférieure.

Usage. Il porte le plus ordinairement la tête en bas et de côté ; mais, lorsque les points fixes sont antérieurs, il tire le bras en avant et en haut.

M. sterno-maxillaire.

Ce muscle long, cylindroïde et tendineux à son extrémité antérieure, se découvre lorsque l'on a enlevé le muscle précédent. Vers le sternum, il est uni avec le sterno-maxillaire opposé, et se trouve placé sous la trachée. Après un court trajet, les deux sterno-maxillaires se séparent ; au fur et à mesure qu'ils s'avancent vers l'os maxillaire, ils s'écartent progressivement l'un de l'autre et se dévient en dehors sur les côtés de la trachée. La partie antérieure du sterno-maxillaire s'amincit et se termine par un tendon aplati, qui traverse la glande parotide.

Origine. Du prolongement trachélien du sternum, par des fibres charnues et quelques tendineuses.

Insertion. A la tubérosité maxillaire, par les fibres de son tendon.

Usages. Il opère la flexion de la tête, et contribue à porter le thorax en avant, lorsque son point fixe se trouve antérieur.

M. sous-scapulo-hyoïdien (*l'hyoïdien*).

Ayant la forme d'une large et longue bande charnue, d'une certaine épaisseur, le sous-scapulo-hyoïdien s'étend obliquement de la face interne de l'épaule jusqu'au corps de l'hyoïde; il passe entre la jugulaire et l'artère carotide, sépare ces vaisseaux l'un de l'autre, dans la majeure partie de la longueur de l'encolure.

Origine. Il provient de la face interne de l'épaule par une aponévrose très-mince, qui se confond avec celle du muscle sous-scapulaire.

Insertion. Au milieu du corps de l'hyoïde par des fibres charnues.

Usage. Il concourt à abaisser l'hyoïde, qu'il tire en bas et en arrière.

M. sterno-hyoïdien.
M. sterno-thyroïdien.

Nous décrivons ces deux muscles dans un même article, parce qu'ils ont les mêmes dispositions essentielles et qu'ils sont souvent réunis dans le milieu de leur longueur, où ils sont communément tendineux. Ces muscles, longs, grêles et parfois digastriques, sont posés en long sous la trachée, à laquelle ils adhèrent par un tissu lamineux, abondant et lâche; ils se portent de côté, au fur et à mesure qu'ils s'approchent de leur insertion.

Origine. Du prolongement trachélien du sternum, par des fibres tendineuses et charnues.

Insertion. Le premier se termine au corps de l'hyoïde par un petit tendon, et le deuxième au bord inférieur du cartilage thyroïde aussi par un tendon.

Usage. Ils abaissent l'hyoïde et le larynx, qu'ils tirent en bas et en arrière.

M. trachélo-sous-occipital (*le long fléchisseur de la tête*).

Placé profondément sous les parties latérales et antérieures de l'encolure, il se contourne sous les deux premières vertèbres pour gagner le prolongement sous-occipital; il a une forme pyramidale, offre des dentelures à son extrémité postérieure, et il porte une couche tendineuse très-forte à son extrémité d'insertion.

Origine. Des apophyses trachéliennes des cinq vertèbres qui suivent l'atloïde, par des dentelures tendineuses.

Insertion. Au prolongement sous-occipital.

Usage. Il fléchit la tête, et contribue à la porter de côté, lorsqu'il agit indépendamment de son congénère.

M. atloïdo-sous-occipital (*le court fléchisseur de la tête*).

Très-petit, cylindrique et entièrement charnu, ce muscle est couché en long sous l'articulation atloïdo-occipitale et à l'extrémité d'insertion du muscle précédent; il prend son origine au bord antérieur de la face inférieure de l'atloïde, s'insère au prolongement sous-occipital avec le muscle précédent, et couconrt à fléchir la tête sur la première vertèbre cervicale.

M. atloïdo-styloïdien (*le petit fléchisseur de la tête*).

Il est placé tout à côté de l'atloïdo-sous-occipital, duquel il ne diffère qu'en ce qu'il est plus grêle et plus court; il vient avec lui du corps de l'atloïde, s'insère à l'apophyse styloïde de l'occipital, et contribue à la flexion soit directe, soit latérale de la tête sur l'atloïde.

M. costo-trachélien (*le scalène*).

Ce muscle, allongé et aplati, est situé sur le côté de l'entrée de la cavité thoracique, et présente deux parties, dont la principale occupe l'intervalle triangulaire formé par la première côte et les dernières vertèbres cervicales. Cette première partie, composée elle-même de trois portions placées l'une au-dessus de l'autre, offre dans son milieu une ouverture qui donne passage aux nerfs brachiaux.

L'autre partie se compose de deux à trois divisions allongées, plus ou moins grosses et fixées en long sur les apophyses trachéliennes des dernières vertèbres de l'encolure.

Origine. Du bord antérieur de la première côte, ainsi que du pourtour de son articulation avec les vertèbres, par des fibres charnues et tendineuses.

Insertion. Aux apophyses trachéliennes des cinq

à six dernières vertèbres cervicales, par une série de dentelures.

Usages. Lorsque le point fixe est à la première côte, le costo-trachélien fléchit l'encolure; toutes les fois que ce même point change et qu'il devient antérieur, le muscle concourt à porter le thorax en avant, et aide alors les muscles inspirateurs.

M. sousdorso-atloïdien (*le long fléchisseur de l'encolure*).

Fixé immédiatement à la surface inférieure du corps de toutes les vertèbres cervicales et des six premières dorsales, ce muscle, très-long et complexe, est fortement uni avec celui du côté opposé, et semble même ne former qu'un seul organe. Comme ces muscles sont parfaitement séparés dans quelques animaux, et que dans tous les cas ils peuvent agir indépendamment l'un de l'autre, il importe de les considérer comme deux parties distinctes. Le sous-dorso-atloïdien comprend deux portions, dont une sous-dorsale et l'autre trachélienne : la première, d'une structure simple, s'attache à la face inférieure du corps des six premières vertèbres dorsales, et s'insère, par un tendon particulier, au prolongement postérieur et inférieur de l'apophyse trachélienne de la sixième vertèbre cervicale. La portion trachélienne, étant une continuité de la précédente, se trouve appliquée contre le corps des vertèbres cervicales, et se compose d'une succession de faisceaux allongés très-tendineux, posés obliquement les uns à la suite des autres, dirigés d'arrière en avant et de dedans en dehors.

Origine. Du corps des six premières vertèbres dorsales.

Insertion. A la protubérance du corps de l'atloïde par un fort tendon ; et au moyen de ses faisceaux trachéliens, ils s'attachent aux apophyses trachéliennes ainsi qu'à la crête médiane des six dernières vertèbres cervicales.

Usages. Il fléchit l'encolure en totalité, et il plie les vertèbres cervicales les unes sur les autres.

a. Dans les *didactyles*, ces muscles ont le même mode d'arrangement que dans les monodactyles, et les mêmes usages essentiels ; quelques-uns offrent cependant des considérations particulières que nous allons indiquer le plus succinctement possible.

Le *mastoïdo-huméral*, beaucoup plus large que dans le cheval, occupe une partie de la face cervicale de l'encolure, se réunit par son bord supérieur avec le muscle cervico-acromien, et concourt, par ce moyen, à la formation de la couche sous-cutanée, qui tient lieu de muscle sous-cutané du cou ou peaussier. Du côté de la tête, le mastoïdo-huméral offre deux principales attaches, dont une aponévrotique se remarque derrière le chignon, et l'autre a lieu au prolongement sous-occipital par une forte bride tendineuse. Au niveau et un peu au-dessus de l'angle scapulo-huméral, il fournit trois divisions ou branches : l'une, très-grêle et inférieure, va s'insérer à l'extrémité antérieure du sternum ; la branche du milieu descend jusqu'à la partie inférieure du bras, et fournit un tendon d'insertion à l'os du bras ; la division supérieure donne une large aponévrose, qui se répand et se perd sur la face externe du bras.

Le *sterno-maxillaire*, moins gros que dans le cheval, s'insère à la partie droite du bord postérieur de l'os maxillaire, près et en avant de la scissure par un tendon bifurqué; la plus petite branche de ce tendon laisse échapper une bride, qui va s'attacher, avec les fibres du muscle zygomato-maxillaire, à la surface externe de la branche maxillaire.

Le *scapulo-hyoïdien* du bœuf est un grand muscle qui a une disposition particulière, et auquel il importe de reconnaître deux parties, l'une longue et l'autre courte : la première , correspondant exactement au muscle scapulo-hyoïdien du cheval, prend son origine à l'extrémité antérieure du sternum, règne dans toute la longueur du canal de l'encolure, entre la jugulaire et l'artère carotide; parvenue au niveau de la troisième vertèbre cervicale, elle fournit trois différents tendons. L'un de ces tendons, grêle et allongé, va se terminer au-dessus du contour de l'os maxillaire, le deuxième se dirige vers le prolongement sous-occipital ; le troisième tendon comprend diverses fibres courtes qui se perdent dans la partie supérieure du muscle et établissent ainsi la réunion des deux divisions. La portion supérieure constitue un petit muscle allongé, cylindroïde et entièrement charnu.

Le *sterno-hyoïdien* et le *sterno-thyroïdien* n'ont jamais de tendon vers le milieu.

Le *costo-trachélien* ou le *scalène*, plus grand et plus charnu que dans les monodactyles, offre une

portion particulière, fixée en travers sur les premières côtes. Cette partie musculaire constitue une longue bande, plus large postérieurement, qui prend
son origine au milieu de la quatrième côte, d'où elle
se dirige en avant sur les côtes précédentes, et se
termine aux apophyses trachéliennes des dernières
vertèbres de l'encolure.

b. Considérés dans le *porc*, les muscles trachéliens du cou offrent des différences nombreuses,
mais de peu d'importance; nous ferons d'abord remarquer que le *mastoïdo-huméral* n'a que deux
divisions, qui tirent leur origine de la tubérosité
mastoïde.

Le *sterno-maxillaire* s'insère à la tubérosité mastoïde, et forme conséquemment un muscle sterno-
mastoïdien, fort et épais.

Le *sterno-hyoïdien* constitue un muscle particulier, et que l'on ne peut comparer à aucun des
muscles du cheval.

Le *sterno-thyroïdien* est double : le plus long,
correspondant au sterno-hyoïdien du cheval, s'insère près du bord antérieur du cartilage thyroïde;
l'autre, sterno-thyroïdien, se termine sur le côté et
tout près du bord inférieur du même cartilage.

Le *sous-scapulo-hyoïdien*, muscle grêle et cylindrique, provient des apophyses trachéliennes des
quatrième et cinquième vertèbres cervicales.

Le *costo-trachélien* ou le *scalène*, étroit, allongé,
fixé sur le côté des vertèbres cervicales, offre deux
parties principales, dont la plus longue est couchée
sur les apophyses trachéliennes de toutes les verté-

bres du cou ; tandis que l'autre portion réside sur les trois premières côtes et représente une bandelette mince.

c. Dans le *chien,* le *mastoïdo-huméral,* muscle important, ne comprend que deux grosses portions longitudinales ; la supérieure ou cervicale prend son origine à la ligne médiane du cou, où elle se réunit avec le muscle opposé, et d'où elle s'étend obliquement sur la surface cervicale de l'encolure vers l'angle scapulo-huméral. La portion inférieure ou trachélienne, parce qu'elle est couchée sur les apophyses de ce nom, est plus étroite, mais plus épaisse que la précédente ; elle prend naissance à la protubérence mastoïde par un fort tendon ; parvenue près de l'angle scapulo-huméral, elle s'unit intimement avec la portion cervicale, et va se terminer avec elle à la partie inférieure et antérieure de l'humérus, un peu au-dessus de l'angle de l'épaule et du bras ; cette même portion trachélienne s'attache par des fibres tendineuses très-courtes à l'os claviculaire qu'elle recouvre.

Le *sous-scapulo-hyoïdien,* qui se trouve sterno-mastoïdien, et un muscle large, épais, sur lequel règne la jugulaire ; il s'unit postérieurement au muscle sterno-maxillaire, et s'insère à la protubérance mastoïde par un tendon commun.

Les *sterno-hyoïdien* et *sterno-thyroïdien* offrent la même disposition que dans le cheval ; ils sont seulement plus forts, et ne sont point partagés par des tendons.

Le *trachélo-sous-occipital,* plus épais, prend son

origine aux apophyses épineuses des cinq vertèbres cervicales, qui viennent après l'atloïde.

Dans le *scalène* on peut reconnaître deux parties, l'une trachélienne et l'autre costale. La première comprend quatre divisions principales, dont deux, plus allongées, proviennent antérieurement de l'apophyse trachélienne de l'axoïde. La portion costale constitue une bande longitudinale, mince, qui ressemble à une pareille production dans le bœuf, et s'attache par son extrémité postérieure à la cinquième côte.

3° Région spinale du dos et des lombes.

Les muscles de cette région sont superposés et composent deux séries : les uns, disposés en travers ou obliquement, s'insèrent soit à l'épaule, soit au bras, et forment une première couche essentiellement aponévrotique. Au-dessous de cette couche, on trouve un second ordre de muscles longitudinaux, spécialement préposés à l'exécution des mouvements du dos et des lombes.

M. dorso-acromien (*la portion postérieure du trapèze*).

Ce muscle aplati, peu épais et trapézoïde, offre une certaine étendue ; il occupe le côté du garrot, se dirige obliquement de haut en bas, d'arrière en avant, et se réunit par son bord antérieur avec le muscle cervico-acromien. Sa face externe est recouverte par l'aponévrose du panicule charnu, et sa face interne se trouve en rapport avec le prolongement fibro-cartilagineux du scapulum, ainsi qu'avec le muscle dorso-sous-scapulaire.

Origine. Elle se fait à l'épine du dos par üne forte aponévrose.

Insertion. Elle a lieu à la tubérosité de l'acromion par un fort tendon.

Usage. Il élève l'épaule et la tire en arrière.

M. dorso-sous-scapulaire (le rhomboïde).

Quadrilatère et presque entièrement charnu, il est situé sous le cartilage du scapulum, tient une direction droite de haut en bas, et offre plus d'épaisseur vers son origine que dans le reste de son étendue. Ce muscle présente à chacune de ses faces une couche fibreuse jaune, que nous ferons connaître à l'article des considérations particulières.

Origine. Des parties latérales du garrot par des fibres charnues.

Insertion. A la face interne du fibro-cartilage du scapulum, en arrière du muscle cervico-sous-scapulaire.

Usages. Il soulève l'épaule et la fixe contre le garrot.

M. dorso-huméral (le grand dorsal).

Ce muscle large occupe la surface du dos et des lombes, s'étend sur les côtés et présente deux portions, l'une aponévrotique et l'autre charnue : la première, supérieure et fort étendue, se propage sur le dos, les lombes et la partie supérieure des côtes ; la portion charnue, moins grande et située sur les côtes, en arrière de l'épaule, est trapézoïde et s'insinue sous le membre, pour aller s'attacher à la face interne de l'os du bras.

Origine. De l'épine dorso-lombaire, au moyen de son aponévrose.

Insertion. A la tubérosité interne du corps de l'humérus, par un tendon aplati et très-mince.

Usages. Il porte le bras en haut et en arrière, concourt aussi à le faire tourner en dedans, et il agit le plus souvent sur la totalité du membre.

M. ilio-spinal (1° *le long dorsal;* 2° *le long épineux;* 3° *le court transversal*).

Très-long, très-tendineux, gros et épais, ce muscle est un des plus forts et des plus composés du corps; il occupe l'espace triangulaire que l'on remarque sur le côté de l'épine dorso-lombaire, se propage depuis la crête de l'ilium, sur les lombes, le dos, jusqu'aux dernières vertèbres de l'encolure, et contracte des implantations nombreuses.

Depuis sa naissance jusqu'auprès du garrot, il forme une masse charnue, dont les fibres tendineuses, multipliées et très-fortes, constituent une couche extérieure, épaisse, et qui s'insère aux apophyses épineuses des vertèbres. En avant de la crête lombaire de l'ilium, sa face externe offre une cavité allongée, large fosse dans laquelle est reçue et implantée la pointe pyramidale du muscle grand iliotrokantérien. Sa face interne laisse échapper une succession de grandes dentelures, qui se dirigent toutes d'arrière en avant et s'attachent, 1° dans le fond de l'espace triangulaire, tant aux apophyses articulaires des vertèbres lombaires qu'aux apophyses transverses des vertèbres dorsales; 2° sur les côtés du même intervalle, aux apophyses transverses des vertèbres des lombes et à la partie supérieure des onze à douze côtes postérieures.

Antérieurement et sur les parties latérales du garrot, le muscle ilio-spinal présente trois divisions principales : l'une, inférieure, pyramidale et qui est une suite des digitations précédentes, se prolonge sur l'articulation des côtes avec les vertèbres, s'implante à ces points articulaires par des tendons longs et aplatis, et va se terminer à l'apophyse trachélienne de la dernière vertèbre cervicale; la deuxième, plus large et correspondant au muscle long transversal de Bourgelat, s'élargit sur les côtés de l'encolure, où elle forme plusieurs dentelures, qui s'insèrent aux apophyses trachéliennes des quatre dernières vertèbres cervicales; la troisième et dernière division, couchée immédiatement contre les apophyses du garrot, comprend le muscle long épineux, offre plusieurs grosses digitations longitudinales, très-tendineuses, et qui vont des apophyses épineuses des vertèbres dorsales à celles des quatre dernières vertèbres cervicales.

Origine. De toute la crête lombaire de l'ilium, par des fibres charnues et tendineuses ; il s'implante aussi à la face interne de cette même crête et de l'angle de la croupe, ainsi qu'à la branche latérale du sacrum.

Insertion. Dans toute la longueur de l'intervalle qu'il occupe, il prend trois sortes d'attaches : 1° à l'épine des lombes et de la partie postérieure du dos, par des fibres charnues et par la couche tendineuse;

2° aux apophyses transverses et articulaires des vertèbres lombaires, aux bords postérieurs et supérieurs des douze dernières côtes, ainsi qu'aux apophyses transverses de toutes les vertèbres dorsales, par une succession de dentelures, qui diminuent de largeur et augmentent de longueur, au fur et à mesure qu'elles deviennent antérieures ; 3° aux parties latérales des apophyses du garrot, par des digitations charnues et tendineuses. Outre ces insertions, le muscle ilio-spinal se termine antérieurement aux apophyses trachéliennes et épineuses des quatre dernières vertèbres cervicales.

Usages. Ce muscle, dont l'action énergique est en raison de sa masse et de ses attaches, plie les dos et les lombes dans plusieurs sens ; il élève le devant du corps sur le derrière, ou celui-ci sur le devant, suivant que les points fixes sont antérieurs ou postérieurs.

Ses usages sont si variés et si étendus, qu'il peut être considéré comme l'agent central de la progression. Toutes les fois que l'animal veut exécuter un grand mouvement pour projeter le corps, soit en avant, soit en arrière, la force musculaire se concentre dans le rachis ; le muscle ilio-spinal prend des points d'appui convenables, se contracte avec efficacité, donne au rachis l'attitude nécessaire, favorise et soutient ainsi la contraction des autres puissances, dont l'action combinée produit le déplacement suscité par la volonté.

MM. transverso-épineux (*les épineux transversaires*).

Nous comprenons sous ce titre une succession de faisceaux allongés, très-tendineux et situés immédiatement sur les parties latérales de l'épine dorso-lombaire; lesquels faisceaux, disposés les uns à la suite des autres, se dirigent obliquement de bas en haut et d'arrière en avant, ne forment, pour ainsi dire, qu'une seule et même couche musculeuse, prolongée depuis le sacrum jusqu'à la première vertèbre dorsale. Tous ces faisceaux ou muscles transverso-épineux sont d'autant plus obliques qu'ils sont plus antérieurs; ceux du milieu sont généralement plus charnus que ceux des extrémités, surtout que les antérieurs, qui ont de longs tendons.

Origine. Le premier des faisceaux, situé sous l'ilium, provient de la lèvre supérieure du bord latéral du sacrum; tous ceux qui précédent s'attachent aux apophyses articulaires des lombes et transverses du dos, par des fibres charnues et tendineuses.

Insertion. A l'extrémité de l'épine lombaire et dorsale jusqu'au garrot; mais, à partir de cet endroit, les transverso-épineux antérieurs s'insèrent au bord postérieur des apophyses épineuses, et leurs points de terminaison se trouvent d'autant plus éloignés du sommet de ces éminences, qu'ils sont plus antérieurs. Considérés depuis leur origine jusqu'à leur insertion, ces muscles franchissent plusieurs apophyses, dont le nombre varie de deux à six, suivant qu'ils sont plus ou moins longs.

Usages. Ils tirent en arrière les apophyses épineuses, concourent à plier le dos et les lombes, à élever le devant sur le derrière ou celui-ci sur le devant : ce sont des puissances auxiliaires du muscle grand ilio-spinal.

MM. inter-épineux.

Ces petits muscles, très-courts et essentiellement tendineux, occupent les intervalles que laissent entre elles les apophyses épineuses du dos et des lombes ; ils forment des sortes de ligaments, qui réunissent ces éminences et contribuent à les faire rapprocher l'une de l'autre (1).

Considérations particulières.

Les muscles qui prennent leur origine à l'épine dorso-lombaire et s'insèrent aux os de l'épaule et du bras, concourent non-seulement à fixer le membre au thorax, mais encore à le soutenir. Outre ces moyens d'attache, le muscle dorso-sous-scapulaire ou le rhomboïde offre à ses faces, tant externe qu'interne, une expansion ligamenteuse, que Bourgelat considère comme un des ligaments suspenseurs de l'épaule. La couche externe, peu développée et contiguë à une semblable production adhérente à la face interne du dorso-acromien, ne constitue qu'une membrane mince ; tandis que l'interne, plus épaisse, forme une expansion jaune, élastique et ayant les mêmes propriétés que le ligament cervical, duquel elle semble tirer son origine.

(1) Ces muscles ont été indiqués sous le titre de ligaments inter-épineux, voyez page 14.

Différences. 1° *Didactyles*. Ces muscles ne présentent de différences que relativement aux formes et au volume : ainsi le *dorso-acromien* se réunit avec le cervico-trachélien et concourt à former la couche sous-cutanée de la face supérieure de l'encolure.

Dans l'*ilio-spinal*, la portion correspondante au muscle long épineux est généralement plus longue et moins tendineuse du côté de l'encolure.

Les *transverso-épineux antérieurs* sont courts et peu tendineux.

Les *inter-épineux* du garrot sont épais et entremêlés de fibres tendineuses.

2° Dans le *porc*, ces muscles n'offrent nulle particularité importante; nous observerons cependant que le *dorso-sous-scapulaire* présente deux couches distinctes, et qu'il est un peu plus fort que dans le cheval.

Le muscle *ilio-spinal* ne diffère que par le prolongement qui se trouve à son extrémité postérieure ; cette dernière production passe sous le muscle grand ilio-trokantérien et s'attache à la crête sus-sacrée, où elle se réunit tant avec les muscles sacro-coccygiens supérieurs qu'avec les premiers muscles transverso-épineux.

Les *transverso-épineux*, plus forts que dans le cheval, ont plus d'épaisseur dans la région lombaire que dans celle du dos.

Les *inter-épineux* sont ligamenteux entre les apophyses épineuses des vertèbres lombaires et des dernières dorsales.

3° Dans le *chien*, le muscle *ilio-spinal* se trouve séparé de l'épine lombaire par deux prolongements du sacro-coccygien supérieur; il est fixé à cette même épine par une grande expansion aponévrotique; du côté du flanc, il forme une portion charnue très-épaisse, qui s'attache à l'extrémité des apophyses transverses de toutes les vertèbres lombaires, et se termine sur les dernières côtes par une pointe pyramidale. Cette production costale présente quatre digitations d'autant plus longues et plus minces qu'elles sont plus antérieures.

On distingue deux séries de muscles *transverso-épineux*: les uns, postérieurs ou lombaires, dirigés obliquement d'avant en arrière et de bas en haut, s'étendent sur toute l'épine lombaire et sur les dernières vertèbres du dos; les antérieurs, qui viennent à la suite, ont la même disposition essentielle que les transverso-épineux des monodactyles.

On ne remarque de muscles inter-épineux que vers le garrot, et l'on n'en compte que trois à quatre.

4° Région sous-lombaire.

Les muscles de cette région, au nombre de cinq, diffèrent entre eux par leur position respective, par leur forme et leur grandeur.

M. sous-lombo-trokantinien (*le psoas de la cuisse*).

Ce premier muscle, le plus long des cinq, s'étend depuis la dernière côte sous la face inférieure des vertèbres lombaires, et gagne la partie supérieure et

antérieure de la cuisse, au moyen d'une pointe pyramidale; cette production se plonge dans le muscle
iliaco-trokantinien, se réunit et se termine avec lui
au trokantin du fémur.

Origine. De la face inférieure, tant du corps que
des apophyses transverses des vertèbres lombaires,
par deux productions charnues; il s'attache aussi à
la face interne des deux dernières côtes par d'autres
productions qui, de même que les premières, forment des sortes de dentelures.

Insertion. Au trokantin par un tendon confondu
avec celui de l'iliaco-trokantinien.

Usages. Il fléchit la cuisse sur le bassin et la fait
tourner un peu en dehors; il concourt aussi à maintenir le corps élevé sur les membres postérieurs.

M. iliaco-tronkantinien (*iliaque*).

Fixé sur toute la surface iliaque, il occupe la
partie supérieure de l'entrée du bassin, constitue
une masse charnue qui a peu de longueur, mais
beaucoup d'épaisseur. En sortant du bassin pour
gagner la cuisse, il diminue de volume et embrasse l'extrémité du muscle sous-lombo-trokantinien.

Origine. De toute la partie raboteuse de la surface
iliaque, par des fibres charnues.

Insertion. Au trokantin avec le muscle précédent, par un tendon qui leur est commun.

Usage. Il concourt à la flexion de la cuisse sur le
bassin, ainsi qu'au maintien du corps sur les
membres postérieurs.

M. sous-lombo-pubien (*le psoas des lombes*).

Fixé au corps des vertèbres lombaires et situé au côté interne du muscle sous-lombo-trokantinien, le *sous-lombo-pubien* offre à sa partie inférieure un fort tendon pyramidal, qui passe entre les branches du muscle sous-lombo-tibial, et va s'attacher au bassin. Sa partie charnue, supérieure et bien moins longue que la portion tendineuse, présente vers son origine diverses petites ouvertures pour le passage des vaisseaux.

Origine. Du corps des vertèbres lombaires, par des fibres charnues, entremêlées de quelques tendineuses très-courtes; il s'attache aussi à la face interne de l'articulation des trois dernières côtes avec les vertèbres dorsales.

Insertion. Au bord abdominal du pubis par son tendon.

Usages. En agissant simultanément, les deux muscles sous-lombo-pubiens tirent le bassin en haut et en avant; si l'un d'eux se contracte indépendamment de son congénère, le même mouvement a lieu, mais obliquement.

M. sacro-costal (*le carré des lombes*).

Ce muscle, mince et formé de plusieurs portions longitudinales très-tendineuses, se trouve étendu immédiatement sous l'extrémité des apophyses transverses des vertèbres des lombes, auxquelles il est fixé; en se portant du sacrum aux dernières côtes, il décrit une ligne courbe presque demi-circulaire.

Origine. De l'extrémité de l'angle latéral du sacrum par un fort tendon.

Insertion. A la face interne des trois dernières côtes, par des fibres charnues et tendineuses; il s'implante aussi à l'extrémité des apophyses transverses de toutes les vertèbres lombaires.

Usage. Il contribue à plier de côté la région lombaire.

MM. intertransversaires des lombes.

Nous rangeons dans cette série tous les faisceaux fibreux et essentiellement tendineux qui occupent les espaces intertransversaires des lombes, et offrent les mêmes particularités que les inter-épineux du dos.

DIFFÉRENCES. 1° *Didactyles.* Ici les muscles sous-lombaires ont absolument la même disposition que dans le cheval; nous ferons seulement remarquer que l'*iliaco-trokantinien* est moins épais que dans les monodactyles; que le *sous-lombo-pubien* est aussi moins tendineux; qu'enfin le *sacro-costal* constitue un muscle plus important. Celui-ci se compose d'une succession de bandelettes longitudinales, très-tendineuses, qui sont disposées les unes à la suite des autres, ont une direction oblique et sont étroitement unies entre elles.

2° Dans le *porc,* le *sacro-costal* présente les mêmes considérations que dans le bœuf.

On observe aussi que le sous-lombo-pubien est bien moins fort que celui du cheval.

3° Dans le *chien*, ces muscles n'offrent nulle diffé-rence bien importante : les *sous-lombo-trokantinien* et *sous-lombo-pubien* sont seulement plus longs que dans les monodactyles; l'*iliaco-trokantinien*, étant moins épais, doit, conséquemment, réunir moins de force.

§ III. *Muscles du thorax et de l'abdomen.*

Région sterno-costale du thorax.

Ces muscles, au nombre de quatre, déterminent les formes particulières de l'ars antérieur, s'insèrent au membre antérieur, lui font exécuter divers mou-vements, et contribuent à le fixer au thorax.

M. sterno-aponévrotique (*portion du commun au bras et à l'avant-bras*).

Ce muscle, large, peu épais et situé sous la peau de l'ars antérieur, s'étend transversalement du bord inférieur du sternum à la face interne de l'articula-tion huméro-cubitale. On y distingue deux parties : l'une, charnue, supérieure et attachée au sternum, occupe toute l'étendue de l'ars; l'autre, inférieure, aponévrotique et ample, gagne le membre au niveau de l'articulation du bras avec l'avant-bras et se propage sur les parties inférieures, où elle se con-fond avec d'autres aponévroses.

Origine. De tout le bord inférieur du sternum par des fibres charnues.

Insertion. Au bras et à l'avant-bras par le moyen de son expansion aponévrotique.

Usages. Il tire le membre en arrière et en dedans, soutient et augmente l'action des muscles qu'il enveloppe.

M. sterno-huméral (*le commun au bras et à l'avant-bras*).

Situé transversalement au-dessous du bord antérieur du sterno-aponévrotique, le *sterno-huméral* constitue une grosse production musculaire, et s'étend de l'extrémité antérieure du sternum vers le milieu du bras, où il se termine. Dans les chevaux musculeux et énergiques, il forme, sur le côté du poitrail, une grosse saillie transversale sur laquelle rampe et se contourne la veine cutanée du bras.

Origine. Des parties latérales de l'extrémité antérieure du sternum, par des fibres charnues.

Insertion. A la face antérieure du corps de l'humérus, par des fibres charnues et tendineuses.

Usages. Il tire le bras en dedans et en avant, concourt à rapprocher le membre du thorax.

M. sterno-trochinien (*le grand pectoral*).

Ce muscle, d'un volume considérable et d'une forme pyramidale, se trouve situé entre le bras et le thorax; il est recouvert, dérobé inférieurement par le muscle sterno-aponévrotique, se dirige obliquement d'arrière en avant et de haut en bas à la face interne de l'angle scapulo-huméral, où il se termine.

Origine. Des parties latérales et postérieures du

sternum ; d'autres attaches plus nombreuses ont lieu aux cartilages des dernières côtes sternales et des premières asternales. Par son extrémité postérieure, ce muscle s'implante aussi dans les parois musculeuses de l'abdomen, au moyen de fibres tendineuses qui traversent la tunique abdominale, ainsi que les aponévroses des muscles costo-abdominal et ilio-abdominal.

Insertion. Au trochin par des fibres aponévrotiques et charnues ; il envoie aussi des fibres aponévrotiques au trochiter.

Usages. En agissant sur l'angle scapulo-huméral, il entraîne la totalité du membre qu'il porte en arrière.

M. sterno-scapulaire (le petit pectoral).

Ce muscle, situé en avant du précédent, avec lequel il est fortement uni et dont il ne diffère qu'en ce qu'il est moins grand et plus pyramidal, se dirige de la partie latérale antérieure du sternum, sous l'articulation scapulo-humérale ; il monte jusqu'à l'angle cervical du scapulum, en côtoyant le bord antérieur de l'épaule, contre lequel il est maintenu par une production aponévrotique.

Origine. Il s'attache au sternum ainsi qu'aux cartilages des premières côtes sternales, par des fibres charnues.

Insertion. Par l'extrémité de sa pointe, il s'implante à la tubérosité de l'angle cervical du scapulum. Il est maintenu sur le bord antérieur de l'épaule au moyen d'une expansion aponévrotique qui se répand et se perd sur les muscles attachés à la surface externe du scapulum.

Usage. Il concourt, avec le précédent, à tirer le membre en arrière et en bas.

DIFFÉRENCES. 1° *Didactyles.* Les muscles de la région sterno-costale ne sont qu'au nombre de trois; ils composent une masse charnue bien moins considérable que dans les monodactyles.

Le *sterno-scapulaire,* ou petit pectoral, manque.

Le *sterno-huméral* est bien moins gros et n'offre pas de division.

2° Dans le *porc,* les muscles sterno-costaux présentent le même arrangement que dans le cheval; on remarque seulement que le *sterno-aponévrotique* se trouve, en quelque sorte, confondu avec le *sterno-huméral,* et que le *sterno-scapulaire* offre plus de volume, surtout le long du bord antérieur de l'épaule.

3° Dans le *chien,* le *sterno-aponévrotique* est un muscle considérable; il occupe tout l'intervalle compris entre le sternum et le membre antérieur, passe sous le sterno-huméral et fournit une aponévrose courte, qui se répand sur l'avant-bras.

Le *sterno-huméral,* long, cylindroïde et sans division, adhère à la face externe du muscle précédent et s'insère à l'os du bras.

De même que dans les didactyles, on ne remarque pas de *sterno-scapulaire* ou petit pectoral.

Région costale.

Cette surface du thorax est occupée par une série de muscles différents entre eux par leur forme, leur disposition, et surtout par leurs usages; les uns concourent à former les parois de la cavité thoracique; le plus considérable fixe le membre au thorax; tous contribuent au mouvement des côtes, et plusieurs servent à l'inspiration.

M. costo-sous-scapulaire (*portion postérieure du grand dentelé de l'épaule*).

Placé entre l'épaule et le thorax, qu'il fixe l'un contre l'autre, ce muscle offre une grande étendue et représente un éventail. Sa substance charnue acquiert progressivement de l'épaisseur, à mesure qu'elle s'approche de son insertion, qui a lieu à l'extrémité supérieure du scapulum; elle est pourvue d'une lame ou couche tendineuse, que l'on aperçoit en écartant le membre du thorax, après avoir coupé les muscles de la région sterno-costale. Cette couche, d'autant plus forte qu'elle est plus près du point de terminaison à l'os de l'épaule, fait fonction de ligament destiné à maintenir l'épaule contre le thorax, et à s'opposer au tiraillement des fibres charnues (1). Son bord inférieur, demi-circulaire, laisse voir huit dentelures, dont les antérieures sont peu distinctes l'une de l'autre; tandis que les postérieures, bien prononcées, s'entre-croisent et s'engrènent avec de pareilles découpures du costo-abdominal.

Origine. Il provient de la surface externe des huit

______

(1) Il serait intéressant de constater si la distension ou le déchirement de quelques-unes des fibres de cette lame tendineuse est la véritable cause des *écarts* et des *entr'ouvertures*.

ou neuf premières côtes, sur lesquelles il s'élargit, en formant environ les deux tiers d'un cercle.

Insertion. A la surface interne et supérieure du scapulum, par des fibres charnues et par son aponévrose.

Usages. Il tire l'épaule en bas et en arrière, la tient fixée au thorax, et peut aussi l'empêcher d'être portée trop en haut.

M. dorso-costal (*la portion, antérieurement, du dentelé de la respiration*).

Aplati, mince, et ayant une certaine étendue, le *dorso-costal* occupe la partie supérieure et antérieure du thorax, ne se découvre que lorsque le membre est enlevé; sa direction est oblique de haut en bas et d'avant en arrière.

On doit y considérer deux parties, dont l'une charnue et l'autre aponévrotique : la première, étroite et légèrement dentelée, couvre une partie du muscle trachélo-costal ou intercostal commun; tandis que l'aponévrose, beaucoup plus grande, se propage sur le dos et s'attache à l'épine dorsale.

Postérieurement et vers le milieu du thorax, les dentelures de ce muscle croisent et passent par dessus les premières dentelures du muscle lombo-costal, dont il sera parlé ci-après.

Le dorso-costal provient de l'épine dorsale par son aponévrose extrêmement mince, et s'insère à la surface externe du milieu des côtes antérieures, par une aponévrose très-déliée. Ses usages consistent à porter les côtes en avant et en haut; il concourt à les élever, à produire la dilatation du thorax, et il est conséquemment inspirateur.

M. lombo-costal (*la portion postérieure du dentelé de la respiration*).

Situé à la suite du précédent, duquel il est peu différent, il se trouve appliqué sur la face lombaire, sur la partie supérieure et postérieure de la région costale, s'étend obliquement d'arrière en avant et de haut en bas. Sa portion charnue, longue bande pourvue de huit à neuf dentelures parfaitement distinctes, fait suite ou continuité à la même partie du muscle dorso-costal. Son aponévrose, forte et épaisse, se trouve supérieure et intimement unie avec celles des muscles dorso-huméral et dorso-acromien. A son origine, il s'attache à toute l'épine dorso-lombaire par des fibres aponévrotiques. Son insertion a lieu au bord postérieur des sept à huit dernières côtes par des dentelures charnues très-obliques, et dont les antérieures passent sous les dernières dentelures du dorso-costal.

Il tire en haut et en arrière la partie la plus courbée des côtes asternales, déjette en dehors leur partie inférieure, et concourt ainsi à dilater le thorax.

M. trachélo-costal (*l'intercostal commun*).

Ce muscle complexe, très-long et très-tendineux, s'étend en travers sur toutes les côtes, en suivant la direction du bord latéral externe de l'ilio-spinal, auquel il adhère assez fortement; il s'éloigne de l'articulation vertébrale des côtes, au fur et à mesure qu'il devient postérieur.

On y distingue deux plans de fibres, formant chacun une série de faisceaux allongés et terminés par des tendons. Les faisceaux du plan externe sont dirigés d'arrière en avant et leurs tendons sont d'autant plus longs et plus grêles qu'ils sont plus postérieurs; de manière que la partie tendineuse du faisceau postérieur est toujours un peu plus grande, mais moins forte que celle du faisceau précédent.

Le plan interne, dont les faisceaux sont moins forts, moins tendineux et plus larges, présente une disposition contraire, et ses divisions tiennent une direction d'avant en arière.

Origine. De l'apophyse trachélienne de la dernière vertèbre cervicale par un tendon.

Insertions. A toutes les côtes par des digitations tendineuses, et il se termine postérieurement aux extrémités des apophyses transverses des troisième et quatrième vertèbres lombaires. Si l'on considère les attaches particulières à chacun des deux plans, en remarquera que le plan externe, qui parait tirer son origine des apophyses transverses des lombes, franchit les trois à quatre dernières côtes, puis s'insère au bord postérieur de toutes les côtes précédentes. Le plan interne se comporte à peu près de la même manière; il commence à l'apophyse trachélienne de la dernière vertèbre cervicale, passe sur les deux premières côtes sans s'y implanter, puis s'insère au bord antérieur de la troisième côte, s'attache successivement et dela même manière aux quinze côtes suivantes.

Usages. Les usages de ce muscle sont très-compliqués ; il paraît contribuer à la dilatation du thorax , et conséquemment à l'inspiration.

M. costo-sternal (*le transversal des côtes*).

Forte bande charnue, tendineuse, et fixée en travers sur la partie inférieure et externe des quatre ou cinq premieres côtes , le *costo-sternal* tient une direction un peu oblique de haut en bas et d'avant en arrière ; il prend son origine à la première côte, passe sur la deuxième et la troisième sans s'y attacher , et s'insère aux cartilages des deux côtes suivantes, ainsi qu'aux parties latérales du sternum. Sa portion postérieure est entièrement aponévrotique , tandis que l'antérieure n'offre que quelques fibres tendineuses.

Par sa contraction, ce muscle contribue à l'élévation des côtes, et conséquemment à la dilatation du thorax.

MM. intercostaux externes.
MM. intercostaux internes.

Ces muscles remplissent toute l'étendue des intervalles intercostaux , et se prolongent même entre les cartilages des côtes asternales ; ils forment, dans chacun de ces espaces, deux couches superposées unies par du tissu lamineux et distinguées en externe et en interne.

La couche externe, ou , mieux , le muscle intercostal externe, constitue une bande longitudinale, dont les fibres, très-obliques, vont de haut en bas et d'avant en arrière.

Moins large, un peu moins épais et plus tendineux, le muscle intercostal interne est de même fixé aux deux côtes, adhère par sa face interne à un ligament intercostal, jaunâtre et élastique ; ses fibres, moins obliques que celles du muscle précédent, sont dirigées de bas en haut et d'avant en arrière ; elles croisent en X celles du muscle intercostal externe.

Origine. Du bord postérieur de la côte antérieure : l'un vient d'en dehors et l'autre du côté interne, par des fibres charnues et quelques aponévrotiques.

Insertion. Au bord antérieur de la côte qui suit celle d'origine ; mais on observe que l'intercostal externe s'implante sur la surface externe de l'os, tandis que l'intercostal interne s'insère au bord tranchant des côtes antérieures et à la lèvre interne de ce même bord dans les côtes arrondies.

Usages. Ces muscles concourent puissamment à la respiration, en élevant la côte postérieure sur l'antérieure, toujous la plus fixe, celle sur laquelle ils peuvent prendre un point d'appui plus assuré.

MM. transverso-costaux (les releveurs des côtes).

Courts, épais et pourvus de fibres tendineuses, les *transverso-costaux* constituent quatorze à quinze faisceaux épais, qui complètent et forment en quelque sorte la tête ou l'extrémité supérieure des qua-

torze à quinze derniers muscles intercostaux externes. Chacun de ces faisceaux, dont la forme est pyramidale, s'étend obliquement de l'articulation de la
côte avec les vertèbres, au bord antérieur de la côte
suivante. Les premiers de ces muscles sont courts
et d'autant plus petits qu'ils sont plus antérieurs.

Origine. De l'apophyse transverse d'une vertèbre, par des fibres charnues et une couche tendineuse.

Insertion. A l'extrémité supérieure de la côte, qui
suit le point d'origine; cette insertion, qui se fait
principalement par des fibres charnues, est plus
grande, plus prolongée que l'attache antérieure,
qui est circonscrite.

Usages. Ils tirent les côtes en avant et aident à
dilater la cavité throracique.

MM. sterno-costaux (*les muscles du sternum*).

Nous comprenons sous ce titre générique six à
sept digitations courtes, aplaties, parsemées de
fibres tendineuses et situées à la face interne des
sept cartilages costaux qui viennent après la
deuxième côte : chacune de ces digitations est formée par deux ordres de fibres; les unes, postérieures, vont d'arrière en avant, tandis que les antérieures se dirigent d'avant en arrière et de bas en
haut.

Situés les uns à la suite des autres, ces petits
muscles composent une longue bande, dont le bord,
supérieur et dentelé, répond à l'articulation des cartilages avec les côtes; son bord inférieur, fixé au

sternum, se trouve séparé de la bande opposée par un gros cordon fibreux, blanc et longitudinal. Ce ligament médian se bifurque postérieurement, et semble être le point d'origine de tous les muscles sterno-costaux, qui sont les congénères des intercostaux.

Différences. *a. Didactyles.* Les muscles de cette région présentent la même disposition essentielle; ils ne diffèrent que sous le rapport des formes et de la grandeur de quelques-uns d'eux.

Le *costo-sous-scapulaire* est parfaitement distinct du trachélo-sous-scapulaire; et son extrémité d'insertion en est séparée par un tissu lamineux abondant.

Le *dorso-costal* ne s'étend pas postérieurement jusqu'au muscle lombo-costal, et se termine à une certaine distance de lui; sa portion charnue n'a que quatre dentelures peu prononcées, et dont la première s'insère à la cinquième côte.

Dans le *lombo-costal,* on ne compte que six dentelures implantées aux six dernières côtes.

Dans le *trachélo-costal,* les tendons du plan externe sont d'autant plus forts et même plus longs qu'ils se trouvent plus antérieurs. Le plan interne, peu tendineux, s'attache aux côtes par une succession de dentelures presque entièrement charnues.

Le *costo-sternal,* plus épais et plus large, ne dépasse pas le bord latéral et inférieur du sternum.

Les *sterno-costaux,* au nombre de sept, sont

généralement plus longs et plus charnus que dans les monodactyles.

b. Considérés dans le porc, ces muscles ont la même disposition essentielle que dans le cheval; ils ne diffèrent que par leur forme et par la disposition particulière de quelques-uns d'entre eux.

On compte cinq dentelures dans le *dorso-costal*, et sept dans le *lombo-costal*.

Le *costo-sternal* ou transversal des côtes fournit postérieurement une forte aponévrose, qui s'attache et se perd sur les deux derniers muscles sterno-costaux externes.

Les muscles *sterno-costaux* du thorax forment deux séries, et se distinguent en sterno-costaux externes et sterno-costaux internes. Les premiers ont la même disposition que ceux du cheval, tandis que les sterno-costaux internes, au nombre de six, se trouvent situés obliquement d'avant en arrière et de bas en haut, et sont d'autant plus longs et plus épais qu'ils sont plus postérieurs.

c. Dans le chien, le *costo-sous-scapulaire*, moins large et moins fort que dans le cheval, n'offre que six dentelures à son bord inférieur; l'aponévrose ligamenteuse de son extrémité d'insertion est étroite et mince.

Le *dorso-costal*, muscle important, occupe toute la partie antérieure et supérieure des premières côtes; sa portion charnue, large et épaisse, présente neuf dentelures distinctes; son aponévrose occupe une partie de la face cervicale de l'encolure, et son insertion a lieu aux neuf premières côtes, en bas du muscle trachélo-costal ou intercostal commun.

Le *lombo-costal*, ayant peu d'étendue, ne comprend que quatre dentelures attachées aux quatre dernières côtes.

Le *trachélo-costal* se termine postérieurement par une pointe pyramidale qui passe sous le prolongement de la portion lombaire du muscle ilio-spinal et s'insère à l'avant-dernière côte.

RÉGION DIAPHRAGMATIQUE.

Le diaphragme.

Ce muscle, impair et aplati, forme une grande cloison, plus large supérieurement qu'inférieurement; cloison qui sépare la cavité throracique de l'abdomen, s'étend obliquement de haut en bas suivant la direction des cercles cartilagineux, et offre deux parties, l'une centrale aponévrotique, et l'autre charnue, située à la circonférence.

La partie aponévrotique, plus généralement le *centre tendineux, nerveux* du diaphragme, constitue une surface blanche, très-étendue, et ayant la figure d'un cœur de carte à jouer. Ce centre aponévrotique est composé de fibres très-fortes, qui se croisent, s'entrelacent en différents sens et convergent vers le milieu.

La partie charnue occupe toute la circonférence du muscle, se subdivise elle-même en deux portions, l'une supérieure ou sous-lombaire, l'autre latérale, inférieure ou asternale. La première, allongée, épaisse et fixée au corps des vertèbres lombaires par de forts tendons, se prolonge dans la grande échancrure du centre aponévrotique ; elle forme deux gros faisceaux inégaux, appelés les *piliers* du diaphragme, et distingués en droit et en gauche. Le pilier droit, plus long et plus fort, s'attache au corps des cinq premières vertèbres lombaires par un gros tendon ; le pilier gauche, moins volumineux, moins long et placé sur le côté du corps des vertèbres, ne s'implante qu'aux deux premières vertèbres lombaires. L'autre portion charnue, celle qui correspond au cercle cartilagineux, est pourvue de dentelures, au nombre de douze à treize de chaque côté : ces découpures ou divisions s'attachent à la face interne de la jonction des côtes postérieures avec leurs cartilages, et les dentelures inférieures s'insèrent au sternum.

La *face antérieure* ou *thoracique*, convexe et tapissée par les plèvres, se trouve en rapport avec la base des poumons.

La *face postérieure*, concave et tapissée par le péritoine, est en rapport avec l'estomac, l'intestin, le foie, l'épiploon et la rate.

Le diaphragme présente trois ouvertures principales : une inférieure et antérieure, située à peu près dans le milieu du centre aponévrotique, donne passage à la veine cave postérieure ; la deuxième, pratiquée dans la partie charnue du pilier droit, est oblongue, supérieure à celle du centre et destinée au passage de l'œsophage.

Cette ouverture œsophagienne est pourvue de

deux grosses lèvres charnues, tient une direction très-oblique, peut se dilater et se resserrer suivant les circonstances. L'ouverture supérieure, celle par laquelle l'aorte postérieure pénètre dans l'abdomen, sépare les deux tendons des piliers.

Outre les usages de position, le diaphragme exécute des mouvements qui font varier les dimensions des deux cavités qu'il sépare, et il contribue d'une manière plus ou moins spéciale aux fonctions des organes contenus dans ces mêmes cavités splanchniques. Lorsqu'il se contracte, sa convexité antérieure devient moins prononcée ; et, par l'effet de ce changement, la cavité du thorax augmente, tandis que celle de l'abdomen diminue : dans ces cas, il est essentiellement inspirateur ; il favorise la dilatation des poumons pendant qu'il presse, refoule en arrière les viscères abdominaux. En se relâchant, le diaphragme reprend ses dimensions premières ; il revient en avant, comprime les poumons, et concourt ainsi à l'expiration. Ce muscle opère donc un mouvement continuel et alternatif d'avant en arrière, mouvement dont la force et la vitesse varient en santé comme en maladie, et qui fait éprouver aux viscères un balancement favorable à l'exercice de leurs fonctions.

Différences. 1° Dans les *didactyles*, le centre aponévrotique du diaphragme est généralement moins étendu ; les dentelures charnues qui correspondent aux cercles cartilagineux des côtes sont plus prononcées et plus grandes. On observe aussi que les piliers sont plus longs et plus volumineux.

2° Dans le *chien*, le diaphragme est généralement plus charnu que dans les monodactyles, et son centre aponévrotique est moins grand.

Région abdominale.

Elle comprend quatre grands muscles, qui, par leur étendue et leur disposition respectives, composent les parois inférieures de l'abdomen, dont ils augmentent ou diminuent la capacité, suivant qu'ils se contractent ou qu'ils se relâchent.

M. costo-abdominal *(le grand oblique)*.

Ce muscle, l'un des plus larges du corps et dont la surface externe adhère intimement à la tunique abdominale, se propage obliquement depuis la partie inférieure des neuf à dix côtes postérieures, sur le cercle cartilagineux, jusqu'à la ligne médiane de l'abdomen.

On y distingue une partie charnue et l'autre aponévrotique; la première, appliquée sur les côtes, présente, à son bord antérieur, une série de dentelures, dont les inférieures s'entre-croisent avec celles du muscle costo-sous-scapulaire. L'aponévrose, beaucoup plus étendue, commence au niveau du cercle cartilagineux, d'où elle se dirige vers la ligne médiane de l'abdomen; elle diminue de largeur et augmente d'épaisseur successivement depuis le flanc jusqu'au prolongement abdominal du sternum, se glisse entre la tunique abdominale et l'aponévrose du muscle ilio-abdominal, et contracte avec ces deux parties une adhésion particulière.

Vers l'aine, l'aponévrose du costo-abdominal

passe devant la cuisse sans s'y attacher, et forme l'arcade crurale, grand intervalle occupé par des ganglions et des vaisseaux plongés dans un amas de tissu cellulaire. Près et en avant de cette arcade, elle fournit un grand feuillet aponévrotique, qui descend sur la cuisse et se réunit à l'aponévrose du muscle ilio-aponévrotique. Du côté du bord abdominal du pubis, elle offre une ouverture appelée *anneau prépubien*, et pourvue d'une sorte de pavillon ligamenteux. Dans les mâles, cette ouverture, plus grande, donne passage au cordon testiculaire. L'anneau sus-pubien des femelles est transversal, étroit, et destiné au passage des vaisseaux et nerfs mammaires.

Origine. Il s'attache par des dentelures charnues à la surface externe des côtes, près et en avant du cercle cartilagineux de ces os.

Insertion. A la ligne médiane de l'abdomen, ainsi qu'au bord abbominal du pubis, par le moyen de ses fibres aponévrotiques; il s'implante aussi à l'angle externe de l'ilium.

Usages. Il comprime l'abdomen et sert d'une manière efficace aux grandes inspirations.

M. ilio abdominal (le petit oblique).

Situé immédiatement sur le précédent, il ne dépasse pas le cercle cartilagineux, et son étendue est bornée à celle de la surface inférieure de l'abdomen. De même que le costo-abdominal, il présente une partie charnue et une grande aponévrose; la portion charnue, épaisse, flabelliforme et attachée à l'angle externe de l'ilium, occupe le pourtour du flanc et descend du côté de l'aine. L'aponévrose envoie supérieurement une division dentelée, qui s'insère à la face interne du cartilage des dernières côtes asternales; elle se dirige ensuite obliquement vers la ligne médiane de l'abdomen, croise l'aponévrose du costo-abdominal et passe sous le sterno-pubien, auquel elle est unie par des fibres aponévrotiques provenant du sterno-trochinien.

Origine. De l'angle externe de l'ilium, par des fibres charnues et tendineuses.

Insertion. A toute la ligne médiane de l'abdomen, ainsi qu'à la face interne du cartilage des quatre à à cinq dernières côtes asternales, par son aponévrose.

Usages. Ils sont les mêmes que ceux du costo-abdominal.

M. sterno-pubien (*le droit*).

Long et très-complexe, ce muscle forme une large sangle, qui s'étend entre les aponévroses des trois autres muscles, depuis le sternum jusqu'au pubis; sa substance charnue est pourvue d'intersections tendineuses, disposées transversalement en zigzag, d'autant moins fortes et plus écartées qu'elles sont plus postérieures; il augmente de largeur seulement par son bord externe, progressivement depuis son extrémité antérieure jusque vers le tiers postérieur de sa longueur, d'où il diminue jusqu'au pubis.

Origine. Des parties latérales de l'extrémité postérieure du sternum, ainsi que des cartilages de quelques-unes des côtes sternales, par des fibres tendineuses; il s'attache aussi, au moyen d'une production ligamenteuse jaune et élastique, à la face interne de l'extrémité inférieure du cercle cartilagineux de l'abdomen.

Insertion. Au bord abdominal du pubis, par un gros tendon, auquel se réunissent les fibres aponévrotiques des autres muscles abdominaux; le sterno-pubien s'insère aussi à toute la ligne médiane de l'abdomen.

Usages. Il tire le thorax en arrière, le rapproche du bassin, ou bien il déplace ce dernier et le porte en avant, suivant que ses points fixes sont antérieurs ou postérieurs.

M. lombo-abdominal (*le transverse*).

De même forme, de même étendue, mais plus mince que l'ilio-abdominal, il s'étend transversalement de la région lombaire et du cercle cartilagineux à la ligne médiane de l'abdomen.

Sa partie charnue, étroite et dentelée, en constitue tout le bord externe, et répond conséquemment aux vertèbres des lombes, ainsi qu'au cercle cartilagineux. Sa portion aponévrotique, beaucoup plus étendue, augmente de largeur et perd de son épaisseur, d'avant en arrière, depuis le sternum jusque vers la cuisse.

Origine. Il s'attache aux apophyses transverses des vertèbres lombaires, provient aussi de la face interne du cercle cartilagineux de l'abdomen, par une série de dentelures charnues.

Insertion. A toute la ligne médiane de l'abdomen par des fibres aponévrotiques.

Usages. Il soulève la ligne médiane de l'abdomen et peut aussi baisser les côtes.

Considérations particulières.

Ces muscles, arrangés par couches superposées et réunis avec ceux du côté opposé, donnent aux parois inférieures de l'abdomen une épaisseur à peu près égale dans tous leurs points. Étant puissamment fortifiées par la *ligne médiane,* ces parois musculaires sont encore enveloppées, soutenues par une production membraniforme appelée *tunique abdominale.*

1° **La ligne médiane,** ou plus communément **la** *ligne blanche* de l'abdomen, est un gros cordon blanc, très-résistant et composé de fibres qui s'entre-croisent, s'entrelacent sans qu'il soit possible de les débrouiller. Ce cordon, composé de deux portions symétriques intimement unies, se prolonge dans le plan médian, depuis le sternum jusqu'au bassin, partage également la surface inférieure de l'abdomen, et présente vers ses deux tiers antérieurs une cicatrice appelée l'*ombilic.* Cette cicatrice, trace de l'ouverture, qui, dans le fœtus, sert au passage du cordon ombilical, réside et se montre dans le milieu d'une dépression ou fosse ovalaire, dont les bords laissent échapper des lames fibreuses.

Après s'être entrelacées, les fibres qui composent la ligne médiane s'échappent et fournissent de chaque côté deux principaux feuillets : l'un, mince et interne, s'étend sur le muscle sterno-pubien ; l'autre semble former l'enveloppe extérieure ou la tunique abdominale. A son insertion au pubis, ce cordon forme un gros ligament rond, qui se porte de dedans en dehors, règne dans la dépression du bord abdominal de cet os, et va s'insérer dans l'excavation de la tête du fémur.

2° La *tunique abdominale*, production formée par les fibres superficielles du cordon médian de l'abdomen, s'étend en forme de membrane, enveloppe les muscles abdominaux, et les sépare de l'aponévrose du muscle sous-cutané, le pannicule charnu. Antérieurement, elle recouvre la partie inférieure du grand pectoral, plus en arrière l'aponévrose du costo-abdominal ; vers les parties latérales, elle est appliquée sur la portion charnue de ce muscle, ainsi que sur le costo-sous-scapulaire, à la surface duquel se perdent ses fibres devenues beaucoup plus rares, et qui, toutes, se portent en bas en convergeant vers le bassin, où elles se terminent. Il suit de là que ses fibres, plus épaisses et plus rapprochées sur la surface inférieure de l'abdomen et près de la ligne médiane qu'aux flancs et sur les parties latérales du thorax, sont en grand nombre près du pubis, où elles forment un gros cordon ayant une épaisseur de plusieurs lignes. Il s'ensuit également que les fibres situées sur les côtés se dirigent de haut en bas et d'avant en arrière ; que cette direction est très-oblique pour les plus antérieures, et presque perpendiculaire à l'axe du corps pour celles qui viennent des flancs; qu'enfin les fibres médianes se portent toutes parallèlement à la ligne blanche, et forment dans le même sens des plis d'autant plus marqués qu'ils sont plus rapprochés du pubis.

Cette disposition est très-remarquable lorsque, après la mort, ces fibres sont écartées par suite du volume qu'acquièrent les intestins; elles forment alors dans leur ensemble une espèce d'éventail, et le tissu cellulaire qui les unit leur permet tellement de s'écarter les unes des autres, que leurs plis disparaissent entièrement et laissent à nu, au-dessus, l'aponévrose du costo-abdominal. Cela devait être ainsi, puisque, lors de leur développement, tous les viscères abdominaux se portent constamment en avant : c'était donc antérieurement que l'écartement des fibres devait être plus considérable.

Ces trousseaux de fibres séparées, comme on vient de le voir, par une grande quantité d'un tissu cellulaire lâche se réunissent intimement en avant et au-dessous du pubis, et s'y attachent après avoir donné naissance aux prolongements suivants :

1° Le ligament suspenseur du fourreau, qui donne lui-même naissance au dartos;

2° Un large ligament qui s'attache à toute la symphyse du pubis, en dehors des muscles fémoraux internes, recouvre la base du pubis, et fournit dans la femelle la capsule fibreuse des mamelles; capsule qui devait nécessairement être douée d'une grande élasticité pour se prêter au développement qu'acquièrent ces organes à l'époque de la lactation;

3° Le feuillet extérieur d'une membrane fibreuse, dont le feuillet interne est fourni par l'aponévrose du muscle grand oblique. Cette large expansion lamineuse, appliquée sur la face interne des muscles de la cuisse, se confond antérieurement avec l'aponévrose du *fascia lata*, se perd en arrière sur les muscles fessiers, se continue en bas avec l'aponévrose crurale, et se termine supérieurement en se réunissant avec une autre aponévrose, qui couvre les muscles de la région sous-lombaire et concourt à former l'arcade crurale.

De même que les autres tissus fibreux et jaunes, qui sont résistants et élastiques, la tunique fibreuse de l'abdomen sert de lien, d'enveloppe, et fait les fonctions d'un ressort; elle donne aux parois du ventre la force nécessaire pour résister aux viscères abdominaux, et elle rend plus efficaces certaines contractions des muscles qu'elle recouvre : très-développée dans les grands herbivores domestiques, où les organes digestifs ont une énorme capacité, elle devient moins épaisse et moins élastique à mesure que le volume de ces organes diminue : aussi n'en trouve-t-on que des traces dans le chien et dans le chat; aussi est-elle bornée dans l'homme, sans doute à cause de sa situation verticale, à quelques fibres rares, qui constituent le *fascia superficialis*.

Différences. 1° Dans le *porc*, point d'enveloppe ligamenteuse.

La partie sternale du petit oblique offre deux

portions séparées et figurant deux muscles distincts.

2° Dans le *chien*, les muscles abdominaux, généralement plus charnus que dans les monodactyles, ne sont pas soutenus par l'enveloppe abdominale, dont il ne reste que quelques traces.

Le *costo-abdominal* ou grand oblique offre une partie charnue, près de trois fois plus étendue que son aponévrose, qui est étroite et presque aussi forte postérieurement qu'antérieurement.

De même que le précédent, l'*ilio-abdominal* ou petit oblique a une grande portion charnue, d'une épaisseur à peu près égale partout, et qui n'est pas divisée comme dans le cheval.

La même observation a lieu pour le *lombo-abdominal* ou *transverse*, dont la portion charnue est bien plus considérable que son aponévrose.

Le *sterno-pubien* ou *droit* a peu d'intersections tendineuses.

§ IV. *Muscles de la tête.*

RÉGION AURICULAIRE.

Nous ne décrirons dans cet article que les muscles attachés à l'oreille externe, formée par le concours des trois fibro-cartilages, la *conque*, l'*annulaire*, la *scutiforme*.

M. temporo-oriculaire externe *(le premier de l'oreille externe).*

Ce petit muscle, très-mince, mi-charnu et mi-aponévrotique, est situé immédiatement sous la peau, par-dessus le temporo-maxillaire et en avant de l'oreille. Il vient du rebord interne et inférieur de la fosse temporale, s'insère d'une part au cartilage scutiforme, et envoie une petite bandelette au côté interne de la base de la conque. En tirant en avant et en bas ce dernier cartilage, il facilite et aide le mouvement en avant de toute l'oreille.

M. zygomato-oriculaire (*portion du précédent*).

Ce second muscle, beaucoup plus petit, constitue une bandelette mince, courte et posée sur le côté de la tempe ; il s'étend de l'extrémité supérieure de l'épine zygomatique, où il prend son origine, jusqu'au cartilage scutiforme, où il s'insère et d'où il va jusqu'à la conque. Il est congénère du précédent ; il contribue à tirer l'oreille en dehors, tandis que le premier la porte en dedans.

M. parotido-oriculaire (*le cinquième*).

Étendu sur la parotide, ce muscle, plus grand et plus charnu que les deux précédents, se dirige de haut en bas, depuis la base de l'oreille jusqu'au niveau du larynx, et il traverse l'aponévrose du muscle sous-cutané de la tête.

Origine. De la surface externe de la parotide.

Insertion. Au côté externe de la conque, par des fibres charnues.

Usage. Il tire l'oreille en dehors.

M. cervico-oriculaire externe (*le troisième*).
M. cervico-oriculaire moyen (*première portion du quatrième*).
M. cervico-oriculaire interne (*deuxième portion du quatrième*).

Ces trois muscles superposés occupent le derrière

de l'oreille, et s'étendent du ligament cervical à la conque ; ils constituent trois bandelettes charnues d'une inégale longueur et ayant des directions différentes ; ils prennent leur origine au ligament cervical et s'attachent l'un par-dessus l'autre. L'externe s'insère à la face interne de la base de la conque, le mitoyen à la face postérieure du même fibro-cartilage, et l'interne se glisse sous l'angle cervical de la parotide, gagne la courbure de la conque, où il se termine.

Dans leur action simultanée, ces muscles tirent l'oreille en arrière et un peu en dehors ; mais l'interne la fait tourner de dehors en dedans

M. temporo-oriculaire interne (*le second*).

Ce petit muscle, grêle, situé à la face interne de l'oreille, sous le temporo-oriculaire externe, est aplati, pyramiforme et tendineux à son extrémité d'insertion. Il tire son origine de la crête temporale, s'attache aussi à l'occipital par des fibres charnues ; de ces points il se dirige obliquement vers la face interne de la conque, où il se termine par sa pointe tendineuse. Dans sa contraction il aide à tirer l'oreille en dedans et à la faire tourner.

M. scuto-oriculaire externe (*portion du premier*).

Nous indiquons, sous cette dénomination, trois à quatre bandelettes charnues, très-courtes, qui vont du bord supérieur du cartilage scutiforme à la face antérieure de la base de la conque, où elles s'insèrent. Ces productions charnues ne doivent pas être confondues avec aucun des autres muscles, attendu qu'elles font des attaches et des usages différents.

M. scuto-oriculaire interne (le *sixième*).

Situé profondément sous la courbure de la conque et au milieu du coussinet adipeux sur lequel repose ce fibro-cartilage, le scuto-oriculaire interne comprend deux portions charnues, épaisses et posées en travers l'une sur l'autre. Il prend son origine à la face interne du cartilage scutiforme, et s'insère à la face postérieure de la base de la conque, sous le cervico-oriculaire mitoyen. Lorsque le scutiforme est maintenu fixe, ce muscle couche l'oreille en arrière et contribue à la faire tourner.

M. mastoïdo-oriculaire.

Cette production, très-grêle, composée de deux petits faisceaux charnus unis par du tissu cellulaire, se trouve placée profondément sous la conque, contre le conduit auditif externe. Le mastoïdo-oriculaire prend son origine au côté interne de l'hiatus auditif externe, s'insère à la conque et peut contribuer à roidir le conduit auriculaire.

Considérations particulières.

Outre les dix muscles compris dans la région auriculaire, et dont nous venons de présenter la description, on observe, à la face postérieure de la conque et à la suite de l'insertion des muscles, diverses fibres charnues, courtes, minces; ces fascicules contribuent à roidir la conque pour la perception du son.

1° Dans les *didactyles*, ces muscles sont plus

forts au côté interne de l'oreille qu'en dehors. Il n'y a qu'un seul *temporo-auriculaire*, qui est moins large, mais plus long que dans le cheval; le *temporo-auriculaire* interne manque.

Le *zygomato-auriculaire*, un peu plus long, s'insère à la conque près de son orifice externe.

Le *parotido-auriculaire* est un muscle grêle et recouvert par le muscle sous-cutané de la face.

2° Dans le *porc*, ces muscles se rapprochent beaucoup de ceux du bœuf; en général, leur longueur et leur force sont toujours proportionnées au volume de l'oreille. Dans le cochon à longues oreilles, les muscles *cervico-auriculaire*, *temporo-auriculaire* interne et *scuto-auriculaire externe* ont plus de longueur et de force; ils se propagent sur la surface de la conque et se terminent à des points séparés.

Le *mastoïdo-auriculaire* est un muscle important et dans lequel on distingue deux branches, dont la plus courte et la plus grêle s'insère à la face interne du cartilage scutiforme.

Le *parotido-auriculaire* représente une longue bandelette, plus mince que dans les monodactyles, et bifurquée à sa partie inférieure.

Les faisceaux charnus qui se remarquent sur la surface de la conque, et qui correspondent aux muscles héliciens de l'homme, forment vers la base du même cartilage une couche bien développée.

3° Dans le *chien*, les deux *temporo-auriculaires*, externe et interne, ne composent qu'un seul muscle large, plus charnu que dans le cheval, et qui couvre tout le muscle crotaphite.

Le *zygomato-auriculaire*, très-grêle; le *mastoïdo-auriculaire*, plus gros et plus long que dans le cheval.

RÉGION DES PAUPIÈRES ET DE L'OEIL.

M. orbiculaire des paupières.

L'orbiculaire, sorte d'enveloppe sous-cutanée, s'étend circulairement autour des paupières, adhère intimement à la peau de ces parties et présente deux productions, l'une palpébrale supérieure et l'autre palpébrale inférieure. Ces deux portions, dont la supérieure est plus large et plus épaisse, semblent provenir du tubercule lacrymal, où elles s'attachent au moyen d'un tendon, et elles se croisent supérieurement au-dessus de l'angle temporal. Au point d'origine que nous venons d'indiquer, ce muscle offre quelques petits faisceaux charnus, posés en travers et destinés à faire rider la peau de l'angle lacrymal, opérer enfin un mouvement favorable à l'écoulement des larmes. En se contractant, l'orbiculaire rapproche les paupières l'une de l'autre, les tire en devant du bulbe de l'œil, les applique immédiatement l'une contre l'autre, et les fait plus ou moins froncer.

M. fronto-surcilier (*portion de l'orbiculaire*).

Ce petit muscle, court et sous-cutané, provient du milieu du front par une aponévrose, d'où il se porte en travers et gagne la portion supérieure ae l'orbiculaire, plus près de l'angle temporal que du nasal. Ce muscle, dont quelques anatomistes n'ont pas fait mention, sans doute parce qu'ils l'ont confondu avec l'orbiculaire, relève la paupière supérieure, en la tirant du côté du front.

M. orbito-palpébral (*le releveur de la paupière supérieure*).

Ce muscle, long et très-grêle, provient du fond de l'orbite avec les quatre doigts de l'œil, et se prolonge jusqu'au bord de la paupière supérieure, en passant entre la glande lacrymale et la conjonctive; il s'attache dans le fond de l'orbite, au côté interne des muscles droits de l'œil, par des fibres aponévrotiques; parvenu au rebord orbitaire, il fournit une large aponévrose qui s'insère à tout le bord de la paupière supérieure; il relève cette paupière et la tire en dedans.

M. droit supérieur de l'œil (*le releveur de l'œil*).
M. droit inférieur de l'œil (*l'abaisseur*).
M. droit externe de l'œil (*l'abducteur*).
M. droit interne de l'œil (*l'adducteur*).

Ces quatre muscles, ainsi nommés parce qu'ils se portent en ligne droite du fond de l'orbite à la partie antérieure de la sclérotique, sont cylindroïdes, tendineux à leurs extrémités, et d'autant plus écartés l'un de l'autre qu'ils sont plus avancés du côté de la face antérieure de l'œil. Renfermés dans la gaine fibreuse avec le coussinet adipeux, ils fournissent antérieurement une expansion tendineuse qui constitue le blanc de l'œil.

Origine. Ils naissent des bords de l'hiatus orbitaire par des fibres charnues et aponévrotiques.

Insertion. A la face antérieure de la sclérotique, chacun par un tendon aplati.

Usages. Le supérieur relève le bulbe de l'œil; l'inférieur l'abaisse; l'externe le tire en dehors; l'interne le porte en dedans; et, lorsqu'ils se contractent simultanément, ils compriment le bulbe, l'attirent dans l'orbite et modifient l'axe formé par la cornée lucide.

M. grand oblique.

Il est situé dans la gaine oculaire, au côté interne des quatre précédents, dont il ne diffère qu'en ce qu'il est plus long et qu'il ne suit pas le même trajet; il naît des bords de l'hiatus orbitaire, règne contre les parois internes de la cavité orbitaire, glisse dans la poulie fibro-cartilagineuse, qui se trouve près du trou surcilier; sorti de cette poulie, il prend une direction oblique de bas en haut, passe par-dessous le tendon du muscle droit supérieur, et s'insère à la sclérotique, entre le muscle droit externe et le droit supérieur. Il fait éprouver au bulbe de l'œil un mouvement de rotation qui a lieu de haut en bas et de dehors en dedans.

M. petit oblique.

Beaucoup plus court que le grand oblique, il occupe la partie inférieure de l'orbite et se trouve situé en arrière de l'angle nasal. Il prend son origine dans la fossette lacrymale, d'où il se dirige obliquement de dedans en dehors et de bas en haut, passe par-dessus le tendon du muscle droit inférieur, et se termine sur la partie externe de la face antérieure de la sclérotique. Il fait tourner l'œil dans un sens opposé à celui déterminé par le muscle précédent.

M. droit postérieur (*l'orbiculaire* ou *le suspenseur*).

Peu tendineux et situé derrière la sclérotique, entre les quatre muscles droits et au milieu du tissu adipeux, il est composé de quatre portions cylindriques, qui entourent le nerf optique et sont unies l'une à l'autre par un tissu cellulaire abondant. Il provient du rebord de l'hiatus orbitaire par des fibres charnues et aponévrotiques, et il se termine à la face postérieure de la sclérotique par des fibres charnues.

Ce muscle opère la rétraction du bulbe dans l'orbite; il agit aussi sur la forme de l'œil, qu'il concourt à mettre en rapport avec la distance des objets sur lesquels l'animal fixe le regard.

Considérations particulières.

Outre les muscles que nous venons de décrire, on remarque constamment dans le fond de l'orbite un petit faisceau musculeux, oblong et pourvu de quelques fibres tendineuses; lequel faisceau se trouve couché en long et situé en partie dans le grand trou sus-sphénoïdal.

Quelquefois le muscle droit inférieur est divisé en deux branches, dont une va s'insérer au fibro-cartilage de la paupière nasale.

Différences. 1° Dans les *didactyles*, les muscles

de l'œil ont la même disposition que dans les monodactyles ; les différences ne se remarquent qu'aux
muscles des paupières qui se trouvent sous la peau.

Ainsi l'*orbiculaire* constitue une couche épaisse
et beaucoup plus charnue que dans le cheval ; ce
muscle se confond, du côté du front, avec le sous-
cutané frontal et le fronto-palpébral ; inférieurement il fait, pour ainsi dire, continuité avec le
lacrymo-labial. Autour de l'angle de l'œil, il est
plus charnu ; ses fibres sont transversales, dirigées
de haut en bas ; son tendon lacrymal est gros et
long.

2° Dans les *carnivores*, les quatre muscles droits
latéraux sont plus rouges et plus cylindriques ; les
quatre portions du droit postérieur sont grêles,
isolées les unes des autres, et chacune d'elles correspond exactement à l'intervalle des muscles droits
latéraux.

RÉGION DU CHANFREIN.

Les muscles qui appartiennent à cette région de
la face sont généralement petits, de formes différentes, s'insèrent soit aux lèvres, soit au pourtour de
l'orifice nasal, et déterminent les mouvements variés de ces parties.

M. zygomato-labial.

Ce muscle, très-grêle, long et tendineux à son origine, vient de l'épine zygomatique par un tendon,
et se prolonge jusqu'à la commissure des lèvres ; il
peut contribuer à relever cette même commissure,
près de laquelle il se termine.

M. lacrymo-labial.

Très-mince et membraniforme, il est situé en travers sous le précédent, s'étend depuis l'angle nasal de l'œil jusqu'au milieu des joues, où il s'insère par des fibres aponévrotiques très-ténues.

M. alvéolo-labial *(les molairesexterne et interne)*.

Couché sur la membrane de la poche des joues, ce muscle se compose de deux portions : l'une, externe, penniforme, fournit inférieurement une branche à chaque intervalle interdentaire ; la portion interne, plus longue et très-complexe, s'identifie en quelque sorte avec la membrane précédente et offre diverses fibres tendineuses.

Origine. Du bord alvéolaire des dents molaires tant supérieures qu'inférieures ; il s'attache aussi par une production tendineuse à la crête maxillaire.

Insertion. A la commissure des lèvres, ainsi qu'aux espaces interdentaires ; sa réunion avec la membrane buccale doit aussi être considérée comme l'une des insertions qu'il importe de remarquer.

Usages. Il relève la commissure des lèvres, ramène les aliments sous les dents molaires, et il préserve la membrane de la bouche d'être pincée par les dents,

M. sus-naso-labial *(le maxillaire)*.

Posé obliquement sur le chanfrein et prolongé

depuis la partie inférieure du front jusqu'à la commissure des lèvres, ce muscle constitue une bande charnue, mince et bifurquée à sa partie inférieure. Il s'attache supérieurement à l'os sus-nasal par une large aponévrose, et s'insère à la lèvre supérieure par ses deux branches, dont une se termine à la commissure des lèvres, et l'autre se plonge dans l'aile externe du nez. Il concourt à relever la lèvre supérieure et à dilater l'ouverture extérieure du naseau.

M. sus-maxillo-labial *(le releveur de la lèvre supérieure)*.

Il est situé sous le précédent, se dirige dans un sens contraire, et s'étend du bas de l'angle nasal de l'œil jusque dans le milieu de la lèvre supérieure. Il offre deux parties : l'une, supérieure, charnue et pyramidale; l'autre, inférieure, porte un long tendon qui, parvenu au bout du nez, se réunit avec le tendon opposé et forme une expansion très-remarquable.

Il prend son origine près de l'angle nasal et en avant de l'épine sus-maxillaire, par des fibres charnues; il se plonge et se termine dans la substance de la lèvre supérieure, par l'expansion tendineuse dont il a été parlé. Ce muscle relève le milieu de la lèvre supérieure.

M. grand sus-maxillo-nasal *(le pyramidal des naseaux)*.

Ce petit muscle, pyramidal et tendineux à son extrémité supérieure, passe entre les branches du muscle naso-labial, s'attache supérieurement tout près et en avant de l'épine sus-maxillaire, d'où il descend en s'élargissant pour se terminer dans l'aile nasale externe, qu'il relève et écarte de l'aile interne.

M. petit sus-maxillo-nasal (*portion du transversal*).

Il constitue une production couchée immédiatement sur le biseau du petit sus-maxillaire et formée de fibres charnues, courtes, transversales, environnées et mêlées d'une quantité de tissu adipeux. L'origine de ce petit muscle peut être considérée comme ayant lieu le long de la réunion du naseau avec le petit sus-maxillaire, et son insertion se fait à l'appendice inférieur des cornets. Par l'effet de sa contraction, il peut aider la dilatation de l'orifice nasal et relever l'appendice où il se termine.

M. naso-transversal (*le transversal*).

Nous désignons sous ce titre un muscle impair, court, épais et posé en travers sur l'épine nasale. Cette production musculaire offre dans son milieu un petit tendon, qui s'attache à l'épine nasale; elle s'implante aussi par ses fibres charnues, d'autant plus courtes qu'elles sont plus profondes, à toute la surface externe ou supérieure de la plaque cartilagineuse.

M. maxillo-labial (*le releveur de la lèvre postérieure*).

Ce muscle, allongé et pyramiforme, est situé au bord inférieur du muscle alvéolo-labial, avec lequel il se trouve réuni par son extrémité supérieure. Il prend son origine avec ce dernier à la crête

maxillaire ; à une certaine distance de la lèvre inférieure, il forme un fort tendon cylindrique, qui se
plonge et se divise dans la substance de cette même
lèvre, qu'il relève.

M. mento-labial (portion de l'orbiculaire).

Gros faisceau impair et charnu, composé de fibres courtes, entrelacées, mêlées d'un tissu adipeux ; le *mento-labial* constitue l'éminence hémisphérique située en arrière de la lèvre inférieure
et appelée la *barbe*. Ce muscle sous-cutané, intimement uni à la peau, s'attache à la surface menton-
nière de l'os maxillaire et roidit la protubérance
du menton.

M. labial (l'orbiculaire et les mitoyens antérieur et postérieur).

C'est une masse charnue, disposée circulairement
autour des lèvres, dont elle forme le corps ou la
substance principale ; cette masse, composée de fibres courtes et que l'on pourrait considérer comme
étant une continuité des muscles qui s'insèrent aux
lèvres, est pénétrée d'une quantité de vaisseaux et
de nerfs, contient beaucoup de tissu adipeux, de
follicules muqueux, et fournit trois principaux pro-
longements. Deux de ces prolongements comprennent divers faisceaux ou bandelettes qui s'implantent aux bords alvéolaires des dents incisives, ainsi
qu'aux espaces interdentaires tant supérieurs qu'inférieurs. Le troisième prolongement émane du muscle labial, descend dans l'aile externe du naseau et
entoure l'appendice cartilagineux semi-lunaire. Ce

muscle a des usages très-variés; en se contractant, il rapproche, applique les lèvres l'une contre l'autre, ferme la bouche et dilate l'orifice nasal. Il sert aussi à saisir les aliments, à humer les boissons et à retenir la salive dans la cavité de la bouche.

Considérations particulières.

Dans le tableau des muscles qui appartiennent aux lèvres et aux orifices des naseaux, nous n'avons pas fait figurer plusieurs petites productions charnues, parmi lesquelles on distingue, 1° une expansion sous-cutanée, située entre la peau extérieure et la peau réfléchie de la fausse narine; cette couche, composée de fibres très-courtes, fournit supérieurement quelques faisceaux destinés à relever le fond de cette même narine; 2° divers petits faisceaux oblongs, peu charnus, qui résident au-dessus de la base du biseau nasal, et s'insèrent à la membrane nasale, au niveau des appendices des cornets.

Différences. 1° Dans les *didactyles*, les muscles des lèvres et des naseaux présentent plusieurs différences importantes, et qui dépendent de la forme et de la grandeur des parties qu'ils meuvent.

Le *zygomato-labial*, très-prononcé, doit jouer un rôle important pour le mouvement des lèvres.

Le *lacrymo-labial* est aussi plus large et plus charnu que dans les monodactyles.

Le *fronto-labial*, étant en quelque sorte une continuité du muscle sous-cutané frontal, fournit inférieurement deux branches courtes, dont l'interne remplace le petit sus-maxillo-nasal.

Le sus-maxillo-labial et le *grand sus-maxillo-nasal* constituent deux muscles cylindroïdes, courts, tendineux à leurs extrémités et couchés en long, l'un contre l'autre, sur les parties latérales du chanfrein, au-dessus de la commissure des lèvres. Le premier, un peu fusiforme et inférieur, prend son origine par des fibres tendineuses aux tubercules qui se trouvent en bas de l'épine sus-maxillaire ; il se plonge dans les parties latérales de la lèvre supérieure par deux petits tendons courts et par quelques fibres charnues.

Situé parallèlement au-dessus du précédent, le *grand sus-maxillo-nasal* s'attache supérieurement à côté du sus-maxillo-labial aussi par des fibres tendineuses ; à son extrémité inférieure, il offre deux principaux tendons, dont un plus long et moins divisé. Dans ces mêmes quadrupèdes, on ne compte ni petit sus-maxillo-labial, ni naso-transversal.

2° Dans le *porc*, la peau du pourtour des lèvres et du groin adhère intimement à une substance musculeuse, composée de fibres rougeâtres et courtes. Le muscle *mento-labial*, plus large que celui du cheval, forme une aponévrose sous-cutanée.

Les autres différences importantes résident dans les muscles qui meuvent le boutoir et correspondent aux muscles fronto-labial, sus-maxillo-labial et grand sus-maxillo-nasal ; posés en long l'un contre l'autre, ces trois muscles composent une masse logée dans la fosse longitudinale qui s'observe en bas de l'angle nasal de l'œil. Cette masse, charnue supérieurement et terminée inférieurement par plusieurs branches tendineuses, prend son origine dans la fosse précédente, près de l'orbite, et forme trois principales divisions : la supérieure, répondant au muscle sus-maxillo-labial, s'insère par un long tendon dans le milieu du boutoir, entre les orifices des naseaux, et relève le groin ; la portion du milieu, ou le muscle grand sus-maxillo-nasal, envoie plusieurs tendons grêles et longs à la partie externe de l'ouverture nasale, dont elle produit la dilatation ; la portion inférieure correspondant au muscle fronto-labial s'insère, au moyen d'un fort tendon, dans le milieu de la substance de la lèvre supérieure, où ses fibres s'entrelacent et se réunissent avec le tendon du muscle opposé.

Le *petit sus-maxillo-nasal*, couché sous les tendons des trois muscles précédents, provient supérieurement du sus-maxillo-nasal par une bandelette charnue.

3° Dans le *chien*, les muscles dont il s'agit se rapprochent beaucoup de ceux du bœuf, et présentent la même disposition essentielle.

Le *zygomato-labial* s'attache supérieurement à la conque, et peut être considéré comme étant commun à l'oreille et à la commissure des lèvres.

Le *lacrymo-labial*, moins épais que dans le bœuf, mais plus distinct que dans le cheval, se compose de faisceaux charnus rougeâtres et plus ou moins écartés les uns des autres.

Le *fronto-labial*, large expansion sous-cutanée unie antérieurement au lacrymo-labial, se plonge et se perd dans tout le côté de la lèvre supérieure.

Les *sus-maxillo-labial* et *grand sus-maxillo-na-sal* ont à peu près la même disposition que dans les didactyles.

Il n'existe ni naso-transversal ni mento-labial.

Région maxillo-temporale.

Cet article renferme la description des muscles préposés aux mouvements de la mâchoire inférieure, et que l'on distingue en rapprocheurs et en écarteurs.

M. temporo-maxillaire (*le crotaphite*).

Ce muscle, court, épais, dont la substance charnue offre quelques lames et intersections tendineuses, remplit toute la fosse temporale; il est recouvert par le muscle temporo-auriculaire, et entoure l'apophyse coronoïde. Il prend son origine dans toute la fosse temporale par des fibres charnues et tendineuses, et se termine à l'apophyse coronoïde.

Il élève fortement la mâchoire inférieure, la rapproche de la supérieure, et aide aussi à la porter, soit en arrière, soit de côté.

M. zygomato-maxillaire (*le masséter*).

Beaucoup plus épais et plus large que le précédent, il occupe toute la partie supérieure des joues, s'étend de l'épine zygomatique à la partie convexe du bord postérieur de l'os maxillaire; il est composé de plusieurs couches séparées par des lames tendineuses, dont l'une, externe, naît de toute l'épine zygomatique, d'où elle descend en ligne droite jus-

qu'auprès du contour du maxillaire. Les lames intérieures ont des directions différentes et sont plus
ou moins obliques ; les unes viennent de l'os maxillaire et montent vers l'épine zygomatique, tandis
que d'autres ont la même origine que la lame externe.

Le *zygomato-maxillaire* tire son origine de toute
la crête zygomatique par de fortes fibres tendineuses
et quelques charnues ; et son insertion a lieu à toute
la surface externe, ainsi qu'à la lèvre externe du
bord postérieur de la partie large de l'os maxillaire,
par des fibres charnues et diverses productions tendineuses.

M. sphéno-maxillaire.

Il est situé dans la cavité intermaxillaire, à l'opposé du précédent, dont il ne diffère qu'en ce qu'il
est moins fort et moins grand ; il se prolonge depuis
la région sous-sphénoïdale jusque dans la fosse maxillaire ; il présente deux portions, dont une, courte
et supérieure, entoure la face interne de l'articulation maxillo-temporale et contribue particulièrement à tirer l'os maxillaire en arrière.

Origine. De l'apophyse sous-sphénoïdale ; il s'attache aussi à la crête palatine, ainsi qu'à la surface
inférieure du sphénoïde par des lames tendineuses
et charnues.

Insertion. Dans toute la fosse maxillaire, à l'opposé de l'insertion du zygomato-maxillaire.

Usage. Il est congénère des deux précédents.

M. stylo-maxillaire (*le stylo-maxillaire et le digastrique*).

Situé profondément en arrière de l'articulation maxillo-temporale, en bas de l'oreille et sous la parotide, ce muscle s'étend depuis l'apophyse styloïde de l'occipital jusqu'à l'os maxillaire, auquel il s'attache par deux branches distinctes, dont la supérieure, la plus courte et la plus grosse, va directement à la tubérosité maxillaire.

La seconde branche, la plus longue, présente un tendon dans son milieu, et s'étend jusqu'à la partie droite de l'os maxillaire; cette portion digastrique est maintenue sous le corps de l'hyoïde par son tendon mitoyen, qui passe dans un anneau du muscle grand kérato-hyoïdien.

Origine. De l'apophyse styloïde de l'occipital par des fibres charnues et quelques tendineuses.

Insertion. Au bord postérieur de l'os maxillaire par ses deux branches.

Usages. Il tire en arrière et en bas la mâchoire inférieure, l'écarte de la supérieure, et devient conséquemment l'antagoniste des trois muscles précédents.

Différences. 1° Dans les *didactyles,* ces muscles offrent moins de volume que dans les monodactyles; mais leurs fibres sont généralement plus obliques, et surtout plus écartées du centre des mouvements.

Le *zygomato-maxillaire* peut fournir la preuve de ce que nous venons de dire; ce muscle se trouve divisé en deux parties, dont une très-petite et située en haut, contre l'articulation maxillo-temporale, est composée de fibres dirigées de haut en bas. La partie la plus considérable présente des fibres très-obliques et dirigées de l'épine zygomatique vers le contour du bord postérieur de l'os maxillaire.

Le *stylo-maxillaire* ne donne point de branche d'insertion à la tubérosité maxillaire; au niveau du corps de l'hyoïde, il est réuni avec le stylo-maxillaire opposé par une bande charnue transversale, et il adhère aux parties situées par-dessus. Il fournit deux terminaisons, dont la plus considérable et externe s'insère par des fibres tendineuses à la partie droite du bord postérieur de l'os maxillaire; l'autre division s'implante par un tendon grêle à la face interne de la partie droite de la branche maxillaire.

2° Dans le *porc*, les muscles rapprocheurs sont plus ramassés, plus épais et plus tendineux que dans les monodactyles.

Le *crotaphite*, borné à la fosse temporale, se trouve recouvert d'une forte aponévrose, qui s'attache au côté interne de l'hiatus auditif externe, soutient et augmente la contraction musculaire.

Le *stylo-maxillaire*, pyramidal et sans division, présente à sa partie supérieure un fort tendon d'origine, et se termine inférieurement par des fibres charnues, tant à la partie droite du bord postérieur de la branche maxillaire qu'à sa face interne.

3° Dans le *chien*, les muscles rapprocheurs de la mâchoire se distinguent par une force prodigieuse, qui dépend tant de leur volume que de leur texture particulière.

Le *temporo-maxillaire*, le plus considérable et le plus fort, constitue une grosse protubérance, allongée et hémisphérique.

Bien moins épais et moins pyramidal que le précédent, le *zygomato-maxillaire* s'insère à toute la tubérosité maxillaire, où ses fibres semblent se contourner de dehors en dedans et forment un gros bourrelet arrondi.

Le *stylo-maxillaire*, fort et épais, ne porte pas de tendon vers son milieu.

RÉGION INTERMAXILLAIRE OU DE L'AUGE.

Ces muscles, très-nombreux, se divisent en raison des parties aux mouvements desquelles ils sont spécialement destinés; on les distingue en ceux particuliers à la langue, à l'hyoïde, au pharynx, au larynx et au voile du palais.

1° MUSCLES DE LA LANGUE.

M. kérato-glosse (*l'hyo-glosse.*)

Il réside au côté de la langue, s'étend depuis l'hyoïde jusqu'à la pointe de cet organe; c'est un muscle long, étroit et un peu aplati, dont l'extrémité hyoïdienne est pourvue d'un tendon, et qui, en côtoyant la langue, lui envoie successivement des fibres. Il provient de la partie inférieure de la grande branche hyoïdienne, par une production aponévrotique. Son insertion a lieu à toute la partie latérale et inférieure de la langue. Il sert à tirer cet organe vers le fond de la bouche, ou bien à le porter de côté, suivant les combinaisons variées de sa contraction.

M. hyo-glosse (*le basio-glosse*).

Large, entièrement charnu et quadrilatère, l'*hyoglosse* est placé obliquement sur le côté de la base de la langue, et il passe par-dessus le muscle précédent. Il tire son origine des parties latérales du corps de l'hyoïde, par des fibres charnues, et va s'insérer à la base de la langue, dans la substance de laquelle il se prolonge et se perd. Son usage est d'abaisser la base de la langue, ou d'élever l'hyoïde suivant le changement de ses points fixes.

M. génio-glosse.

Ce muscle a la forme d'un éventail déployé sous la langue, qu'il fixe à l'os maxillaire. Le *génio-glosse* s'attache à la surface génienne par un fort tendon qui se prolonge en arrière; il se termine dans toute l'étendue de la face inférieure de la substance linguale. Il tire la langue hors de la bouche et coopère à ses mouvements latéraux.

Le lingual.

Nous entendons exprimer, sous ce nom, la substance charnue qui compose le corps ou la base de la langue, et dont les fibres, croisées en sens différents, sont entremêlées de graisse, de vaisseaux et de nerfs. Cette masse musculaire, que l'on doit regarder comme étant spécialement formée par les fibres des muscles précédents, tient à l'hyoïde par deux principaux piliers situés très-profondément entre les muscles hyo-glosses et environnés d'un tissu adipeux abondant.

DIFFÉRENCES. *a*. Dans le *porc*, les muscles linguaux sont généralement plus rouges et un peu plus forts que dans le cheval; le muscle kérato-glosse prend son origine vers l'extrémité supérieure de la grande branche hyoïdienne.

b. Dans le *chien*, ces muscles sont généralement plus divisés que dans le cheval.

Le *kérato-glosse* présente deux portions, dont la principale, externe et supérieure, vient de l'attache de la grande branche hyoïdienne au temporal; tandis que l'inférieure, grêle et beaucoup plus courte, naît du bord postérieur de la grande branche hyoïdienne et se prolonge dans la base de la langue, en se glissant sous le muscle hyo-glosse.

Ainsi que le premier, l'*hyo-glosse* présente une division particulière, sorte de bandelette allongée qui provient du corps de l'hyoïde, et va se terminer dans la substance de la langue, en avant de la portion principale.

2ᵒ MUSCLE DE L'HYOÏDE.

M. mylo-hyoïdien.

Expansion mince et penniforme, ce muscle occupe toute la partie antérieure de la cavité intermaxillaire, revêt et soutient en masse la langue, ainsi que l'hyoïde. Proche de la réunion des deux branches maxillaires, on remarque une production particulière qui est également penniforme. Le mylo-hyoïdien naît de toute l'étendue de la ligne myléenne par des fibres charnues qui se dirigent un peu obliquement vers le tendon longitudinal, et il se termine à l'appendice hyoïdien ; son tendon sert aussi de point de réunion aux fibres charnues et s'attache lui-même au muscle génio-hyoïdien. Il élève l'os hyoïde et le tire en avant ; il peut aussi contribuer à soulever la langue contre le palais.

M. génio-hyoïdien (le géni-hyoïdien).

Ce muscle, fusiforme et pourvu de fibres tendineuses, est fortement uni à celui du côté opposé, avec lequel il ne forme, pour ainsi dire, qu'une seule masse charnue, couchée en long par-dessus le tendon médian du muscle précédent. Il prend son origine à la surface génienne par un fort tendon, et il s'insère à l'appendice hyoïdienne, auquel il s'implante au moyen de fibres charnues et tendineuses.

Ce muscle est le congénère du mylo-hyoïdien ; mais il opère un mouvement plus fort.

M. grand kérato-hyoïdien (le kérato-hyoïdien).

De même forme que le précédent, mais grêle et moins long, il est situé en arrière de la grande branche hyoïdienne, dont il suit la direction, et il se termine inférieurement par un tendon pourvu d'un anneau, dans lequel coule le tendon mitoyen de la branche digastrique du muscle stylo-maxillaire. Il vient de la tubérosité située à l'extrémité supérieure du bord postérieur de la branche hyoïdienne, et il

s'insère à côté du muscle stylo-hyoïdien. **En se con-**
tractant, il plie le corps de l'hyoïde et le tire en
arrière.

M. petit kérato-hyoïdien.

Ce petit muscle, court, aplati et **entièrement**
charnu, est situé derrière la petite branche hyoïdienne, occupe l'intervalle triangulaire formé par
cette branche et par la corne de l'hyoïde. Il s'attache au bord postérieur de la même branche, s'insère
au bord supérieur de la corne, et rapproche ces
deux parties l'une de l'autre.

M. stylo-hyoïdien.

Cet autre petit muscle, aplati, plus charnu et plus
tendineux que le précédent, occupe l'intervalle situé
entre l'apophyse styloïde de l'occipital et la crête
supérieure de la grande branche hyoïdienne; il s'implante à ces deux parties osseuses et élève la grande
branche, qu'il porte aussi en arrière. **Cette produc-**
tion musculaire, dont les fibres sont disposées sur
un plan oblique, est située sous le bord postérieur
de la parotide, et pose immédiatement sur la poche
gutturale.

Différences. *a. Didactyles.* Le tendon inférieur
du muscle grand *kérato-hyoïdien* n'a pas d'anneau,
et le muscle *stylo-hyoïdien*, plus épais, offre une
portion inférieure située à la face interne de la
tubérosité de la grande branche hyoïdienne.

b. Les muscles hyoïdiens du *porc* présentent diverses considérations : ainsi le *mylo-hyoïdien* se

trouve sans portion inférieure et forme une couche uniforme.

Le *génio-hyoïdien*, pyramidal et plus fort que dans les monodactyles, offre supérieurement un tendon long, au moyen duquel se fait son origine.

Le petit *kérato-hyoïdien*, bandelette grêle et étroite, prend son origine à l'extrémité de la branche hyoïdienne, d'où elle se dirige d'avant en arrière, et va se terminer à l'extrémité de la corne de l'hyoïde.

Le *stylo-hyoïdien* est très-grêle et peu charnu.

c. Ces muscles, considérés dans le *chien*, n'offrent que peu de différences, d'autant moins importantes qu'elles ne dépendent principalement que de la forme des parties.

3° MUSCLES DU PHARYNX.

M. ptérygo-pharyngien.

Large expansion charnue située au côté interne de l'origine du sphéno-maxillaire, ce muscle s'attache à l'apophyse ptérygoïde, ainsi qu'à la crête palatine, et s'insère à la partie supérieure du pharynx, qu'il élève. Il est placé entre les deux branches du muscle stylo-staphylin, s'unit par sa face interne à la poche gutturale, sur laquelle il exerce une action spéciale et que l'on n'a pas encore pu apprécier. La face externe de ce muscle est recouverte d'une couche de tissu fibreux jaune qui provient du pourtour de l'apophyse ptérygoïde.

M. kérato-pharyngien.

Ce petit muscle, grêle, oblong, cylindroïde et

parfois divisé en deux, se trouve sous la grande branche hyoïdienne, à laquelle il prend son origine; il adhère à la poche gutturale et se termine à côté du précédent, avec lequel il est congénère.

M. hyo-pharyngien.
M. thyro-pharyngien.
M. crico-pharyngien.

Ces muscles forment trois bandelettes charnues, courtes, posées l'une à la suite de l'autre à la face postérieure du pharynx qu'elles resserrent : la première de ces bandelettes prend son origine à l'extrémité de la corne hyoïdienne et s'insère à la partie supérieure de la face postérieure du pharynx; la seconde vient des parties latérales du cartilage thyroïde et se termine à la suite de la première; la troisième s'attache au cartilage cricoïde, et s'insère près et en bas de la portion précédente.

M. arythéno-pharyngien.

C'est un faisceau musculeux très-grêle, situé très-profondément en bas du cartilage arythénoïde, au bord duquel il s'attache, et d'où il s'étend jusqu'à l'extrémité supérieure de l'œsophage.

Les deux arythéno-pharyngiens constituent deux piliers aussi courts que grêles; ils sont entourés d'un tissu cellulaire abondant, et ils soutiennent l'œsophage.

Différences. *a*. Dans les *didactyles*, ces muscles ont le même arrangement, absolument les mêmes usages que dans le cheval; nous ferons seulement observer que le *kérato-pharyngien*, généralement plus fort, comprend toujours deux portions dont une supérieure plus longue. Le *thyro* et le *crico-pharyngien* ne sont séparés par nulle intersection et sont réunis ensemble. L'*arythéno-pharyngien* est un petit muscle beaucoup plus développé que dans les monodactyles.

b. Considérés dans le *porc* et le *chien*, ces muscles présentent le même arrangement et les mêmes attaches que dans les monodactyles; néanmoins le *kérato-pharyngien* paraît plus long et s'attache à l'extrémité supérieure de la face interne de la grande branche hyoïdienne; on ne trouve que la trace du muscle arythéno-pharyngien.

4° MUSCLES DU LARYNX.

M. hyo-thyroïdien.

Ce petit muscle, court, quadrilatère et posé sur le côté du cartilage thyroïde, constitue une bandelette mince et entièrement charnue; il s'attache au bord inférieur de la corne hyoïdienne, et se termine au cartilage thyroïde, qu'il rapproche du corps de l'hyoïde.

M. crico-thyroïdien.

Plus grêle et plus court que le précédent, au bas duquel il est situé, ce muscle prend son origine au cartilage cricoïde et s'insère au bord inférieur du thyroïde, en arrière du précédent; il abaisse ce dernier cartilage et le rapproche du premier.

M. crico-arythénoïdien postérieur.

Court, mais épais et pourvu de fibres tendineuses, il occupe la fosse du chaton du cartilage cricoïde, et se trouve réuni avec celui de l'autre côté. Il prend son origine dans cette même fosse, et se termine à l'éminence située à la base du cartilage arythénoïde par des fibres charnues et quelques tendineuses. En se contractant, il éléve le cartilage arythénoïde sur le cricoïde, et concourt ainsi à la dilatation de la glotte.

M. crico-arythénoïdien latéral.

Ce muscle, plus petit que le précédent, est posé sur le chaton cricoïdien et par-dessous la partie postérieure du cartilage thyroïde ; il prend son origine au bord supérieur du cricoïde, et s'insére à l'arythénoïde, en dehors du muscle crico-arythénoïdien postérieur.

M. thyro-arythénoïdien.

Situé à la face interne du cartilage thyroïde, il offre deux portions charnues, oblongues, qui enveloppent le ventricule latéral de la glotte et servent à la phonation ; il tire son origine de la face interne, partie antérieure du cartilage thyroïde, se dirige d'avant en arrière et va s'insérer sur le côté du cartilage arythénoïde prés du muscle précédent.

M. arythénoïdien.

Impair et court, il s'étend transversalement d'un cartilage arythénoïde à l'autre, par des fibres qui s'entrelacent et se réunissent dans le milieu à un petit tendon intermédiaire. Il opère le rapprochement des deux cartilages, élève leur bord externe, et contribue par cela même à la dilatation de la glotte.

M. hyo-épiglottique.

Il réside sous la membrane de l'arrière-bouche, entre la base de l'épiglotte et le corps de l'hyoïde, est entouré d'un tissu adipeux très-abondant, constitue une production oblongue et peu rouge. Par son extrémité antérieure, l'hyo-épiglottique s'attache au milieu du corps de l'hyoïde et s'insère par l'autre bout à la convexité de l'épiglotte ; il élève et tire en avant ce fibro-cartilage.

DIFFÉRENCES. *a*. Dans les *didactyles*, les muscles du larynx sont en même nombre et ont la même disposition que dans les monodactyles. L'*hyo-thyroïdien* constitue une bande un peu plus longue que dans le cheval. Le *thyro-arythénoïdien*, quoique sans division, est plus large et plus épais. L'*hyo-épiglottique*, plus long que celui du cheval, est bifurqué antérieurement ; chacune de ces divisions se dévie de côté, et s'attache à la face interne de l'articulation des deux petites branches hyoïdiennes entre elles.

b. Dans le *porc*, les muscles laryngiens offrent quelques différences relatives à la forme particulière du cartilage thyroïde. Ainsi l'*hyo-thyroïdien* est plus long, le *crico-thyroïdien* plus fort, le *crico-arythénoïdien* postérieur plus tendineux, le *thyro-arythénoïdien* grêle et sans division.

c. Dans le *chien*, ces muscles sont les mêmes que dans les monodactyles, et l'*hyo-épiglottique* est bifurqué comme dans le bœuf.

5° MUSCLES DU VOILE DU PALAIS.

M. stylo-staphylin (*les péristaphylins externe et interne*).

Ce muscle, long et grêle, est situé sur le conduit cartilagineux du tympan, et offre inférieurement deux branches : l'une, externe, la plus longue, est pourvue d'une grande production tendineuse, passe par-dessus le muscle ptérygo-pharyngien, glisse dans l'anneau ou poulie de l'extrémité de l'apophyse ptérygoïde, d'où il va s'épanouir dans le voile du palais. La branche interne, entièrement charnue, gagne le côté du voile du palais, et se glisse sous le muscle ptérygo-pharyngien. Son origine provient de l'apophyse styloïde du temporal, où elle a lieu par un tendon ; ce muscle adhère au conduit guttural du tympan par un tissu serré. Il se termine dans le voile du palais au moyen de ses deux branches. Il élève le voile du palais et il agit aussi sur la poche gutturale du tympan.

M. staphylin (*le vélo-palatin*).

Ce petit muscle, impair et très-grêle, réside au milieu de la substance folliculaire du voile palatin, s'étend suivant la direction du plan médian et se perd au bord inférieur du même voile. Sa partie supérieure, pyramidale et terminée en pointe, offre deux et quelquefois trois divisions qui se prolongent, par des fibres tendineuses, vers le milieu du rebord demi-circulaire formé par les deux os palatins. Sa partie inférieure, plus grosse et entièrement charnue, est traversée par des fibres provenant de la branche interne du muscle précédent.

Considérations particulières.

Outre les deux muscles dont il vient d'être parlé, le voile du palais offre une expansion membraniforme, située entre le corps folliculaire et la membrane qui provient de l'ouverture gutturale des narines; cette production fibreuse et blanche constitue dans certains animaux un muscle particulier, s'attache supérieurement à tout le bord demi-circulaire des os palatins et se propage jusqu'à l'extrémité du voile palatin, dont elle forme en quelque sorte la base ou le corps.

DIFFÉRENCES. *a.* Dans les *didactyles*, le *stylo-staphylin* est moins fort que dans les monodactyles; le *staphylin* constitue un muscle important, gros, cylindroïde, placé en long dans le milieu de la substance du voile du palais.

b. Dans le *porc* et le *chien*, on ne remarque nulle différence importante, sinon que le *staphylin* a la même disposition que celui du bœuf et offre moins de grosseur.

§ V. *Muscles du bassin.*

1° RÉGION COCCYGIENNE.

La queue, partie très-utile aux animaux, jouit de

mouvements très-étendus, qui se font en tous sens et dépendent de l'action combinée d'un ordre de muscles très-tendineux et très-compliqués.

M. sacro-coccygien supérieur.

Ce premier muscle, très-complexe et formé d'une succession de branches pyramidales très-tendineuses, s'étend sur toute la longueur de la face supérieure de la queue, diminue progressivement de volume jusqu'au bout de cette dernière partie, où il aboutit par une série de petits tendons. Sur le sacrum, il offre une production charnue pourvue de quelques fibres tendineuses.

Par-dessous les branches pyramidales et obliques de ce muscle, on remarque une autre série de divisions disposées aussi sur un plan oblique et posées immédiatement sur les os coccygiens. Du côté de son origine, il s'implante sur toute la longueur de l'épine sus-sacrée : sa terminaison a lieu à toutes les éminences supérieures des os coccygiens, tant par les tendons des branches que par les productions internes. Ce muscle élève directement la queue ou la porte en haut et de côté, suivant qu'il se contracte simultanément avec son congénère ou indépendamment de lui.

M. sacro-coccygien inférieur.

Ce *sacro-coccygien* ne diffère du précédent que parce qu'il est situé à l'opposé, et qu'il est fixe à la face inférieure de la queue, entre le muscle ischio-coccygien et le ligament suspenseur de l'anus. Il prend son origine sur le côté de la face inférieure du sacrum, par une production antérieure qui correspond à celle du muscle précédent, mais est moins grande et moins forte. Du côté de son insertion, il s'implante aux éminences inférieures des os coccygiens par une série d'attaches différentes. Il est l'antagoniste du précédent.

M. sacro-coccygien latéral.

Il est attaché sur le côté de la queue, s'étend entre les deux muscles précédents, offre la même disposition essentielle que ces derniers, il est cependant moins gros et beaucoup moins fort; il est composé de deux portions longitudinales : l'une supérieure, la plus considérable, est unie au muscle sacro-coccygien supérieur, et l'autre inférieure, très-grêle, règne contre le sacro-coccygien inférieur. Il tire son origine des parties latérales de l'épine sus-sacrée, par une grosse production charnue et tendineuse, s'attache même aux apophyses épineuses des deux dernières vertèbres lombaires. Son insertion a lieu aux éminences latérales de tous les os de la queue, par une succession de productions dont les unes sont supérieures et les autres latérales. Son usage est de coopérer à l'exécution des mouvements latéraux, dont est susceptible la queue; mais il contribue spécialement à l'élévation de cette partie.

M. ischio-coccygien (*le sacro-coccygien oblique*).

Large et aplati, il constitue une grande lame charnue posée obliquement sur le côté de la base de la queue et dont l'extrémité antérieure présente une production tendineuse. Supérieurement, il s'attache tant au ligament sacro-ischiatique qu'à l'ischium. Il s'insère aux éminences latérales des premiers os coccygiens par des fibres charnues, aponévrotiques et très-courtes; il abaisse la queue ou la rapproche de l'anus.

DIFFÉRENCES. *a*. Dans les *didactyles*, ces muscles ne diffèrent qu'en ce qu'ils sont un peu moins forts, surtout les sacro-coccygiens inférieurs.

b. Dans le *chien*, le *sacro-coccygien* supérieur fournit antérieurement deux portions charnues longitudinales, d'une longueur inégale et unies l'une contre l'autre. Ces deux productions, dont l'interne est la plus longue, se dirigent en avant contre l'épine sus-sacrée et lombaire, et l'interne s'avance même jusqu'à la première vertèbre des lombes.

2° RÉGION PÉRINÉALE.

Ces muscles, généralement minces, peu tendineux, se distinguent suivant les parties auxquelles ils s'insèrent et qu'ils meuvent.

MUSCLES DE L'ANUS.

M. sphincter.

Ce muscle impair représente un grand anneau membraneux qui entoure l'anus et la partie postérieure du rectum; il est composé de faisceaux rouges, circulaires, et offre à ses côtés une ou deux productions qui montent vers la base de la queue.

Par l'une de ses faces, il est uni à la peau, et par l'autre face il tient au rectum ; ses adhérences les plus fortes ont lieu à la circonférence de l'anus qu'il concourt à former. Les branches latérales comprennent deux petits faisceaux qui s'attachent à la base de la queue et aident à soutenir l'anus. Comme tous les sphincters, il tient fermée l'ouverture autour de laquelle il est situé.

M. ischio-anal *(le releveur de l'anus)*.

Très-petit muscle allongé, situé à la face interne du ligament sacro-ischiatique, l'*ischio-anal* s'étend obliquement depuis la branche inférieure de l'ilium jusqu'au côté de l'anus. Il vient de la partie interne de l'ischium, s'attache près et au-dessus de la cavité cotyloïde, d'où il se dirige de bas en haut et se termine aux parties latérales de l'anus, en se confondant avec le muscle précédent. Il tire l'anus en dedans du bassin et concourt à le relever.

M. ischio-périnéal.

Nous comprenons par cette dénomination diverses petites bandelettes qui proviennent de l'ischium et se perdent sous la peau du périnée.

MUSCLES DES ORGANES GÉNITAUX DU MALE.

M. ischio-urétral (*le triangulaire*).

Situé dans le fond de la cavité pelvienne et en avant de l'arcade ischiale, ce muscle est impair et prend son origine à la face interne de l'ischium par plusieurs attaches. Il fournit ensuite diverses portions : l'une forme une enveloppe ou longue gaîne, qui entoure l'origine de l'urètre, ainsi que la partie moyenne de la grande prostate ; deux autres productions constituent les capsules ou tuniques dont sont pourvues les petites prostates.

M. périnéo-urétral (*l'accélérateur*).

Ce muscle, impair, long et penniforme, se prolonge sous le pénis, depuis le bulbe de l'urètre jusqu'à la tête du membre, et il maintient l'urètre dans la scissure du même corps. Il s'attache au pourtour du périnée par plusieurs faisceaux charnus, et s'implante aux deux bords de la scissure urétrale du pénis ; il fournit aussi des fibres à la tête du pénis. Ce muscle aide le passage des fluides par le canal de l'urètre, et contribue à la projection du sperme par jets.

M. ischio-sous-pénien.

Court, épais et triangulaire, il est couché sur la racine du pénis, qu'il enveloppe et à laquelle il est intimement uni ; il offre beaucoup de fibres tendineuses, qui rendent sa surface rayonnée, et il se termine inférieurement en formant une pointe. Il tire son origine de la crête ischiale par des fibres charnues et tendineuses, et son insertion a lieu à toute la surface externe de la racine du pénis ; il est regardé comme un agent essentiel de l'érection.

MUSCLES DEL ORGANES GÉNITAUX DE LA FEMELLE.

M. ischio-clitorien (*les muscles du clitoris*).

Par cette dénomination, nous entendons dési-

gner les divers faisceaux musculeux, dont quelques-
uns viennent de la crête de l'ischium et deux autres
émanent des parties latérales du sphincter de l'anus;
toutes ces productions se terminent au clitoris et
servent à le roidir.

M. sacro-clitorien (*portions des précédents*).

Ce muscle, surtout dans la vache, est situé en
avant du clitoris et sous le muscle précédent ; il provient des parties latérales du sacrum et se termine
sur le côté du clitoris ; il enveloppe le bulbe vagi-
nal, dont le tissu caverneux se continue avec celui du clitoris, et il sert à comprimer ces deux
parties.

Différences. *a.* Dans les *didactyles*, les muscles
de ces parties présentent plusieurs différences assez
grandes, mais d'autant moins importantes que ces
organes très-grêles ne peuvent pas offrir de considérations importantes pour les opérations chirurgicales.

b. Les différences dans les *tétradactyles* ne sont
ni assez remarquables ni assez importantes pour
qu'il en soit fait mention.

§ VI. *Muscles des membres.*

MEMBRES POSTÉRIEURES.

Muscles de la hanche et de la cuisse.

1° RÉGION DE LA CROUPE.

Ces muscles, au nombre de trois, composent une

masse considérable qui occupe toute la surface externe de l'ilium et détermine les formes particulières de la croupe ; ils sont superposés et diffèrent entre eux par leur forme, et surtout par leur grosseur. Le premier, le plus externe, fournit une expansion membraneuse qui favorise la contraction énergique du deuxième; celui-ci forme, à lui seul, plus des trois quarts de la masse musculaire, et se continue antérieurement avec le muscle ilio-spinal.

M. moyen ilio-trokantérien (le moyen fessier).

Il forme une première couche sous-cutanée et membraniforme, s'étend sur toute la coupe et offre deux portions, l'une charnue et l'autre aponévrotique. La partie charnue forme deux branches inégales, réunies inférieurement et laissant entre elles un écartement de figure triangulaire. L'aponévrose, forte et très-étendue, réunit ces deux branches, se propage sur tout le grand ilio-trokantérien, et adhère intimement à sa surface.

Origine. Des deux angles antérieurs de l'ilium par ses branches charnues; il s'attache aussi à la surface externe du muscle grand ilio-trokantérien, au moyen de son aponévrose.

Insertion. A la tubérosité de la crête trokantérienne, par un fort tendon aplati.

Usages. Il contribue à l'extension de la cuisse, et il doit être encore considéré comme un agent susceptible de soutenir, aider et augmenter la contraction de la masse charnue sur laquelle il est fixé.

M. grand ilio-trokantérien (*le grand fessier*).

Ce muscle, le plus gros et le plus fort de tout le corps, offre un volume considérable, occupe toute la fosse iliale; antérieurement, il fournit une production pyramidale logée et implantée dans une cavité particulière du muscle ilio-spinal. Il forme, du côté du fémur, plusieurs gros tendons, et présente dans son intérieur quelques lames tendineuses.

Origine. Elle a lieu dans toute la fosse iliale, ainsi qu'aux angles antérieurs de l'ilium, par des fibres charnues et quelques aponévrotiques; il s'attache aussi dans la fosse que lui présente le muscle grand ilio-spinal, au moyen de sa production antérieure et pyramidale.

Insertion. Au trokanter par deux forts tendons, dont l'un s'implante à son sommet, tandis que le plus externe passe et glisse sur la convexité de ce même trokanter et va s'attacher à une crête transversale située un peu plus bas. Outre ces principales insertions, une production particulière, allongée, descend derrière le trokanter jusque vers le milieu de la face postérieure du fémur, où elle se termine par un petit tendon.

Usages. Agent de mouvements très-forts et très-variés, ce grand ilio-trokantérien étend la cuisse, produit le port en arrière de tout le membre et détermine la ruade. Lorsque son point fixe est au trokanter, il concourt à élever le tronc sur les membres postérieurs et aide l'animal à se cabrer; aussi agit-il puissamment dans le saut et dans la ruade.

suivant que son point fixe est antérieur ou postérieur.

M. petit ilio-trokantérien (*le petit fessier*).

Ce dernier muscle, court, épais et pourvu de fortes lames ou intersections tendineuses, est très-petit en comparaison du précédent : il occupe la face supérieure de l'articulation coxo-fémorale, est situé très-profondément sous l'extrémité postérieure du grand ilio-trokantérien, et se dirige transversalement depuis la crête placée au-dessus de la cavité cotyloïde jusqu'au trokanter.

Origine. De la crête précédemment indiquée, par des fibres charnues et tendineuses.

Insertion. A la convexité du trokanter, par des fibres très-tendineuses.

Usages. Il concourt à élever la cuisse sur la hanche, et devient le congénère des deux muscles précédents.

DIFFÉRENCES. *a.* Dans les *didactyles*, les muscles *croupiens* (1) sont bien en même nombre que dans les monodactyles ; mais ils en diffèrent par leur forme, leur disposition et leur moindre volume. Ils ne composent qu'une partie de la masse de chair que présente la croupe du bœuf, généralement moins fournie que celle du cheval.

Le grand *ilio-trokantérien* se découvre, après que l'on a enlevé l'enveloppe aponévrotique fournie par l'ilio-aponévrotique ; il offre peu de volume en com-

___

(1) Ce terme exprime ce qui appartient à la croupe, et il est employé pour la précision et la simplicité.

paraison de celui qu'il présente dans le cheval ; il est recouvert supérieurement et postérieurement par le prolongement spinal de l'ischio-tibial externe, et il s'attache au fémur de la même manière que dans les monodactyles.

Le *petit ilio-trokantérien*, recouvert par le grand ilio-trokantérien, est un muscle large, très-tendineux, fixé au-dessus et en avant de la cavité cotyloïde : on peut y distinguer deux portions ; la plus longue, grosse, cylindroïde, suit la direction du bord externe de l'ilium, s'attache antérieurement à l'angle de la hanche par-dessus le grand ilio-trokantérien, et elle fournit postérieurement un fort tendon aplati, implanté à un gros tubercule, situé en bas et en dehors du trokanter. La deuxième portion fait continuité avec la première, se propage du côté interne, forme une expansion flabelliforme, qui prend son origine au pourtour de la cavité cotyloïde, ainsi qu'au ligament sacro-ischiatique, et se termine, par un tendon, à une tubérosité placée entre la tête et le trokanter.

Ainsi qu'il sera indiqué ultérieurement, le prolongement spinal du muscle ischio-tibial externe tient lieu de moyen ilio-trokantérien.

b. Dans le *porc*, les trois muscles de la croupe composent deux couches superposées, dont la première, la plus étendue, est formée par le grand ilio-trokantérien ; et la deuxième, située immédiatement sur l'ilium, comprend le moyen et le petit ilio-trokantérien.

Le premier de ces muscles offre absolument la

même disposition que dans les monodactyles; il est seulement moins rouge et bien moins considérable.

Le *moyen ilio-trokantérien* se trouve placé sous le précédent et suit la direction du bord externe de l'ilium; ce muscle, allongé, cylindroïde, mêlé de quelques fibres tendineuses, est situé contre le petit ilio-trokantérien; il prend son origine à l'angle de la hanche et s'insère à la base du trokanter par-dessous la branche externe du trifémoro-rotulien.

Le petit *ilio-trokantérien* a la même forme que celui du bœuf, et n'en diffère que par son point d'insertion.

c. Dans les *carnivores*, les muscles croupiens ne se prolongent pas en avant de la crête lombaire; ils se bornent à la surface externe de l'ilium.

Le *moyen ilio-trokantérien* ne diffère de celui du cheval qu'en ce qu'il n'a qu'une seule branche charnue, épaisse et attachée aux apophyses transverses du sacrum. Il fournit au grand ilio-trokantérien la même enveloppe aponévrotique, et présente inférieurement les mêmes sortes d'implantations que dans ce quadrupède.

Le petit *ilio-trokantérien* offre les mêmes considérations que dans le bœuf.

2º RÉGION ANTÉRIEURE OU ROTULIENNE DE LA CUISSE.

Parmi ces muscles, l'un, essentiellement aponévrotique et le plus extérieur, compose une vaste enveloppe qui descend jusqu'à la jambe et à la pointe du jarret. Les autres muscles, unis ensemble, constituent une grosse masse charnue fixée sur toute la surface antérieure du fémur.

M. ilio-aponévrotique (*le fascia lata*).

Situé immédiatement sous la peau, en bas de l'angle de la hanche, ce muscle se répand sur toute la surface antérieure et externe de la cuisse et se propage sur la jambe; il présente deux parties, dont la supérieure, charnue et épaisse, est attachée à l'angle externe de l'ilium, d'où ses fibres vont en divergeant. La portion aponévrotique, beaucoup plus étendue, se propage sur la face externe de la cuisse, s'attache à la crête du tibia et se perd sur les parties inférieures.

Insertion. A la rotule, ainsi qu'à la crête du tibia, par son expansion, qui s'étend sur la partie inférieure de la jambe.

Usages. Il aide à porter la cuisse en avant et à la fléchir sur le bassin; il peut aussi contribuer à l'extension de la jambe sur la cuisse; mais ses principaux usages sont de soutenir, affermir la contraction des muscles qu'il enveloppe.

M. ilio-rotulien (*le droit antérieur*).

Allongé et cylindroïde, il est posé sur toute la longueur de la face antérieure du fémur et occupe la dépression ou fosse longitudinale formée par le muscle suivant. Sa substance est pourvue de fibres tendineuses, dont quelques-unes forment des lames intérieures.

Origine. De l'angle postérieur de l'ilium, près et en avant de la cavité cotyloïde, par un gros tendon bifurqué.

Insertion. A la face supérieure de la rotule, par des fibres charnues et tendineuses.

Usages. Il étend la jambe sur la cuisse, et concourt à l'attitude fixe du bassin sur le membre.

M. trifémoro-rotulien (1° *le vaste externe;* 2° *le vaste interne;* 3° *le crural).*

Grosse masse charnue composée de trois portions et située immédiatement sur toute la face antérieure du fémur, le *trifémoro-rotulien* entoure le muscle précédent et se prolonge avec lui jusqu'à la rotule. Ses deux portions latérales, dont une externe et l'autre interne, correspondent aux muscles vastes externe et interne, occupent les côtés du muscle ilio-rotulien et ne diffèrent entre elles que par leur situation; leur substance est pourvue de fibres tendineuses qui constituent des lames plus ou moins épaisses. Située profondément par-dessous l'ilio-rotulien et entre les deux portions latérales, la partie moyenne règne sur le milieu de la face antérieure du fémur et compose le muscle crural.

Origine. De toute la surface antérieure du fémur; il s'attache aussi au muscle ilio-rotulien.

Insertion. A la rotule, en dedans et aux côtés de la terminaison du précédent.

Usage. Il concourt puissamment à l'extension de la jambe sur la cuisse et de celle-ci sur la jambe.

M. ilio-fémoral grêle (*le petit droit de la cuisse*).

Ce muscle, très-petit, oblong et fusiforme, est situé très-profondément à la partie antérieure de l'articulation coxo-fémorale ; il est parfois divisé en deux et s'attache tout près de la cavité cotyloïde à l'angle postérieur de l'ilium par des fibres tendineuses ; souvent il prend son origine entre les branches du tendon du muscle ilio-rotulien ; il s'insère à la face antérieure du fémur, en bas et en avant de la convexité du trokanter, par un petit tendon aplati.

Lorsque le membre est maintenu en l'air, le petit ilio-fémoral peut contribuer à mouvoir la cuisse, à la tirer en avant ou à la faire tourner sur son axe.

DIFFÉRENCES. *a*. Dans les *didactyles*, il n'y a pas d'*ilio-fémoral grêle*. L'*ilio-aponévrotique* est un muscle bien plus étendu et plus important que dans le cheval ; sa partie charnue, plus considérable, est séparée en deux ; son aponévrose, plus grande, s'étend sur les muscles croupiens, leur fournit une enveloppe dense, forte, et qui se réunit à la portion spinale du muscle ischio-tibial externe.

Les trois branches du *trifémoro-rotulien* sont plus distinctes que dans le cheval.

L'*ilio-rotulien* offre dans son intérieur une moindre quantité de fibres tendineuses.

b. Dans le *porc*, le *fascia lata* est plus charnu et moins aponévrotique.

L'origine du *trifémoro-rotulien* a lieu sur les éminences du trokanter.

Point d'*ilio-fémoral* grêle.

c. **Considérés** dans le *chien*, les muscles de la face rotulienne de la cuisse ont absolument la même disposition et les mêmes attaches que dans les monodactyles. Nous ferons observer seulement qu'il existe dans les carnivores une portion longitudinale sous-cutanée que nous regardons comme une dépendance de l'ilio-aponévrotique. Ce muscle, allongé, étroit et que l'on découvre immédiatement sous la peau, prend son origine à l'angle externe de l'ilium, d'où il descend jusqu'à la partie inférieure de la jambe et se termine à la rotule par des fibres tendineuses.

3° Région postérieure ou poplitée de la cuisse.

Cette région est occupée par quatre muscles, dont trois volumineux, allongés et situés l'un à côté de l'autre, forment une masse considérable qui provient de l'angle de la fesse et descend jusqu'à la jambe, dont elle entoure environ la moitié supérieure.

M. ischio-tibial externe (*le long vaste*).

Cet *ischio-tibial*, d'un volume considérable, occupe tout le côté externe de la face postérieure de la cuisse et de la partie supérieure de la jambe; en haut, il se prolonge par une pointe pyramidale contre l'épine sus-sacrée jusqu'à l'angle de la croupe; inférieurement, il offre trois branches terminées par des aponévroses qui gagnent la partie antérieure de la jambe, et dont la postérieure est recouverte par une production fibreuse jaune.

Origine. De la tubérosité ischiale, par des fibres charnues et aponévrotiques ; il s'implante aussi à la crête sus-sacrée et à l'angle de la croupe.

Insertion. A trois endroits différents de la jambe au moyen de ses divisions inférieures : ainsi la branche antérieure se termine à la rotule, la mitoyenne à la crête du tibia, et la postérieure sur les muscles de la face poplitée de la jambe. Une production particulière et située en bas de la tubérosité ischiale va s'insérer au corps du fémur.

Usages. Il fléchit la jambe sur la cuisse, concourt à porter tout le membre en arrière et à produire la ruade ; lorsque son point fixe est à la jambe, il aide à élever le devant sur le derrière, et devient un des puissants agents dans le cas où l'animal se cabre.

M. ischio-tibial moyen ou postérieur (*le biceps de la jambe*).

Moins volumineux que le précédent et plus gros dans le milieu qu'aux extrémités, il descend de la pointe de la fesse entre les muscles ischio-tibial externe et ischio-tibial interne jusqu'à l'origine du tendon calcanien, et il se continue en dedans de la jambe par une large aponévrose. Supérieurement et vers la croupe, il fournit une production pyramidale, qui monte à côté de celle du muscle précédent, mais se prolonge moins en avant qu'elle.

Origine. Du milieu de la tubérosité ischiale et en arrière du précédent, par des fibres charnues et aponévrotiques ; il provient aussi de l'épine sus-sacrée au moyen de sa pointe pyramidale.

Insertion. Par son aponévrose, il gagne la crête du tibia, s'attache sur le tendon calcanien et descend jusqu'à la pointe du jarret.

Usages. Il est congénère du précédent, et il contribue à faire tourner la jambe en dedans.

M. ischio-tibial interne (le demi-membraneux).

Un peu plus grand que le précédent et plus large en haut qu'en bas, il constitue une troisième masse charnue, située à la face interne de la cuisse, à côté et en avant du muscle ischio-tibial moyen. Ainsi que les deux premiers, il est pourvu supérieurement d'une pointe pyramidale fixée à l'extrémité postérieure de l'épine sus-sacrée.

Origine. Du côté interne de l'angle ischial, ainsi que de la crête, par des fibres charnues et tendineuses; sa pointe pyramidale, moins considérable que celle des muscles précédents, s'implante à l'extrémité postérieure de l'épine sus-sacrée et aux deux premiers os coccygiens.

Insertion. A la tubérosité interne du tibia et au condyle interne du fémur, par des fibres charnues et tendineuses.

Usages. Il est congénère des deux précédents et concourt à l'extension de la cuisse.

M. ischio-fémoral grêle (le grêle interne).

Ce muscle grêle, allongé, placé profondément, se trouve sous les muscles précédents et à peu de distance de l'articulation de la cuisse avec le bassin; il s'étend obliquement depuis l'épine ischiale jusqu'en bas du trokantin, prend son origine tout près et en avant de cette épine par des fibres charnues, et il s'insère proche et en arrière du trokantin par des fibres charnues et tendineuses. Ainsi que l'ilio-fémoral grêle, il peut contribuer à faire tourner la cuisse sur son axe lorsque le membre est maintenu élevé et suspendu au tronc.

DIFFÉRENCES. 1° Dans les *didactyles*, ces muscles présentent plusieurs considérations particulières : ainsi l'ischio-tibial interne, réuni au muscle sous-pubio-fémoral, forme avec lui une seule et même masse divisée inférieurement en deux branches.

L'*ischio-tibial externe*, plus considérable que dans le cheval, fournit supérieurement une masse charnue et pyramidale qui se prolonge en avant contre l'épine sus-sacrée et se termine en pointe à l'angle de la croupe. Cette production spéciale, qui couvre une partie du grand ilio-trokantérien, s'attache du côté interne aux tubérosités des apophyses épineuses du sacrum.

L'*ischio-tibial postérieur* n'a point de prolongement spinal et ne monte pas au delà de la tubérosité ischiale.

2° Les muscles fessiers du *porc* diffèrent peu de ceux du cheval; on observe seulement que le prolongement supérieur *sus-sacré* ou *spinal* est moins volumineux que dans les monodactyles; que les muscles ischio-tibiaux postérieur et interne ne participent point à la formation de ce prolongement; qu'enfin l'ischio-fémoral ou le grêle interne, plus long que celui du cheval, se termine à la tubérosité interne et supérieure du tibia avec le muscle ischio-tibial interne.

3° Dans le *chien*, les muscles fessiers ne fournissent point de prolongement croupien et ne montent pas en avant de la tubérosité ischiale.

L'*ischio-tibial interne* ou demi-membraneux est composé de deux portions longitudinales |unies ensemble, dont la plus petite se termine sur les côtés du condyle interne du fémur|, tandis que la grosse portion s'insère à la tubérosité interne et supérieure du tibia par des fibres charnues.

4° RÉGION INTERNE OU SOUS-PELVIENNE DE LA CUISSE.

De forme et de grandeur très-différentes, les muscles de cette partie de la cuisse sont disposés par couches ; les plus grands s'insèrent à la jambe, et les petits, situés autour de l'articulation coxo-fémorale, se terminent dans la fosse du trokanter.

M. sous-pubio-tibial (*le court adducteur de la jambe*).

Aplati, quadrilatère et aponévrotique à son extrémité inférieure, il réside sous la peau et occupe presque toute la face interne de la cuisse.

Origine. De la symphyse du bassin par des fibres charnues et quelques tendineuses très-courtes.

Insertion. A la partie supérieure et interne du tibia par une large aponévrose, qui s'implante aussi au condyle interne du fémur et s'étend à la crête du tibia.

Usage. Il tire la jambe et tout le membre en dedans.

M. sous-lombo-tibial (*le long adducteur de la jambe*).

Ce muscle, allongé, aplati, étroit et tendineux à ses deux extrémités, existe contre le bord anté-rieur du muscle précédent, avec lequel il forme une première couche; il provient de la région sous-lombaire et passe par l'ouverture crurale, d'où il descend jusqu'à la jambe.

Origine. Du corps des dernières vertèbres lom-baires par un fort tendon, dont les branches em-brassent celui du sous-lombo-pubien.

Insertion. A la partie interne et supérieure du tibia, ainsi qu'au condyle interne du fémur, à côté du muscle sous-pubio-tibial.

Usage. Il est le principal adducteur de la jambe et de tout le membre en même temps.

M. sus-pubio-fémoral (*le pectineus*).

Situé au-dessous du sous-lombo-tibial, à la partie antérieure et supérieure de la cuisse, il s'étend de-puis le bord abdominal du pubis jusqu'en bas du trokantin : c'est un muscle oblong, épais, prismati-que, plus fort en haut qu'en bas, et pourvu de for-tes fibres tendineuses.

Origine. Du bord abdominal du pubis par une bifurcation dont les branches courtes embrassent le ligament transversal qui émane du tendon d'inser-tion des muscles abdominaux et va s'attacher dans l'excavation de la tête du fémur.

Insertion. Aux empreintes musculaires que l'on observe en bas et près du trokantin.

I.   24

Usages. Il fléchit la cuisse, la tire en dedans, concourt à sa rotation.

M. sous-pubio-fémoral (*le biceps de la cuisse*).

Placé en arrière du précédent, il est fixé contre le fémur et fournit inférieurement deux branches entre lesquelles passent les vaisseaux de la jambe, et dont la plus longue et externe descend jusqu'à l'extrémité inférieure de la cuisse.

Origine. De la face inférieure du pubis par dessous le sous-pubio-tibial, au moyen de fibres charnues.

Insertion. A la face interne du corps du fémur par l'une de ses branches ; tandis que l'autre se termine au condyle interne de cet os.

Usages. Il porte la cuisse en dedans et la rapproche de celle du côté opposé.

M. sous-pubio-trokantérien externe (*les obturateurs externes*).

Il est situé très-profondément à la partie supérieure et interne de la cuisse par-dessous les muscles précédents ; sa composition résulte de l'assemblage ou réunion de divers faisceaux allongés, intimement unis et pourvus de quelques fibres tendineuses. Ce muscle épais se dirige transversalement, passe contre l'articulation coxo-fémorale, se contourne de haut en bas et va se terminer dans la fosse trokantérienne.

Origine. De la circonférence externe, ainsi que du pourtour de l'ouverture sous-pubienne, par des fibres charnues et aponévrotiques.

Insertion. Dans la fosse trokantérienne, vers laquelle convergent ses faisceaux , qui se réunissent et se terminent par un fort tendon aplati.

Usages. Il fait tourner la cuisse en dehors et peut la tirer aussi en dedans.

M. sous-pubio-trokantérien interne (*les obturateurs internes*).

Aplati, mince et flabelliforme, cet obturateur est placé presque enièrement dans la cavité pelvienne, d'où il se réfléchit en passant sur l'angle externe de l'ischium, et se dirige vers la partie supérieure et postérieure de la cuisse. Il tire son origine de la circonférence interne de l'ouverture sous-pubienne, à l'opposé du muscle précédent ; il s'attache aussi à l'ischium. Son insertion a lieu dans la fosse trokantérienne, en bas du précédent, par un fort tendon. Il fait tourner la cuisse en dehors et peut l'éloigner del a jambe opposée.

M. ischio-trokantérien (*les jumeaux*).

Il se trouve placé entre les extrémités inférieures des deux muscles précédents, va directement de l'angle antérieur externe de l'ischium dans la fosse trokantérienne. C'est un muscle court, mince, formé de deux portions principales, superposées et pourvues d'un grand nombre de fibres tendineuses. Il provient de l'angle cotyloïdien de l'ischium, en avant de l'épine du même os, par des fibres charnues et tendineuses, et il se termine dans la fosse trokantérienne par un tendon aplati. Il est congénère du muscle précédent et tire la cuisse en dehors.

M. sacro-trokantérien (*le pyriforme*).

Grêle, très-tendineux et situé en majeure partie dans le bassin, il a la forme d'un conoïde allongé et aplati, dont l'extrémité inférieure ou la pointe offre un fort tendon réuni avec celui du muscle sous-pubiotrokantérien interne.

Son origine se tire de l'angle latéral du sacrum au bas de la face interne de l'ilium, par des fibres charnues et aponévrotiques. Son insertion a lieu dans la fosse du trokanter par son tendon. Il est congénère des deux précédents.

Différences. *a. Didactyles.* Point de différence dans la première couche formée antérieurement par le *sous-lombo-tibial,* et postérieurement par le *sous-pubio-tibial.*

Ainsi qu'il a été dit, le sous-pubio-fémoral ne forme avec le muscle *ischio-tibial interne* qu'une seule et même masse, qui occupe presque toute la face interne de la cuisse.

Le *sous-pubio-trokantérien interne* passe par l'ouverture sous-pubienne pour aller s'insérer dans la fosse trokantérienne.

L'ischio-trokantérien externe est plus fort et plus tendineux que dans les monodactyles.

Le sacro-trokantérien, plus large, plus épais, mais moins long que dans le cheval, se trouve appliqué à la face interne de l'ischium et sur le côté du fond du bassin; il prend son origine près de la crête ischiale, d'où il se dirige obliquement d'arrière en avant par l'ouverture ovalaire, à travers laquelle il sort du bassin, et va se terminer avec le sou-spu-biotrokantérien interne dans la fosse raboteuse du trokanter.

b. Dans le porc, la première couche musculeuse est principalement formée par l'ischio-tibial interne, et terminée antérieurement par les muscles sous-lombio-tibial et sous-pubio-tibial.

Le *sous-lombo-tibial* ne provient point des vertèbres lombaires; il prend son origine à l'ilium par un tendon.

Le *sous-pubio-fémoral* n'offre nulle division et ne descend pas jusqu'au tibia; il se termine à la face interne et postérieure du corps du fémur.

Outre les petits muscles attachés autour de l'articulation coxo-fémorale, on découvre un muscle particulier, allongé, légèrement aplati et placé sous le bassin, à la face postérieure de l'articulation précédente; ce muscle, très-rouge, s'attache supérieurement à l'ilium, d'où il descend obliquement en s'approchant du fémur, et il s'insère auprès du trokantin par des fibres charnues entremêlées de tendineuses.

c. Dans les *carnivores*, ces muscles présentent diverses observations particulières qu'il importe d'indiquer. Ainsi le *sous-pubio-tibial* occupe plus particulièrement la partie postérieure de la face interne de la cuisse, ne s'unit au muscle sous-lombo-tibial qu'au moyen d'une aponévrose très-mince, et offre plus d'épaisseur du côté de son bord postérieur.

Le *sous-lombo-tibial* ne provient point des vertèbres lombaires; il prend naissance à l'angle externe de l'ilium et ne se réunit qu'à la partie inférieure de la cuisse.

Le *sous-pubio-fémoral,* fort, épais et sans division, s'insère à la partie postérieure et interne du corps du fémur : ce muscle étant enlevé laisse voir deux productions particulières, allongées, écartées l'une de l'autre, et qui constituent deux petits muscles courts, parfaitement distincts, ayant même une direction opposée. L'antérieur naît du bord abdominal du pubis, et s'insère par un tendon aplati près et en bas du trokantin; le postérieur provient de l'angle externe de l'ilium, se dirige d'arrière en avant et se termine au trokantin aussi par un tendon aplati et situé sous celui du muscle antérieur.

§ II. *Muscles de la jambe.*

1° RÉGION ANTÉRIEURE OU PRÉTIBIALE.

Les muscles situés sur cette surface de la jambe sont au nombre de trois, et recouverts par une sorte de gaine qui les maintient en place et rend leur contraction plus énergique; deux s'insèrent au pied dont ils produisent l'extension; le troisième se termine aux os du canon, et produit l'extension de cette région.

M. fémoro-préphalangien (*l'extenseur antérieur du pied*).

Ce muscle, long et très-tendineux, se propage sur toute la surface antérieure de la jambe, du genou, du canon et de la région digitée jusqu'au dernier phalangien; sa partie charnue, pourvue de fibres tendineuses dont quelques-unes forment des lames intérieures, occupe presque toute la longueur du tibia, offre à son extrémité supérieure un fort tendon d'origine, et elle se continue inférieure au moyen d'une autre production tendineuse très-forte qui descend jusqu'au pied : celle-ci, remarquable par sa longueur, glisse et se trouve maintenue par des anneaux ligamenteux dans une coulisse allongée, qui commence à l'extrémité inférieure de la jambe et va jusqu'au bas du pli du jarret. A partir de l'articulation du boulet jusqu'à sa terminaison, ce même tendon s'élargit progressivement, constitue une expansion pyramidale, qui adhère intimement aux capsules des trois articulations digitées, et se trouve affermie, fixée sur les phalangiens par deux brides ligamenteuses latérales, dont une externe et l'autre interne (1).

Origine. De l'excavation raboteuse, placée à côté du condyle externe du fémur, par un fort tendon réuni avec celui du muscle tibio-prémétatarsien.

Insertion. Au rebord antérieur de l'os du pied ; il donne aussi quelques fibres d'implantation au bord antérieur des deux premiers phalangiens.

Usages. Il produit l'extension du pied et affermit les ligaments capsulaires des trois dernières articulations du membre.

M. péronéo-préphalangien (*l'extenseur latéral du pied*).

Il occupe le côté externe de la jambe, est situé contre le précédent, dont il ne diffère qu'en ce qu'il

___
(1) Voyez notre *Traité du pied*, déjà cité.

est beaucoup plus petit, surtout moins fort. Son tendon inférieur passe dans un anneau situé à l'extrémité inférieure du tibia et au côté externe du pli du jarret ; sorti de cette coulisse, il prend une direction oblique, s'approche du tendon du muscle précédent, et se réunit à lui vers le milieu de la longueur du canon.

Origine. De la partie supérieure du péroné du tibia par des fibres charnues ; il s'attache aussi par un tendon au condyle externe du fémur.

Insertion. Il se réunit avec le tendon du muscle précédent, et se continue avec lui jusqu'au pied.

Usages. Il est le congénère du muscle précédent, et il coopère à l'extension de la région digitée.

M. tibio-prémétatarsien (le fléchisseur du canon).

Ce muscle, couché immédiatement sur la face antérieure du tibia et situé sous le muscle fémoropréphalangien, présente deux parties longitudinales superposées ; la plus externe, forte corde tendineuse, provient du condyle externe du fémur, règne sur la substance charnue, lui offre des points nombreux d'implantation, et se termine inférieurement par deux branches, dont une courte et une longue ; celle-ci s'insère au péroné externe du canon. Plus large, mais moins longue, la partie charnue offre à son extrémité inférieure un fort tendon bifurqué, dont la branche la plus longue se contourne jurqu'au péroné interne du canon.

Origine. Il provient de deux points différents ; par sa corde tendineuse, il s'attache, dans l'excavation raboteuse du fémur, avec le muscle extenseur antérieur du pied ; sa substance charnue s'implante en bas et sur les côtés de la coulisse, dans laquelle glisse la portion tendineuse.

Insertion. A l'extrémité supérieure des trois os du canon ; les deux branches courtes s'insèrent à la tubérosité antérieure du métatarsien; chacune des deux branches longues se contourne et va se terminer au péroné.

Usages. En raison de son organisation, ce muscle devient puissance active et contribue à la flexion du canon par l'effet même de sa contraction ; tandis que, d'après la disposition et les attaches de sa corde tendineuse, il sert fréquemment de puissance mécanique, et contribue ainsi à déplacer les os auxquels il est fixé.

DIFFÉRENCES. 1° Dans les *didactyles*, les muscles de cette région sont au nombre de six : trois se propagent jusqu'aux onglons, dont ils produisent l'extension ; les trois autres se terminent à l'extrémité supérieure du canon, et fléchissent cette partie.

Le *tibio-prémétatarsien*, le plus externe, celui qui se montre le premier lorsqu'on en a enlevé les enveloppes superposées, diffère en ce qu'il ne présente pas cette longue corde tendineuse que l'on observe dans le cheval ; ses extrémités sont pourvues de gros tendons, dont le supérieur s'attache au condyle externe du fémur, et l'inférieur à la tubérosité antérieure et interne de l'os du canon.

Le second de ces muscles, grêle et situé au côté interne du muscle précédent, dont il n'est qu'une division, prend son origine à la tubérosité interne de l'extrémité supérieure du tibia et va s'insérer, par le moyen de son tendon long et mince, à côté du tibio-prémétatarsien.

Le troisième ou le *tibio-prétarsien*, que l'on ne peut rapporter à aucun muscle du cheval, occupe le côté externe de la face antérieure du tibia ; il est plus gros et plus fort que la portion précédente, que nous venons de considérer comme le second des muscles. Il s'attache supérieurement à la tubérosité externe du tibia, et inférieurement au petit os tarsien, placé au-dessous du calcanéum.

Le quatrième, ou le *fémoro-phalangien*, se trouve sous le muscle tibio-prémétatarsien, au côté interne du tibio-prétarsien : son tendon descend sur le canon sans se réunir à nulle autre production, se propage et s'épanouit sur toute la longueur de la face inférieure de l'onglon interne.

Le cinquième n'est qu'une partie ou division du précédent, contre lequel il est situé dans toute sa longueur, et avec lequel il a une origine commune ; son tendon se prolonge inférieurement, sans se réunir à celui de la portion précédente ; parvenu près de la division des paturons, il se bifurque, donne deux branches, dont une pour chaque onglon.

Le sixième, le *péronéo-phalangien*, donne un tendon qui reste isolé, se propage et s'épanouit sur l'onglon externe.

2° Dans le *porc*, on compte quatre principaux muscles sur la surface antérieure du tibia. Deux se terminent au métatarse et produisent la flexion de cette partie; les deux autres descendent jusqu'aux doigts, auxquels ils s'insèrent et qu'ils étendent.

Le premier de ces muscles correspond au muscle *tibio-prémétatarsien* du cheval, et offre trois divisions longitudinales d'une inégale grosseur. La portion la plus externe, la principale, et qui peut être comparée à la corde tendineuse du muscle fléchisseur du canon des monodactyles, est couchée sur le muscle fémoro-préphalangien, avec lequel elle forme un tendon commun d'origine. Ce tendon s'attache dans la fosse située près de l'éminence rotulienne du fémur, passe et glisse dans la coulisse située entre les tubérosités externe et antérieure du tibia. La deuxième portion de ce muscle fléchisseur du tarse réside sur le côté externe de la crête du tibia, présente la même disposition et la même origine que la partie charnue du tibio-prémétatarsien du cheval. Enfin la troisième et dernière portion, très-grêle, est située immédiatement sur le tibia, et prend son origine vers l'articulation du péroné avec le tibia. Ces trois portions du muscle fléchisseur du métatarse s'insèrent par des tendons à divers points de la région métatarsienne. Le tendon très-menu de la portion grêle se prolonge jusqu'au doigt interne.

Le deuxième fléchisseur, que l'on peut désigner par le nom de *péronéo-prémétatarsien*, correspond au *tibio-prétarsien* du bœuf, et ne peut être comparé à aucun des muscles du cheval. Grêle et couché sur la longueur du péroné, ce muscle prend son origine autour de l'articulation du péroné avec le tibia, et il fournit inférieurement un long tendon, qui, parvenu au bas du jarret, passe dans une coulisse particulière, se contourne à la face postérieure du métartase, et va s'insérer à l'extrémité supérieure du métatarsien latéral interne.

Parmi les deux extenseurs des doigts, on remarque que le *fémoro-préphalangien* est peu considérable, et que l'extrémité supérieure de sa portion charnue se confond avec l'une des portions du muscle tibio-prémétatarsien. Le tendon de ce premier extenseur de la région digitée se divise sur le métatarse, et fournit une branche à chacun des doigts.

Quant au *péronéo-préphalangien*, il ne donne de tendon qu'au doigt externe.

3° Dans le *chien* et *autres carnivores*, la région prétibiale est occupée par quatre principaux muscles, qui ont la même disposition que dans le porc, mais qui en diffèrent sous quelques rapports.

Le plus extérieur de ces muscles, celui qui se montre dès que l'on a coupé la gaîne commune, est le fléchisseur du métatarse; sa portion charnue, appliquée sur celle de l'extenseur antérieur des doigts, occupe environ les deux tiers supérieurs du tibia, et prend naissance au fémur; il s'attache à l'extrémité supérieure du péroné de la jambe par un faisceau charnu, allongé, très-grêle. Le tendon inférieur du *tibio-prémétatarsien* s'enfonce sous les muscles de la face postérieure de la patte, passe dans une coulisse transversale, et va s'insérer au métatarsien interne. Cette disposition très-remarquable du tendon prouve que le muscle auquel il appartient peut fléchir plus efficacement le métatarse et déplacer l'ensemble des

Le *péronéo-prémétatarsien* présente les mêmes considérations que celui du porc; il n'en diffère qu'en ce qu'il est plus grêle et moins charnu.

L'extenseur antérieur des doigts pose immédiatement sur le tibia, et fournit un tendon à chacun des quatre doigts.

L'extenseur latéral des doigts descend sur tout le côté externe de la jambe et du métatarse, et va se terminer au premier phalangien du doigt externe. Sa portion charnue, formée de fibres obliques et courtes, s'attache sur presque toute la longueur du péroné de la jambe, et s'unit étroitement avec celle du muscle tibio-phalangien.

2° RÉGION POSTÉRIEURE OU CALCANIENNE (1).

Parmi les muscles appartenant à cette région, trois s'attachent à l'extrémité supérieure du calcanéum et fournissent la corde tendineuse du jarret; trois autres descendent jusqu'au pied, où ils se terminent et qu'ils fléchissent.

M. bifémoro-calcanien (*le premier extenseur du canon*).

Ce muscle, fort et complexe, est dérobé et entouré latéralement par la portion inférieure des trois grands muscles poplités. Sa partie charnue,

(1) Cette dernière expression, dérivée de *calcaneum*, devrait être écrite calcanéenne ; le terme calcanien, étant moins dur à la prononciation, convient mieux, et il est consacré dans les écoles de médecine humaine.

plus grosse au milieu qu'à ses extrémités, est pourvue d'intersections tendineuses longitudinales ; elle présente deux masses à peu près semblables entre elles et réunies inférieurement par un gros tendon : celui-ci constitue une corde allongée, qui se contourne sur elle-même et se termine au sommet du calcanéum.

Origine. Des parties latérales de l'extrémité inférieure du fémur par deux branches tendineuses, dont l'externe s'attache tout près de la fosse raboteuse d'où provient le muscle fémoro-phalangien, tandis que la branche interne s'implante au-dessus du condyle interne.

Insertion. À la tubérosité du calcanéum par un tendon considérable et aplati.

Usage. Il produit l'extension du jarret.

M. péronéo-calcanien (l'extenseur latéral du canon).

Ce muscle, très-grêle et allongé, règne au côté externe du muscle précédent ; il se montre dans le cadavre sous forme de faisceau flasque, plissé et qui se développe, s'allonge par la flexion mécanique du jarret. Il prend son origine autour de l'extrémité supérieure du péroné du tibia par des fibres charnues, et son tendon grêle se plonge inférieurement dans la corde du muscle bifémoro-calcanien dont il est le congénère.

M. fémoro-phalangien (le sublime ou perforé).

Forte et longue corde tendineuse, le perforé se propage depuis le fémur jusqu'à la face postérieure de l'os de la couronne; il n'offre de fibres charnues que vers sa partie supérieure. Du côté de son origine, il est couché sous le muscle bifémoro-calcanien; en approchant du jarret, il se contourne de dessous en dessus, gagne le sommet du calcanéum, sur lequel il s'élargit, s'attache sur les côtés de cet os par de fortes brides ligamenteuses, et il glisse dessus comme sur une poulie. Au bas du jarret, il rencontre le tendon du muscle perforant, sur lequel il descend jusqu'à sa terminaison; parvenu près des grands sésamoïdes, il présente un grand anneau, dans lequel passe et glisse le tendon du muscle perforant.

Origine. De l'excavation raboteuse, située au dessus du condyle externe du fémur, où il se confond avec la branche externe du bifémoro-calcanien.

Insertion. Aux extrémités de la tubérosité transversale de l'os de la couronne, par deux branches courtes, entre lesquelles passe le tendon perforant.

Usages. Ce muscle peut être considéré comme une puissance mécanique qui, dans le déplacement du fémur, peut étendre le jarret et fléchir le pied; il est encore favorablement disposé pour résister aux violentes percussions, pour préserver les ligaments articulaires, soulager certains muscles et les mettre à l'abri des tiraillements.

M. tibio-phalangien (*le profond* ou *perforant*).

Plus considérable que le fémoro-phalangien, le perforant est le principal agent de la flexion du pied; sa partie charnue, posée immédiatement contre la face postérieure du tibia et par-dessous les trois muscles précédents, résulte de l'assemblage de quatre à cinq productions fortement unies ensemble, très-tendineuses, mais de grosseur et de forme diffrrentes. Le tendon qui vient à la suite de la partie charnue est remarquable par sa grande force, commence vers l'extrémité inférieure de la jambe, et se prolonge jusqu'au dernier phalangien. Ce tendon passe et glisse dans l'arcade tarsienne formée par le calcanéum; derrière le canon, il descend entre le tendon du fémoro-phalangien et le ligament suspenseur du boulet, ou, mieux, le muscle tarso-phalangien; en bas du jarret, il reçoit un très-gros ligament, qui provient de la face postérieure des os tarsiens et l'affermit d'une manière très-efficace. A la face postérieure de la région digitée, le même tendon s'engage dans l'anneau du tendon perforé et coule dans la gaîne sésamoïdienne, où il est lubrifié par la synovie; après avoir franchi cette gaîne, il s'épanouit, fournit l'expansion pyramidale, vulgaire-l'*aponévrose du pied*, et il va se terminer au dernier phalangien.

Origine. Des empreintes musculaires de toute la face postérieure du tibia; il s'attache aussi supérieurement à la tubérosité externe, ainsi qu'au péroné du même os.

Insertion. Au rebord demi-circulaire de la face inférieure ou plantaire de l'os du pied, par son expansion pyramidale.

Usages. Il est l'agent principal de la flexion du pied et il résiste aux percussions de la même manière que le muscle fémoro-phalangien.

M. péronéo-phalangien (*le fléchisseur oblique du pied*).

Il se trouve au côté interne de la face postérieure de la jambe, est situé contre le muscle précédent, au tendon duquel il se réunit en bas du jarret. Sa partie charnue, supérieure et pyramidale, ne comprend environ que les deux tiers de la longueur du tibia. Son tendon cylindrique glisse dans une coulisse qui commence à l'extrémité inférieure du tibia et se propage sur le côté interne du jarret.

Origine. De la tubérosité externe et supérieure du tibia, à peu de distance de la tête du péroné; après sa naissance, il se contourne en dedans et gagne la face interne de la jambe.

Insertion. Au tendon du muscle précédent, qu'il atteint à la face postérieure du canon.

Usage. Il est congénère des deux muscles précédents.

M. fémoro-tibial oblique (*l'abducteur de la jambe*).

Ce muscle, court, épais et pyramiforme, réside à la face poplitée de l'articulation fémoro-tibiale, contre laquelle il se contourne obliquement de dehors en dedans et de haut en bas. Sa substance, mêlée de fibres et intersections tendineuses, se termine en haut par un tendon et en bas par une expansion qui comprend à peu près la moitié supérieure du tibia. Le fémoro-tibial oblique vient du condyle externe du fémur par un tendon, se termine au côté interne du tibia par des fibres charnues et tendineuses, et il contribue à la flexion de la jambe sur la cuisse ; il peut aussi faire tourner ces deux rayons l'un sur l'autre.

Différences. *a*. Dans les *didactyles*, on ne trouve pas de péronéo-calcanien ou extenseur latéral du jarret ; la portion charnue du *fémoro-phalangien* est plus grosse et moins tendineuse : le *fémoro-tibial* oblique est aussi moins fort que celui du cheval.

Quant à la division des tendons fléchisseurs distingués en perforant et en perforé, on peut voir le *Traité* précité *du pied*.

b. De même que dans les didactyles, la région postérieure ou calcanienne de la jambe des *tétra-dactyles* n'offre point de muscle péronéo-calcanéen ou extenseur latéral du jarret.

Les cinq autres muscles ont la même disposition et les mêmes attaches que dans les monodactyles ; on remarque seulement que la portion charnue du perforé ou fémoro-phalangien n'est pas entremêlée de fibres tendineuses.

Nous ferons aussi observer que l'aponévrose des muscles qui s'insèrent au tibia donne naissance à un gros tendon ou ligament allongé, qui règne sous le tendon du muscle *fémoro-phalangien* et se termine à l'extrémité supérieure du calcanéum.

§ III. *Muscles du pied postérieur, pris dans une acception générale.*

1° RÉGION ANTÉRIEURE.

Cette surface du pied est occupée principalement par les tendons qui proviennent des muscles situés à la face prétibiale, et s'insèrent, soit aux es du canon, soit à ceux de la région digitée ; elle ne comprend qu'une seule production musculaire, et cette production réside à la partie supérieure du canon au-dessous des tendons extenseurs du pied, dont elle fait en quelque sorte partie.

M. tarso-préphalangien grêle (*le petit extenseur du pied*).

Ce petit muscle, très-grêle et court, prend naissance dans la fosse placée en bas de la gorge de la poulie, d'où il descend sous le tendon extenseur du pied, dans lequel il s'insère au niveau du tiers supérieur du canon.

DIFFÉRENCES. 1° Dans les *didactyles*, le petit muscle *tarso-préphalangien*, plus charnu et plus long, s'insère au tendon mitoyen et commun aux deux onglons.

2° Le *tarso-préphalangien* du *porc*, plus développé que celui des monodactyles, fortifie les branches tendineuses du muscle fémoro-préphalangien, et contribue d'une manière spéciale à l'extension des deux grands onglons.

Chacun de ces deux onglons présente deux couches tendineuses, dont l'interne se termine au deuxième phalangien, tandis que l'externe constitue une enveloppe ou expansion peu différente de celle du cheval et qui descend jusqu'au dernier phalangien.

3° Dans le *chien*, les divisions du tendon du muscle *fémoro-préphalangien* vont en s'élargissant, à mesure qu'elles approchent des os phalangiens : sur chaque jointure des doigts, ces tendons extenseurs forment des sortes de ganglions ou callosités.

Le *tarso-préphalangien* grêle est un muscle remarquable, 1° par sa division en trois portions, dont la moyenne est la plus grosse ; 2° par la terminaison de ces trois tendons, à l'extrémité des premiers phalangiens des trois doigts internes.

2° RÉGION POSTÉRIEURE OU PLANTAIRE.

Elle présente deux ordres de parties musculaires parfaitement distincts : le premier se compose de trois forts tendons superposés, dont deux sont des dépendances des muscles fléchisseurs du pied, tandis que le troisième comprend le ligament ou muscle suspenseur du boulet.

Dans le second ordre, on doit ranger quatre muscles très-grêles, peu tendineux et appelés *lombricaux*, en raison de leur ressemblance à des vers.

M. tarso-phalangien *(le tendon suspenseur du boulet)*.

Il constitue une corde allongée, aplatie et très-résistante, dans laquelle on ne distingue que très-peu de fibres charnues ; il s'attache supérieurement aux os du jarret, et se termine, sur les côtés des grands sésamoïdes, par une bifurcation. La partie supérieure de ce muscle se trouve cachée, dérobée par les deux péronés et fixée contre l'os principal du canon ; tandis que la partie inférieure est détachée, et surtout plus rapprochée des tendons fléchisseurs du pied.

Cette production musculaire est principalement destinée à soutenir, à affermir les articulations et à résister aux efforts qui peuvent les forcer.

MM. lombricaux.

Ils sont au nombre de quatre : deux résident au-dessus des grands sésamoïdes, l'un en dedans et l'autre en dehors ; et ces premiers lombricaux sont attachés sur les côtés des extenseurs du pied. Les deux autres, beaucoup plus longs, se trouvent à la face interne des péronés du canon, et suivent la direction du muscle tarso-phalangien. Les premiers, que l'on pourrait nommer *sésamoïdiens*, parce qu'ils sont placés sur les côtés des grands sésamoïdes, ont une partie charnue, supérieure, pyramidale et fixée aux tendons fléchisseurs ; leurs tendons, très-déliés, s'épanouissent sous la peau du boulet.

Dans les deux lombricaux supérieurs ou, mieux, *péroniens*, la substance charnue, très-grêle, forme, la partie supérieure du muscle, tandis que le tendon allongé se porte en bas des péronés et se continue jusque vers le boulet.

Différences. *a.* Dans les *didactyles*, le tarso-phalangien ou ligament suspenseur du boulet forme en haut des sésamoïdes, une double bifurcation, dont la plus externe embrasse l'extrémité supérieure de la gaîne, dans laquelle passe le tendon perforant; la bifurcation formée par la couche interne s'attache sur les côtés des grands sésamoïdes.

On ne trouve nulle trace de muscles *lombricaux*.

b. Dans le *porc*, les tendons perforant et perforé sont maintenus contre les os du métatarse par un gros ligament longitudinal, très-épais, qui provient de la face postérieure du calcanéum et s'insère sur la longueur des métatarsiens latéraux interne et externe. Chacun des tendons précédents fournit une bifurcation principale pour les deux grands onglons, et donne un tendon à chacun des ergots ou petits onglons.

Le muscle *tarso-phalangien* présente deux couches superposées et bifurquées à leur extrémité inférieure; la couche interne, plus épaisse et plus charnue, est située sous le tendon perforant et fixée dans la fosse longitudinale de la face postérieure du métatarse.

Nulle trace de muscles *lombricaux*.

c. Dans les *carnivores*, le tendon du muscle perforant forme quatre divisions, entre lesquelles s'observent des faisceaux charnus, qui correspondent aux muscles lombricaux inférieurs des monodactyles et vont se terminer sur les grands sésamoïdes des doigts.

Le *tarso-phalangien*, muscle épais et entremêlé de fibres tendineuses, présente quatre portions longitudinales, dont les latérales passent sur les deux branches du milieu et les dérobent en partie. Parvenue contre la base du doigt, chacune de ces divisions fournit une bifurcation courte, qui se termine sur les côtés des grands sésamoïdes.

Membres antérieurs.

---

§ Ier. *Muscles de l'épaule.*

1º RÉGION EXTERNE OU SUS-SCAPULAIRE.

Les muscles de cette région ont beaucoup d'analogie avec ceux de la croupe, et s'insèrent à l'humérus; deux, situés au bord postérieur du scapulum, se terminent à l'extrémité supérieure du corps de l'humérus; les deux autres, beaucoup plus gros, remplissent les fosses sus-scapulaires et s'attachent au trochiter.

M. grand scapulo-huméral (*le long abducteur du bras*).

Ce muscle très-tendineux suit la direction du bord postérieur du scapulum, et recouvre la plus grande partie du muscle sous-acromio-trochitérien.

Origine. De l'angle dorsal du scapulum par des fibres charnues et aponévrotiques; il s'attache aussi au bord de l'acromion, ainsi qu'à la partie supérieure du scapulum, par le moyen de son expansion aponévrotique.

Insertion. A la tubérosité externe du corps de l'humérus, par une production large.

Usages. Il fait tourner le bras en dehors et concourt à la flexion.

M. petit scapulo-huméral (*le court abducteur*).

Il est situé sous la partie inférieure du précédent, contre l'articulation de l'épaule avec le bras : c'est un petit muscle, dont la portion charnue, mêlée de fibres tendineuses, est divisée en deux, et dont l'aponévrose supérieure provient du bord postérieur du scapulum.

Origine. Du bord postérieur du scapulum, par un tendon mince et large.

Insertion. A la tubérosité externe du corps de l'humérus au-dessous du précédent, par des fibres charnues et aponévrotiques.

Usage. Il est le congénère du précédent.

M. sus-acromio-trochitérien (*l'antépineux*).

Il occupe toute la fosse sus-acromienne ; c'est un muscle allongé, gros, épais et pourvu de quelques intersections tendineuses ; son extrémité inférieure se divise en deux branches réunies par une forte aponévrose qui s'attache sur les côtés de la coulisse humérale, d'où elle se propage sur le muscle coraco-cubital.

Origine. De toute l'étendue de la fosse sus-acromienne.

Insertion. L'une de ses branches se termine au sommet du trochiter, et l'autre au trochin.

Usages. Il étend le bras sur l'épaule et concourt aux mouvements de semi-rotation.

M. sous acromio-trochitérien (*le postépineux*).

Plus large et moins épais que le précédent, il remplit la fosse sous-acromienne, se rétrécit inférieurement, adhère fortement au ligament capsulaire et se termine par un fort tendon. Ce muscle est enveloppé et affermi par l'aponévrose du grand scapulo-huméral, qui constitue une couche fibreuse, épaisse et résistante.

Origine. Dans toute la fosse sous-acromienne par des fibres charnues et tendineuses.

Insertion. D'une part à la convexité du trochiter par des fibres charnues et quelques tendineuses très-courtes ; le tendon externe glisse sur cette convexité, au bas de laquelle il s'insère à une crête transversale.

Usages. Il concourt au mouvement de semi-rotation en dehors du bras sur l'épaule.

Différences. *a.* Dans les *didactyles*, ces muscles n'offrent point de considérations particulières ; seulement le petit *scapulo-huméral* paraît être moins fort que dans les monodactyles, et ne porte pas de division.

b. Les muscles sus-scapulaires des tétradactyles ne diffèrent de ceux des monodactyles ni par leur position ni par leurs attaches. Dans le *chien*, on trouve une production particulière qui ne se remarque pas dans le cheval. Cette portion musculaire, allongée et prismatique, est une dépendance du muscle long abducteur du bras ; elle prend son origine à la protubérance de l'acromien, et s'insère à la tubérosité externe du corps de l'humérus.

2° RÉGION INTERNE OU SOUS-SCAPULAIRE.

M. sous-scapulo-trochinien (*le sous-scapulaire*).

Ce muscle, fixé dans la fosse sous-scapulaire, est allongé, aplati, pyramiforme et pourvu de plusieurs lames tendineuses; l'une de ces lames forme une couche extérieure épaisse, et les autres constituent des intersections intérieures. Le sous-scapulo-trochinien naît de toute la fosse sous-scapulaire par des fibres charnues et quelques tendineuses. Son insertion a lieu au trochin par une production qui passe sur le ligament capsulaire et y adhère fortement. En se contractant, le muscle sous-scapulaire tire le bras en dedans et contribue aux mouvements de rotation; il peut aussi soulever la partie du ligament capsulaire à laquelle il adhère, et l'empêcher d'être pincée par les abouts articulaires.

M. sous-scapulo-huméral (*l'adducteur du bras*).

Situé au côté interne du bord postérieur du scapulum, contre et en arrière du muscle précédent, le *scapulo-huméral* est séparé des muscles long et court abducteurs du bras par le grand scapulo-olécrânien. Sa substance charnue, pourvue, à l'extérieur, de quelques fibres tendineuses, se termine inférieurement par un fort tendon qui se réunit avec celui du dorso-huméral.

Origine. Du côté interne du bord postérieur du scapulum, ainsi que de l'angle dorsal, par des fibres aponévrotiques et quelques charnues.

Insertion. A la tubérosité interne du corps de l'humérus par son tendon.

Usages. Il tire le bras en arrière et en dedans, et il concourt à produire la semi-rotation.

M. coraco-huméral (l'*omo-brachial*).

Ce muscle, grêle, allongé, aplati et pyramiforme, réside au côté interne de l'articulation scapulo-humérale, passe par-dessus l'insertion du muscle scapulo-trochinien, et présente deux portions superposées, inégales, dont l'interne est la plus courte.

Origine. Du prolongement de l'apophyse coracoïde par son tendon supérieur, qui a une certaine longueur et glisse dans une coulisse.

Insertion. A l'humérus par ses deux branches, dont la plus longue s'insère à la partie antérieure et un peu interne du corps de l'humérus, en bas de sa tubérosité; tandis que la branche interne se termine au-dessus de cette même tubérosité.

Usages. Il tire le bras en dedans et concourt à son adduction.

M. scapulo-huméral grêle.

Ce muscle, très-petit, réside à la face postérieure un peu interne de l'articulation huméro-scapulaire; il se trouve couché longitudinalement sur le ligament capsulaire, par-dessous l'extrémité inférieure du sous-scapulaire. Ce faisceau oblong, plus court et plus grêle que l'ilio-fémoral grêle, auquel il correspond, porte à son extrémité inférieure un tendon très-mince, et semble préposé à préserver la capsule synoviale d'être pincée entre les os; il prend son origine au scapulum par des fibres charnues qui s'implantent au-dessus et tout près du rebord de la cavité glénoïde, et se termine par son tendon d'insertion en bas de la tête de l'humérus, face postérieure et interne.

DIFFÉRENCES. *a*. Dans le *porc*, le *sous-scapulo-trochinien* est plus fort et plus épais que celui du cheval. Le *coraco-huméral* s'insère dans le milieu de la face antérieure du corps de l'humérus par un large tendon.

b. Dans le *chien*, ces muscles ne présentent d'autre différence que d'être généralement plus forts.

3° RÉGION ANTÉRIEURE OU PRÉHUMÉRALE.

M. coraco-cubital (*le long fléchisseur de l'avant-bras*).

C'est un gros muscle, très-fort, cylindroïde et maintenu sur toute la longueur de la face antérieure de l'humérus; sa substance, charnue, pourvue de lames ou couches tendineuses, offre une fermeté particulière. Le tendon de son extrémité supérieure est remarquable par sa grosseur et surtout par sa densité : cette production tendineuse, dure et fibro-cartilagineuse, présente une certaine largeur et correspond à la rotule; sa face interne forme une poulie qui s'emboîte avec celle de l'humérus; sa face externe est garnie de fibres charnues, longitudinales, dont on ignore complétement l'usage. Inférieurement, ce muscle se termine par un autre tendon arrondi, mais moins fort, moins dense et moins long que le premier. Au niveau de la naissance de ce tendon inférieur, le muscle fournit une production fibreuse large, qui se propage sur les muscles situés à la face antérieure de l'avant-bras et descend jusqu'au genou.

Origine. De la convexité de l'apophyse coracoïde, par les fibres de son tendon supérieur.

Insertion. A la tubérosité située au côté interne de l'extrémité supérieure du cubitus, par son tendon inférieur ; il prend aussi des points fixes sur l'avant-bras au moyen de son expansion fibreuse.

Usages. Il fléchit l'avant-bras sur le bras, soutient et augmente la contraction des muscles, auxquels il fournit une gaîne.

M. huméro-cubital oblique (le court fléchisseur).

Ce fléchisseur de l'avant-bras est couché dans la fosse oblique du corps de l'humérus : c'est un muscle épais, presque entièrement charnu, qui s'amincit inférieurement et se termine par une pointe pyramidale.

Origine. Il vient du côté externe et en bas de la tête de l'humérus par des fibres charnues.

Insertion. A la crête de la tubérosité externe du cubitus, près et en bas de la terminaison du muscle précédent ; il s'insère à cette crête au moyen d'un petit tendon et de quelques fibres charnues.

Usage. Il concourt, avec le précédent, à la flexion de l'avant-bras sur le bras.

a. **Dans** les *didactyles*, le *coraco-cubital*, bien

moins fort et surtout moins gros, ne fournit pas inférieurement d'expansion fibreuse; le tendon de son extrémité supérieure n'a ni la grosseur ni la densité de celui du cheval, et sa surface externe n'offre aucune fibre charnue.

L'*huméro-cubital oblique* est généralement plus pyramidal, et paraît aussi un peu plus long.

b. Dans le *porc*, les deux muscles s'insèrent au cubitus l'un contre l'autre.

Le *coraco-cubital*, fusiforme et bien moins considérable que dans le cheval, est maintenu par un fort ligament dans la coulisse de l'extrémité supérieure de l'os du bras. L'*huméro-cubital oblique*, plus charnu que le précédent, se contourne sur toute la surface externe de l'humérus

c. Dans les carnivores, le *coraco-cubital*, bien moins fort et moins important que dans les monodactyles, ne fournit pas d'expansion tendineuse aux muscles appliqués sur la face antérieure du cubitus.

Le tendon de son extrémité supérieure n'offre ni la grosseur, ni la densité de celui du cheval, et ne porte à sa surface externe nulle fibre charnue. Ce tendon glisse dans la coulisse antérieure de l'humérus, où il est maintenu par une large bride ligamenteuse.

4° RÉGION POSTÉRIEURE OU OLÉCRANIENNE.

Ces muscles, au nombre de cinq, se terminent tous à l'olécrâne, et opèrent l'extension de l'avant-bras; ils diffèrent entre eux par leur forme, leur volume et leur position.

M. long scapulo-olécrânien (*le long extenseur de l'avant-bras*).

Il est situé au côté interne du bord postérieur de la masse charnue qui remplit l'intervalle triangulaire produit par l'articulation du scapulum avec l'humérus. On peut y distinguer deux parties charnues : l'une, longue et mince, s'étend de l'angle dorsal du scapulum au sommet de l'olécrâne ; l'autre portion, courte, large et réunie à l'extrémité inférieure de la première, réside à la face interne du coude et se propage, tant en haut qu'en bas, par des aponévroses.

Origine. De l'angle dorsal du scapulum par un petit tendon ; il vient aussi du bord postérieur du même os par des fibres aponévrotiques très-déliées.

Insertion. Au sommet de l'olécrâne, ainsi qu'à la face interne de l'avant-bras.

Usages. Il produit l'extension de l'avant-bras et favorise la contraction énergique des muscles qu'il recouvre.

M. grand scapulo-olécrânien (*le gros extenseur de l'avant-bras*).

Ce muscle constitue une grosse masse charnue, aplatie et de même forme que l'espace triangulaire qu'elle occupe ; son bord supérieur, mince et pourvu de fibres tendineuses courtes, s'attache à toute la longueur du bord postérieur du scapulum ; l'antérieur adhère à l'humérus, et le postérieur est uni au muscle précédent.

Origine. De tout le bord postérieur du scapulum, par des fibres charnues et tendineuses.

Insertion. Au sommet de l'olécrâne par un tendon très-gros.

Usage. Il est le principal agent de l'extension de l'avant-bras.

M. huméro-olécrânien externe (*le court extenseur*).

Épais et prismatique, ayant peu de longueur et peu de fibres tendineuses, ce muscle réside au côté externe de l'os du bras, entre l'humérus et le bord inférieur du muscle précédent.

Origine. Il provient de l'extrémité supérieure de l'humérus, s'attache en bas et en dehors de la tête de cet os, au moyen d'un tendon mince et de quelques fibres charnues.

Insertion. A la face externe de la tubérosité olécrânienne par des fibres charnues.

Usage. Il aide et soutient l'extension de l'avant-bras.

M. huméro-olécrânien interne (*le moyen extenseur*).

Il réside à la face interne du bras et à l'opposé du muscle précédent, duquel il se trouve séparé par le grand scapulo-olécrânien : c'est un petit muscle cylindroïde et qui tient la même direction que l'huméro-olécrânien externe. Il vient de la tubérosité située à la face interne du corps de l'humérus, naît par un petit tendon aplati, et il s'insère à la face interne de la tubérosité de l'olécrâne par des fibres charnues. Il concourt à l'extension de l'avant-bras.

M. petit huméro-olécrânien (*le petit extenseur*).

Il constitue une production musculaire, courte,

située par-dessous les insertions des trois muscles précédents, et il s'étend de la partie inférieure du corps de l'humérus au bord antérieur de l'olécrâne. Son origine a lieu près et en dedans de la grande fosse qui sépare l'épicondyle d'avec l'épitroklée; inférieurement, il s'implante à l'olécrâne au-dessous du tendon du grand scapulo-olécrânien. En se contractant, il coopère à l'extension de l'avant-bras (1).

Différences. *a.* Dans les *didactyles*, le *long scapulo-olécrânien* est beaucoup plus grêle et n'offre point de division inférieure.

b. Dans les *carnivores*, ces muscles sont généralement plus charnus et plus divisés que dans les monodactyles.

Le *grand scapulo-olécrânien*, très-volumineux, forme à sa surface externe une grosse protubérance charnue, posée contre l'*huméro-olécrânien externe*.

Dans le *chien*, on compte quatre *huméro-olécrâniens*, dont un externe, l'autre interne, le troisième moyen, et le quatrième le petit ou le court; ce dernier réside au côté externe du coude, constitue une bandelette courte qui prend son origine à la crête de l'épitroklée et se termine sur la face externe de l'olécrâne.

(1) Rigoureusement on pourrait réduire les cinq muscles de la région postérieure du bras à deux titres, et ne les considérer que comme deux muscles, dont un porterait le nom de *biscapulo-olécrânien*, et le deuxième, ou le *trihuméro-olécrânien*, embrasserait les trois derniers de ces muscles.

§ II. *Muscles de l'avant-bras.*

Ces muscles, au nombre de quatre, sont renfermés dans une gaîne commune, qui les maintient en place et augmente leur contraction; deux se terminent au canon et en opèrent l'extension; les deux autres se prolongent jusqu'au pied, dont ils sont les extenseurs.

M. épitroklo-prémétacarpien (*l'extenseur droit antérieur du canon de devant*).

Il s'étend sur toute la longueur de l'avant-bras et descend jusqu'au canon. Sa partie charnue, grosse, supérieure, pyramidale et pourvue de quelques fibres tendineuses, occupe environ les deux tiers supérieurs du cubitus; le tendon, qui suit immédiatement, passe sous celui du muscle cubito-prémétacarpien oblique, glisse dans une coulisse de l'extrémité inférieure du cubitus, et s'élargit ensuite jusqu'à sa terminaison.

Origine. De l'épitroklée par des fibres charnues et par un tendon commun avec le muscle épitroklo-préphalangien. De ce point d'origine, il se contourne en devant et gagne la face antérieure du cubitus.

Insertion. A la tubérosité antérieure de l'os principal du canon.

Usage. Il opère l'extension du canon.

M. cubito-métacarpien oblique (*l'extenseur oblique du canon*).

Ce petit muscle, mince, aplati, pyramiforme et très-tendineux, est situé obliquement à la partie inférieure de l'avant-bras, se contourne de dehors en dedans et descend jusqu'au péroné interne. Son tendon inférieur passe par-dessus celui du muscle précédent et glisse dans une coulisse oblique située au côté interne et antérieur de l'extrémité inférieure du cubitus. Il provient de la partie moyenne et externe du cubitus par des fibres charnues et tendineuses d'autant plus longues qu'elles sont plus supérieures. Son insertion se fait à la tête du péroné interne par les fibres de son tendon.

Ce muscle, qui répond à l'adducteur du pouce de l'homme, concourt à l'extension du canon et devient congénère du précédent.

M. épitroklo-préphalangien (*l'extenseur antérieur du pied*).

Cet extenseur correspond au muscle fémoro-préphalangien, offre la même disposition, les mêmes usages essentiels; il provient de l'extrémité inférieure de l'humérus et se propage jusqu'à l'os du pied. Sa partie charnue, supérieure et pyramidale, règne au côté externe de celle du muscle épitroklo-prémétacarpien, s'insinue et glisse dans une gaîne qui commence à l'extrémité inférieure du cubitus et s'étend jusqu'en bas du genou. Parvenu sur l'os principal du canon, ce muscle donne une branche grêle qui va s'unir avec le tendon du cubito-préphalangien; après quoi, il se comporte absolument de la même manière que le fémoro-préphalangien.

Origine. De l'épitroklée par des fibres charnues et par le tendon qui lui est commun avec le muscle épitroklo-prémétacarpien.

Insertion. Au rebord antérieur de l'os du pied, par les fibres de son expansion pyramidale.

Usage. Il produit l'extension du pied.

M. cubito-préphalangien (*l'extenseur oblique du pied*).

Allongé et situé à côté du précédent, il se prolonge depuis l'extrémité supérieure du cubitus jusqu'à la partie antérieure du paturon. Sa portion charnue, grêle, très-tendineuse et aplatie d'un côté à l'autre, est attachée sur plus des deux tiers supérieurs de la longueur du cubitus; son tendon est maintenu et glisse dans une coulisse qui règne sur le genou et sur l'extrémité inférieure du cubitus; en descendant sur le canon, il reçoit la branche du tendon précédent et se termine à l'os du paturon.

Origine. De la tubérosité externe du cubitus par des fibres charnues et tendineuses.

Insertion. A la partie antérieure de l'extrémité supérieure de l'os du paturon, où il adhère intimement au ligament capsulaire.

Usages. Il est congénère du muscle précédent et concourt à l'extension du pied.

Différences. *a.* Dans les *didactyles*, l'*épitroklo-préphalangien* fournit inférieurement deux tendons séparés : l'un descend sur l'onglon interne, et l'autre se bifurque, pour s'insérer aux os des deux paturons.

Le tendon du *cubito-préphalangien* gagne l'onglon externe, sans se réunir avec les tendons précédents.

Au reste, ces deux muscles extenseurs du pied se comportent de la même manière que ceux des membres postérieurs.

b. Les muscles précubitaux du *porc* présentent le même arrangement que dans les monodactyles.

L'*épitroklo-préphalangien* ne donne nulle division tendineuse au petit onglon externe, il ne s'insère qu'aux trois doigts externes.

L'*extenseur oblique* du pied suit la direction du muscle précédent et fournit un tendon à chacun des deux onglons internes.

c. Dans le *chien*, ces muscles offrent plusieurs différences relatives tant à leur forme qu'à leurs attaches. Ainsi le tendon inférieur de l'*épitroklo-prémétacarpien* fournit deux branches, une pour chacun des os métacarpiens internes.

La portion charnue du muscle extenseur oblique occupe le côté interne de l'intervalle que l'on observe entre le cubitus et le radius : elle présente deux portions ; l'une, supérieure, plus grêle, va se terminer à l'extrémité supérieure et antérieure du pouce.

L'*extenseur antérieur des doigts* offre, à sa face interne, une branche grêle, allongée, qui provient du fémur et se confond avec la substance charnue du muscle cubito-préphalangien. Vers le milieu du métacarpe, le tendon du même extenseur forme quatre divisions : chacune de ses branches descend, s'épanouit sur la face antérieure des doigts, et se comporte de la même manière que les tendons extenseurs du pied du cheval.

L'*extenseur latéral des doigts* descend jusqu'aux quatre grands doigts, où il donne des divisions qui s'accolent au tendon du muscle extenseur antérieur. Vers la partie inférieure du métacarpe, son tendon fournit quatre branches, dont une principale va s'insérer à la partie antérieure du second phalangien du doigt externe; les trois autres branches grêles vont se terminer au côté interne des trois autres grands doigts.

Outre les muscles longs, qui, selon leur terminaison, sont extenseurs soit du métacarpe, soit des doigts, on remarque, sur la partie antérieure et supérieure du radius, deux muscles particuliers qui n'existent ni dans les monodactyles, ni dans les didactyles. Le premier de ces muscles, le plus externe, s'attache supérieurement à l'épitroklée par un tendon qui se confond avec le ligament latéral externe; et il se termine inférieurement à la partie supérieure et antérieure du radius. Le second de ces muscles, ou l'*épicondylo-préradial*, plus long et plus gros que le précédent, prend son origine à l'épicondyle, d'où il descend obliquement, gagne le radius, et se termine au côté interne et un peu audessus du premier.

2° RÉGION POSTÉRIEURE DE L'AVANT-BRAS.

Disposés en deux principales couches, les muscles de cette région sont au nombre de cinq, se ter-

minent aux os du genou, ou du canon, ou de la région digitée, et opèrent la flexion, soit du canon,
soit du pied.

M. épitroklo-sus-carpien (*le fléchisseur externe du canon*).

Ce premier muscle, très-tendineux, allongé et
aplati, s'étend sur le côté externe de la face postérieure de l'avant-bras, se termine au canon par
deux branches : l'une, longue et cylindrique, va au
péroné externe, tandis que la courte et la plus grosse
s'insère à l'os sus-carpien. Il tire son origine de l'é-
pitroklée par un tendon et par quelques fibres charnues, et se termine à l'os sus-carpien ainsi qu'au
péroné externe. Ce muscle fléchit le canon sur l'a-
vant-bras.

M. épicondylo-sus-carpien (*le fléchisseur oblique du canon*).

Peu différent du précédent, il occupe le milieu
de la face postérieure de l'avant-bras, se porte un
peu obliquement de la tubérosité interne de l'humérus jusqu'au côté externe du genou.

Il s'attache, d'une part, à l'épicondyle et s'implante,
par une autre petite portion, au bord postérieur de
l'olécrâne. Son insertion a lieu à la face interne de l'os
sus-carpien, par un tendon court, dont les fibres se
confondent avec celles du muscle précédent. Ses usages sont les mêmes que ceux du muscle épitroklo-
sus-carpien.

M. épicondylo-métacarpien (*le fléchisseur interne du canon*).

Plus petit et moins tendineux que les deux premiers, il règne au côté interne de la face postérieure

de l'avant-bras et descend jusqu'au péroné interne. Sa partie charnue, pyramidale et située sur le cubitus, porte à sa surface externe quelques fibres tendineuses; son tendon arrondi passe dans une très-forte gaîne qui se trouve au côté interne du pli du genou. Il provient de l'épicondyle par des fibres charnues et tendineuses, se termine au péroné interne par son tendon inférieur.

M. épicondylo-phalangien (le sublime ou perforé).

Ce muscle, long et correspondant au fémoro-phalangien, se termine, comme lui, à l'os de la couronne; sa partie charnue, supérieure et peu considérable, forme avec celle du muscle cubito-phalangien une seule et même masse, située contre le cubitus et recouverte par les trois muscles précédents. Son tendon, très-fort et appliqué sur le perforant, passe dans l'arcade carpienne et présente jusqu'à sa terminaison les mêmes considérations que celles du tendon du muscle fémoro-phalangien ou perforé du membre postérieur.

Origine. De l'épicondyle avec le cubito-phalangien par des fibres tendineuses et charnues.

Insertion. A l'os de la couronne par deux branches, qui résultent de la division de son tendon.

Usage. Il opère la flexion du pied.

M. cubito-phalangien (le profond ou perforant).

Plus gros, mais ayant la même longueur que le précédent, au-dessous duquel il est situé, ce muscle répond au tibio-phalangien. Sa partie charnue,

fortement unie à celle du muscle épicondylo-phalangien, constitue une masse allongée, formée de
l'assemblage de cinq portions et prolongée jusqu'à
la partie inférieure du cubitus.

Origine. Ce muscle s'attache à trois points différents : 1° à l'épicondyle avec le muscle précédent ;
2° à la face postérieure et moyenne du cubitus, par
une portion détachée, aplatie, mince et très-tendineuse ; 3° enfin au bord postérieur de l'olécrâne
par une portion grêle et allongée.

Insertion. Au rebord demi-circulaire de la face
inférieure de l'os du pied, par les fibres de son
expansion tendineuse.

Usages. Il est congénère du précédent et détermine la flexion du pied.

DIFFÉRENCES. *a.* Sur presque toute la longueur du
canon des *didactyles*, le perforant présente, à sa
face interne, une production charnue, longitudinale
et très-rouge.

b. Dans le *porc*, ces muscles, généralement plus
charnus, sont aussi disposés par couches. Parmi les
trois fléchisseurs du métacarpe, moins forts que
dans les monodactyles, l'*épitroklo-sus-carpien* descend jusqu'à l'os métacarpien externe, et s'insère à
son extrémité supérieure ; mais il ne fournit pas de
fibres d'implantation à l'os sus-carpien.

Le *perforé* est composé de deux portions réunies
supérieurement à la substance charnue du perforant ; la portion la plus extérieure va s'insérer au
grand onglon interne, l'autre portion se termine au
grand onglon externe.

c. Dans les *carnivores*, l'*épitroklo-sus-carpien* prend son origine à l'extrémité supérieure du radius, et mérite conséquemment la dénomination de *radio-sus-carpien*.

L'*épicondylo-métacarpien* ne se rencontre pas dans le chien.

Le *cubito-phalangien* fournit une branche tendineuse pour le pouce, et devient ainsi le fléchisseur commun à tous les doigts.

Par-dessous les muscles longitudinaux, dont les uns se terminent au carpe, les autres au métacarpe ou aux doigts, on rencontre un muscle particulier qui occupe tout le côté interne de l'intervalle radio-cubital. Composé de fibres charnues, courtes et très-obliques, ce muscle constitue une sorte de bande longitudinale, épaisse, qui prend son origine au cubitus et s'insère au radius.

§ III. *Muscles du pied antérieur, pris dans une acception générale.*

1° RÉGION ANTÉRIEURE.

Dans toute la longueur de cette région, on ne rencontre d'autre production musculaire que les tendons des muscles extenseurs du canon et du pied ; nous ne reviendrons pas sur ces muscles, que nous avons fait connaître dans les articles qui précèdent.

2° RÉGION POSTÉRIEURE OU PLANTAIRE.

Cette dernière surface du pied offre absolument les mêmes objets et les mêmes considérations à faire que pour le membre postérieur, à l'article duquel nous renvoyons.

Différences. *a*. Dans le *porc*, les divers muscles de cette région offrent plusieurs particularités frappantes.

Les tendons du muscle *perforé* sont au nombre de deux, un pour chacun des grands onglons.

Cette région du pied présente deux muscles lombricaux : l'un extérieur, le plus long et qui se montre presque immédiatement sous la peau, est couché sur le côté externe, prend son origine en bas de l'os sus-carpien, et fournit inférieurement un tendon court, très-grêle, qui se perd à la base du petit onglon externe.

Le deuxième des muscles lombricaux est placé plus profondément, au-dessus des grands sésamoïdes et au côté interne des tendons fléchisseurs des doigts. Beaucoup plus court que le précédent et ayant la même disposition que les lombricaux inférieurs du cheval, il vient du tendon du muscle perforant et va s'insérer au petit onglon interne par un tendon menu.

Le *carpo-phalangien* présente la même disposition que le tarso-phalangien du pied de derrière ; on observe cependant que la couche extérieure forme deux branches écartées l'une de l'autre et placées sur les os métacarpiens latéraux.

b. Dans les *carnivores*, mêmes considérations que pour les pattes de derrière.

CONSIDÉRATIONS PHYSIOLOGIQUES

SUR

LA LOCOMOTION.

La locomotion, fonction opérée par les organes dont la description précède, se compose d'une multitude d'actions variées, plus ou moins combinées et toujours commandées par la volonté. C'est la locomotion qui donne aux animaux la faculté d'agir sur les objets extérieurs et de pourvoir à leur propre conservation ; c'est aussi par elle qu'ils sont capables d'attitudes et de mouvements qui les distinguent essentiellement des végétaux. Les muscles sont les principaux agents de ces différents actes ; mais leur contraction ne devient efficace qu'avec le secours des os. Quoique purement passifs, ces derniers instruments jouent un rôle non moins remarquable que celui des organes actifs : ils servent de base et de soutien aux parties molles, fixent les muscles et en assurent la contraction ; ils forment des leviers de différents genres, transmettent le poids des parties sur le sol, et représentent, à cet effet, des colonnes superposées, qui réunissent toutes les conditions requises pour la sûreté et l'aisance des mouvements : enfin la distribution des os, plus longs et plus forts dans les membres que dans le rachis, où ils sont courts, épais et très-tubéreux; leurs articulations, si différentes dans ces mêmes régions, où résident les principales forces motrices; leur direction oblique et alternativement opposée dans les rayons des membres, sont autant de circonstances à ajouter aux premières, et qu'il est utile de prendre en considération pour expliquer les attitudes, soit mobiles, soit immobiles.

Les muscles, étant les puissances des leviers en vertu desquels s'opèrent les mouvements, entraînent les parties les moins résistantes auxquelles ils s'attachent. Les uns, et c'est le très-grand nombre, déterminent le déplacement de l'animal et servent à la locomotion; d'autres, plus particulièrement destinés à mouvoir certaines parties, ne contribuent qu'indirectement à la locomotion générale; quelques autres enfin, distribués en petits appareils départis à des organes particuliers, n'exécutent que des mouvements particiels, et ne participent, dans aucun cas, aux attitudes et aux mouvements généraux du corps. Les effets que produisent ces derniers organes, n'étant que des moyens auxiliaires d'autres fonctions, ne peuvent nous occuper ici; ils trouveront leur place à l'article des fonctions auxquelles ils coopèrent plus particulièrement.

Les muscles extenseurs, composés de fibres courtes et convergentes, dans lesquelles se rencontrent communément des intersections aponévrotiques, sont généralement plus forts que les fléchisseurs, semblent se contracter avec plus d'énergie et être les principaux agents des grands mouvements.

La contraction musculaire ou, mieux, la *myotilité*, grande, prompte et énergique, s'accompagne de plusieurs changements sensibles. Les fibres motrices se resserrent subitement dans le sens de leur longueur; la substance charnue se raccourcit plus ou moins (1); elle se gonfle, se durcit, et sa couleur rouge devient plus intense. Cette force d'action, qu'il est si difficile d'apprécier sous le rapport des effets qu'elle produit, ne peut avoir lieu sans quelques conditions essentielles. Non-seulement le tissu du muscle doit être sain, dans une intégrité parfaite; il doit encore avoir une libre communication, tant avec l'encéphale qu'avec le cœur. L'expérience prouve que la section, la ligature, la compression des nerfs ou des vaisseaux qui se portent à un muscle ou qui en reviennent suspendent et empêchent l'exercice de la contraction musculaire.

Généralement de courte durée, cette contraction perd de son intensité en raison de l'effort avec lequel elle s'exerce et en raison de ses retours plus prompts et plus répétés; de manière que la somme d'actions baisse suivant que le muscle se contracte avec plus d'énergie et qu'il agit plus longtemps sans se reposer.

(1) Selon quelques auteurs, le raccourcissement de la substance charnue équivaudrait à un peu plus du tiers de sa longueur.

ARTICLE PREMIER.

NOTIONS ÉLÉMENTAIRES DE STATIQUE, ET APPLICATIONS DES PRINCIPES DE MÉCANIQUE A LA THÉORIE DES MOUVEMENTS ET DES ATTITUDES DES ANIMAUX.

On dit généralement qu'un corps est en mouvement, lorsqu'il possède la faculté de se transporter d'un lieu qu'il occupe dans un autre. Cet état suppose toujours l'action d'une cause, à laquelle on a donné le nom de *force* ou de *puissance*.

Tout corps soumis à l'action d'une ou de plusieurs forces se mettra en mouvement selon la direction de celles-ci, si ces dernières agissent dans le même sens, bien qu'elles soient égales ou de grandeur différente.

Un corps est en *équilibre* lorsque les forces qui le sollicitent à se mouvoir se détruisent réciproquement, ou lorsqu'elles sont détruites par quelques résistances. D'après cette courte définition, on peut dire que tous les corps qui nous paraissent en repos sont effectivement des corps en équilibre, parce qu'ils sont alors soumis à l'action de plusieurs forces qui se détruisent l'une l'autre.

L'effet produit par plusieurs forces appliquées à un corps varie 1° suivant la direction de ces forces, 2° suivant leur grandeur.

a. Deux forces égales, appliquées en sens contraire à un même corps, se font mutuellement équilibre et elles maintiennent le corps en repos.

b. Si le même corps est soumis à l'action de deux forces inégales dirigées dans des sens contraires, il se mettra en mouvement du côté de la plus grande avec une intensité égale à la différence de la plus grande force sur la plus petite.

Lorsque plusieurs forces agissant sur un corps sont dirigées dans le même sens, leur effet sur le mouvement du corps est le même que si le corps était sollicité par une seule force dont la grandeur serait égale à la somme de chacune des forces partielles. On nomme *résultante* cette force unique qui pourrait remplacer toutes les autres, et celles-ci, par rapport à la résultante, sont appelées *composantes*.

Toutes les forces appliquées dans le même sens, et suivant des lignes droites et parallèles, auront leur résultante du même côté, et l'intensité de cette résultante sera égale à leur somme.

Si les forces font un certain angle entre elles, la grandeur de leur résultante et son point d'application varieront; dans ce cas, celle-ci aura pour mesure la diagonale du parallélogramme construit sur les directions de ces forces : cette résultante sera toujours moindre que la somme des composantes et d'autant plus petite que ces forces feront entre elles un angle plus ouvert. Il n'en est pas de même à l'égard de la résultante des forces parallèles; celle-ci jouit d'une propriété remarquable, c'est d'être égale et parallèle aux composantes, et d'avoir son point d'application au même point, bien que les forces changent de direction, pourvu, toutefois, qu'elles conservent leur parallélisme. C'est ce point d'application de la résultante des forces parallèles, qu'on appelle en mécanique le *centre des forces parallèles.*

Du centre de gravité.

La pesanteur étant une force qui agit sur chaque molécule des corps et les sollicite toutes à tomber suivant une ligne verticale, il est facile de se représenter une masse de matière quelconque comme un système de points attirés vers la terre par des forces parallèles, auxquelles on pourrait substituer une force unique, égale à leur somme, qui serait leur résultante et produirait absolument le même effet : or c'est le point où cette résultante devrait être appliquée qu'on nomme le *centre de gravité.*

La position de ce centre influe sur l'état d'équilibre d'un corps. Pour qu'un corps soumis à la seule action de la pesanteur reste en équilibre, il faut que la verticale passant par le centre de gravité rencontre le point d'appui ou de suspension.

Si le corps est suspendu par ce point, il restera en repos dans toutes les positions qu'on lui fera prendre; s'il repose sur un plan, il est nécessaire que la verticale qui passe par son centre de gravité rencontre un des points compris dans la portion du plan sur laquelle il repose : on nomme *base de sustentation* l'espace ainsi circonscrit, et *ligne de gravitation* la verticale qui passe par le centre de gravité.

Toutes choses égales d'ailleurs, l'équilibre d'un

corps sera d'autant plus assuré que la *base de sus-tentation* sera plus grande.

Considéré sous le rapport de la position du centre de gravité, l'équilibre peut être *stable* ou *instable*, ou *instantané*. Le premier cas se présente lorsque le centre de gravité est le plus rapproché de la base, ou lorsqu'il se trouve au-dessous du point d'appui, si le corps est suspendu; le second cas a toujours lieu quand le centre de gravité est le plus élevé pos-sible, parce que tout changement, ne pouvant que le faire descendre, sera favorisé par la tendance qu'il a naturellement à entraîner le corps suivant une ligne verticale.

Le centre de gravité n'est invariable que pour les corps qui ne changent pas de forme; les animaux qui peuvent à volonté déplacer plus ou moins cer-taines parties de leur corps peuvent aussi, selon le besoin et la volonté, déplacer leur centre de gravité.

Des leviers.

L'application des effets mécaniques de certains organes sur d'autres pour produire soit le mouve-ment, soit l'équilibre des différentes parties, repo-sant sur la théorie physique des leviers, nous ne pouvons passer sous silence quelques considérations élémentaires sur ces machines simples. Ces notions indispensables trouveront d'utiles et de nombreuses applications dans l'examen de la mécanique ani-male.

On nomme *levier* une machine extrêmement simple, au moyen de laquelle on peut élever des fardeaux, vaincre ou soutenir une résistance quelconque.

Pour parvenir à la connaissance des lois de l'équilibre du levier et pour les exprimer d'une manière générale, les physiciens supposent cette machine réduite à une simple ligne mathématique droite ou courbe et dépourvue de pesanteur, pouvant tourner librement autour d'un de ses points que l'on nomme *point d'appui*, point fixe, centre de mouvement *hypomochlion*. Mais, lorsqu'on veut passer de ces notions abstraites aux applications particulières, il faut alors tenir compte des dimensions réelles et du poids du levier dont on veut calculer l'action.

La mesure de l'effet qu'une force peut produire, lorsqu'elle est appliquée à un levier, dépend de trois circonstances principales : d'abord de sa grandeur ou de son intensité absolue, cela est évident de soi-même ; en second lieu, de la distance du point où cette force est appliquée au centre de mouvement ; enfin de l'angle formé par la direction de la force et celle du levier. Toutes choses égales d'ailleurs, l'effet produit par une force est d'autant plus grand que la distance de son point d'application au centre de mouvement est plus considérable. Cette distance s'appelle vulgairement *bras de levier* ; et l'on énonce le principe en disant que l'effet d'une puissance augmente avec la longueur de son bras de levier. Quant à l'influence de sa direction, le maximum d'effet a lieu pour une force donnée, son bras de levier et son intensité absolue restant les mêmes lorsqu'elle est perpendiculaire au bras de levier qui lui correspond. Cet effet décroît à mesure que l'angle formé par la direction de la force et celle du levier devient de plus en plus petit; il est tout à fait nul lorsque ces lignes sont parallèles. On peut réunir ces deux éléments en un seul, en mesurant la distance au point d'appui, non plus sur le levier lui-même, mais sur la perpendiculaire abaissée du centre de mouvement sur la direction de la force, prolongée s'il est nécessaire. Il sera facile maintenant de concevoir la règle générale qui embrasse tous les cas possibles de l'équilibre du levier, savoir : que les produits de la puissance et de la résistance, multipliés respectivement par la longueur des perpendiculaires abaissées du point d'appui sur leur direction, doivent être parfaitement égaux.

La position des deux forces relativement au point d'appui étant susceptible de varier, on a distingué trois sortes de leviers, que l'on désigne par le nom de *levier du premier genre, levier du second genre, levier du troisième genre.*

On appelle levier du premier genre celui dans lequel le point d'appui est placé entre la puissance et la résistance. On entend par levier du deuxième genre celui dont le point d'appui est à l'une de ses extrémités, la puissance à l'autre extrémité et la résistance dans un point intermédiaire. Enfin, dans le levier du troisième genre, la puissance est appliquée entre le point d'appui situé à l'une des extrémités, et la résistance fixée à l'autre bout du levier.

Le levier du premier genre peut être favorable à la puissance, si le bras correspondant à celle-ci est plus long que celui de la résistance; il est défavorable dans le cas contraire. Le levier du second genre doit toujours favoriser la puissance, puisque, d'après sa définition, le bras du levier de la puissance est constamment plus long. Par une raison contraire, le levier du troisième genre est toujours défavorable à la puissance.

Il nous reste à indiquer les applications des principes que nous venons d'énoncer, aux attitudes et aux mouvements des quadrupèdes domestiques. Les organes locomoteurs et les viscères abdominaux concourent non-seulement à contenir le centre de gravité sur la base de sustentation, mais encore à déplacer ce centre, suivant les actes que veut exécuter l'individu. Ainsi les organes les plus lourds, tels que le foie, la rate, l'estomac plein, les grosses courbures du colon, etc., sont dirigés en avant, tant pour porter le centre de gravité du côté des jambes antérieures que pour favoriser le jeu des membres postérieurs, qui, comme nous le verrons plus loin, sont destinés à faire arc-bouter le corps en avant. Le bras de levier formé par l'encolure et la tête constitue une sorte de balancier, dans lequel on rencontre toutes les conditions propres à assurer l'équilibre et à faire varier le centre de gravité.

L'inclinaison des rayons inférieurs, à partir du boulet jusqu'à terre, ne contribue pas peu à alléger le poids de la masse et à soulager les pieds. Par l'effet de cette seule direction oblique, une partie du fardeau se trouve disséminée, perdue, et diminue d'autant plus la charge qu'auraient eue à supporter les membres sans cette inclinaison : c'est pour cela que les chevaux droits sur leurs boulets sont sujets à buter, et qu'ils marchent moins aisément que ceux qui sont bien conformés. La coupe oblique de la surface du pied par lequel l'animal pose immédiatement sur le sol détermine les mêmes effets que l'inclinaison des parties situées au-dessus : elle tend constamment à rejeter le poids vers les talons, où l'élasticité est plus grande et où la percussion est moins forte.

Par leurs dispositions respectives, les os et les muscles forment les trois sortes de machines que nous avons fait connaître. L'extension du jarret par les muscles jumeaux et grêle, l'extension de l'avant-bras sur le bras se font par un mécanisme qui appartient au levier du premier genre. Lorsque l'animal se cabre, la contraction combinée des deux muscles ilio-spinaux constitue un levier du deuxième genre; levier dans lequel le point d'appui réside dans une ligne qui traverserait les deux articulations coxo-fémorales; levier où la résistance à vaincre est supposée exister autour du centre de gravitation, en avant duquel se propage la puissance. Il en est de même du muscle perforé pour enlever le membre posé à terre, puisque le point d'appui est alors au sol, que la résistance consiste dans le poids du corps réparti sur le pied, et la puissance

dans le muscle. Lorsque le muscle bifémoro-calcanien se contracte pour enlever le corps, il représente
également un levier du second genre. La flexion de
la plupart des jointures les unes sur les autres, de
l'avant-bras sur le bras, du canon sur l'avant-bras,
etc., etc., offre autant d'actions qui s'exécutent par
le mécanisme des leviers du troisième genre. Cette
disposition, le plus ordinairement employée dans
l'organisation des animaux, est cependant la moins
favorable au développement des forces. En effet, les
muscles couchés sur les os forment avec eux des angles très-aigus et se trouvent rapprochés du point
d'appui, en sorte que la puissance perd à la fois et
par la direction oblique, suivant laquelle elle agit, et
par sa proximité du centre de mouvement.

Il faut aussi remarquer qu'en se contractant, l'organe moteur agit autant sur la partie qui reste en
place que sur celle qui obéit; par conséquent, il
consume en pure perte une partie de sa force absolue. Le muscle est également obligé d'employer une
certaine contraction pour surmonter le poids des
parties, vaincre la résistance des muscles antagonistes, celle qui provient du frottement de quelques
tendons contre les coulisses ou contre les gaines et
ligaments annulaires. Il est donc constant que, dans
la distribution des forces musculaires, tous les avantages de la mécanique semblent avoir été négligés,
puisque les muscles sont obligés de développer de
grandes forces pour surmonter de petites résistances.

Cet ordre défavorable à l'action des muscles semble, au premier abord, accuser d'imprévoyance la nature, dont les combinaisons sont toujours si sages et si admirables; mais, pour peu que l'on cherche à s'en rendre raison, on trouve, ici comme ailleurs, les traces de cette prévoyance infinie. Plus la puissance s'insère près du point d'appui, moins elle a de chemin à faire pour en faire parcourir un très-grand à la partie mise en mouvement: et tel est le but principal que s'est proposé la nature, puisqu'elle a pu suppléer à la disposition défavorable de la puissance, en multipliant les fibres motrices et en les douant d'une éminente contraction. Si, d'un autre côté, les puissances sont presque parallèles à leur bras de levier, les parties en sont moins volumineuses, ont des formes arrondies, gracieuses, et les mouvements se font avec plus d'aisance.

ARTICLE II.

ACTIONS GÉNÉRALES DE LOCOMOTION.

La production de tout acte, soit de mouvement, soit de station, résultant d'efforts musculaires, dépend constamment du jeu harmonique des membres et du rachis. Les premiers constituent quatre colonnes, réunies et mises en rapport par le bras de levier que forme le rachis. Disposées aussi favorablement pour le soutien du corps que pour sa translation, ces colonnes diffèrent entre elles par leur construction et par le mode de leur fonction particulière.

Les membres postérieurs, spécialément destinés à faire arc-bouter la colonne vertébrale en avant, sont composés d'une série de rayons très-obliques, inclinés en sens différents, et dont le premier ou le supérieur, formé par une portion du coxal, se continue immédiatement avec le rachis. Par l'effet de la contraction musculaire, ces rayons sont susceptibles de se plier et de se redresser les uns sur les autres. Pour parvenir à déplacer le corps, ils commencent par se fléchir, ils se plient, et ils s'étendent ensuite avec plus ou moins d'énergie : dans ce déploiement ils font changer le centre de gravité du corps par cela même qu'ils trouvent moins de résistance de ce côté-là; le mouvement qui dérive de la détente de tous ces ressorts se développe de bas en haut et se propage sans rien perdre de son intensité au rachis, qui cède et est projeté en avant. Cette succession de déplacement, qui se communique d'une partie à l'autre, se passe avec une telle rapidité, qu'elle peut être considérée comme simultanée et saisissable seulement par la pensée.

Préposés au soutien du corps, les membres antérieurs forment, en se prolongeant du tronc, deux espèces de piliers droits et solidement établis pour l'office qu'ils ont à remplir. Leurs rayons supérieurs, très-inclinés et simplement attachés au thorax par des parties molles, réunissent toutes les conditions propres à propager les mouvements imprimés de bas en haut et à modérer les réactions. Les épaules surtout offrent la disposition la plus favorable pour la sûreté des mouvements et pour la solidité des membres. Les deux scapulum, unis l'un à l'autre par le garrot, forment, comme l'a très-bien observé M. Bracy-Clark (1), une espèce de voûte à la face interne de laquelle s'attachent les principaux muscles, qui maintiennent ces os fixés au thorax : de sorte que plus le poids du tronc embrassé par cette voûte sera considérable, plus les extrémités supérieures de la voûte tendront à se rapprocher et à affermir les épaules.

La colonne dorso-lombaire, moyen de réunion des membres postérieurs avec les antérieurs, constitue un bras de levier allongé, horizontal, plus ou moins voûté et susceptible de mouvements variés, dont les principaux sont la flexion et l'extension. La direction en voûte donne à cette portion rachidienne la force nécessaire non-seulement pour soutenir le poids des parties suspendues entre les deux bipèdes, mais encore pour pouvoir supporter une surcharge plus ou moins considérable ; elle lui permet de s'allonger par l'effet de l'extension, et de se prêter avantageusement aux différents mouvements.

En considérant la totalité du rachis, on remarque que le bras de levier, prolongé au delà des membres antérieurs, contribue d'une manière spéciale à fortifier cette même partie dorso-lombaire. 1° La région cervicale du rachis forme en avant du garrot une courbure dont la convexité est inférieure et

____

(1) Index to the sectional figure of the horse, with remarks in certain properties of his general framing : by Bracy-Clark, f. l. S. London, 1813, p. 8.

conséquemment opposée à celle de la voûte dorso-lombaire. Suivant les lois physiques, ces deux courbures alternatives, dont l'antérieure est moins étendue, mais plus grande et plus mobile que la postérieure, doivent donner au rachis dix fois plus de force que si la colonne vertébrale eût été droite. 2° Par son propre poids, par la variété, par l'étendue et l'énergie de ses mouvements, le bras de levier formé par l'encolure et la tête sert puissamment à affermir les diverses attitudes de cette même région dorso-lombaire, et il assure également les mouvements des épaules.

Les membres ne peuvent être projetés sous le tronc sans imprimer divers mouvements à la colonne vertébrale : en se rapprochant du centre de gravité, ils augmentent ses courbures et diminuent conséquemment sa longueur. Pour modérer cette flexion imprimée par les efforts des quatre extrémités, l'épine est pourvue de muscles très-forts, qui s'attachent aux apophyses épineuses des vertèbres dorsales et lombaires. Ces apophyses, dont l'élévation donne la mesure de la force du rachis, sont dirigées antérieurement de l'avant à l'arrière, tandis que celles des lombes et même des dernières vertèbres dorsales sont droites et légèrement inclinées d'arrière en avant.

Comme l'effort des membres antérieurs s'exerce d'avant en arrière pour faire arc-bouter la colonne, l'inclinaison des apophyses épineuses des premières vertèbres du dos favorise l'action des puissances musculaires, et leur donne plus d'avantage pour résister à l'action du bipède antérieur et pour redresser le rachis. Par la même raison, l'effort du train postérieur se développant en sens opposé, les apophyses épineuses des dernières vertèbres favorisent, par leur direction en avant, la force des muscles extenseurs.

Ainsi l'action des muscles extenseurs de la colonne vertébrale remplit deux conditions : elle résiste aux efforts des membres qui tendent continuellement à faire arc-bouter en haut cette colonne; elle en opère l'extension, l'allongement. Cette opposition de forces entretient un balancement très-remarquable, devient cause efficiente de tous les mouvements ainsi que des attitudes immobiles.

En prenant leur appui aux deux extrémités du rachis, les mêmes extenseurs contribuent à affermir d'une manière efficace la courbure vertébrale; ils maintiennent la colonne dorso-lombaire dans un juste degré de flexion et l'empêchent ainsi de céder aux efforts soutenus des membres. Ce genre d'action a lieu surtout lorsque les animaux, chargés d'un pesant fardeau, éprouvent beaucoup de peine à marcher. Nous ferons aussi observer que, dans une foule de circonstances, la contraction de ces muscles spinaux se trouve contre-balancée et souvent favorisée par les muscles abdominaux inférieurs : ces puissances auxiliaires deviennent d'un grand secours lorsque l'animal raccourcit son corps, qu'il plie le dos et qu'il se prépare à l'exécution d'un grand mouvement, tel que le saut.

En résumé, les actions locomotrices qui résultent

du jeu harmonique du rachis et des membres s'exécutent avec d'autant plus d'énergie, d'autant plus d'assurance que ces parties jouissent d'une plus grande liberté et d'une force proportionnée. Parmi ces actions aussi nombreuses que variées, les unes s'effectuent sans déplacement de l'animal ; d'autres ont pour résultat d'élever le corps et de le mettre plus ou moins en équilibre sur deux ou trois membres ; quelques autres entretiennent une succession de mouvements en avant, mouvements qui produisent la translation du corps dans une direction déterminée et constituent la *locomotion proprement dite*. Ce simple aperçu indique deux grandes divisions à établir, et il prescrit naturellement d'examiner, 1° les attitudes immobiles et les mouvements particuliers que les animaux peuvent opérer en place ; 2° les mouvements progressifs, par lesquels ils transportent leurs corps en entier d'un point de l'espace à un autre. A ces deux divisions premières nous ajouterons la théorie du tirage ainsi que du chargement des animaux à dos, et ce dernier article terminera les détails sur la locomotion.

§ Ier. *Attitudes immobiles et mouvements particuliers.*

Dans ce premier paragraphe, nous traiterons successivement de la station, du coucher, du cabrer et de la ruade.

De la station.

La station, position dans laquelle le cheval se tient debout sur ses quatre pieds, doit être considérée comme un véritable état actif d'immobilité, état qui exige toujours certains efforts musculaires et qui peut être *libre* ou *forcé*. La station est libre toutes les fois que l'animal, tranquille et abandonné à lui-même, prend la position la plus convenable et en change à volonté. Ce genre d'attitude ne demande que de légères contractions des agents locomoteurs, il procure le repos et permet la réparation des forces épuisées par suite d'exercices violents ou trop long-temps continués; il est même des chevaux qui dorment debout et ne se couchent presque jamais.

Examiné dans l'écurie, l'animal se tient fixe et porté sur ses quatre membres pendant tout le temps qu'il est occupé à manger ou à boire; dès qu'il a cessé de prendre de la nourriture et qu'il reste en repos, on le voit changer souvent de position. Tantôt il paraît s'appuyer également sur les quatre pieds; quelques moments après, la masse du corps n'est plus supportée que sur trois, et chaque membre semble se reposer à son tour; parfois les extrémités antérieures se rapprochent de la ligne de gravitation, portent la majeure partie de la charge, et soulagent ainsi les extrémités postérieures; celles-ci agissent, dans d'autres cas, d'une manière réciproque, et procurent aux premières le moyen de réparer un peu leurs forces affaiblies. Ces changements de position sont d'autant plus fréquents, que le cheval a fait plus d'exercice et que ses muscles ont plus besoin de repos (1).

La station devient forcée lorsque le cheval, conduit sur un terrain, est déterminé à se porter également sur ses quatre membres et à se maintenir fixe dans cette attitude (2). Ici les muscles extenseurs contre-balancent l'action des fléchisseurs, maintiennent les articulations stables, et s'opposent ainsi à l'exécution de tout mouvement. Comme ce second mode de station ne peut être opéré et entretenu que par la contraction énergique et simultanée de toutes les grandes puissances locomotrices, il occasionne une grande dépense de force musculaire, et il fatigue d'autant plus promptement les animaux que ceux-ci ont moins de liberté dans les jointures (3). La station devient également forcée toutes les fois que l'animal est contraint de rester trop longtemps à la même place, sur un sol dur ou raboteux; cette dernière attitude, étant prolongée, finit par déterminer la fourbure et par lui imprimer des caractères graves.

(1) Il est d'observation générale que les fortes fatigues troublent le repos que cherche à prendre l'animal ; elles entretiennent un malaise, parfois des douleurs, qui empêchent la réparation des forces motrices et intervertissent plus ou moins l'exercice des autres fonctions.

(2) Dans cette attitude, on dit que le cheval est *placé*, et son corps est supposé être également réparti sur les quatre extrémités.

(3) Les chevaux gênés dans certaines articulations se placent toujours mal, difficilement, et ils ne gardent que peu de temps cette position tout à fait *active* et fatigante. Il est même des chevaux qui, pour cause de faiblesse ou de douleurs musculaires, ne peuvent pas se placer du tout.

Tous les quadrupèdes domestiques prennent l'attitude immobile dont nous venons de parler; tous se tiennent debout sur leurs pieds, et ils conservent cette position d'autant plus de temps, qu'elle peut leur procurer plus de calme et les délasser davantage. Néanmoins la station debout convient beaucoup mieux aux herbivores qu'au chien, qui, étant en repos, reste peu de temps sur ses pattes, s'assied sur son derrière ou se couche. En général, les animaux ruminants ne sont pas excités à prendre la station forcée à laquelle on habitue certains chevaux.

Le coucher.

Le coucher est l'attitude la plus favorable au repos, celle par laquelle l'animal répare le mieux les pertes de force locomotrice qu'il peut avoir éprouvées pendant l'exercice. Aussi les chevaux qui ne se couchent pas, ou qui ne se couchent que rarement, reposent-ils mal et se ruinent-ils bien plus vite que ceux habitués à cette position. Les quadrupèdes monodactyles se couchent sur le côté, et, lorsqu'ils veulent prendre cette attitude, ils commencent par rapprocher les membres, surtout les antérieurs, du centre de gravité, ils fléchissent en contre-haut la colonne dorso-lombaire, abaissent en même temps la tête et l'encolure; cet acte exécuté, ils plient un genou en terre et s'appuient dessus; la flexion de l'autre genou ne tarde pas à avoir lieu, et elle est accompagnée de la chute du tronc sur le sol. Le cheval, étant couché, tient la tête et l'encolure pliées sur le côté opposé, et plus ou moins écartées du sol; les rayons inférieurs de ses membres sont fléchis sous le tronc; les pieds de devant sont dirigés en arrière, et les postérieurs un peu fléchis dans le même sens; l'animal est dit se *coucher en vache* lorsqu'il a l'habitude de tenir les pieds antérieurs trop fléchis, trop portés en arrière près des coudes. Parfois le cheval s'étend de toute sa longueur sur le sol, et ses membres restent dans un état moyen de flexion. Ce dernier genre de coucher, qu'affectent de préférence les jeunes poulains, peut être appelé *passif*, afin de le distinguer du coucher le plus ordinaire, qui suppose toujours certains efforts musculaires.

Les ruminants se couchent à peu près de la même manière que les monogastriques herbivores; mais ils ne s'étendent jamais de toute la longueur de leur corps. On observe seulement que, pour mieux dormir ou reposer, ils appuient souvent le bout de la tête sur le sol. Les rayons inférieurs des membres sont, en général, plus engagés sous le tronc que dans les monodactyles.

Le *porc* se couche tout de son long, soit sur le côté, soit sur le ventre; mais il tient toujours le corps un peu incliné de côté.

Le coucher du chien peut avoir lieu de trois manières, et il se fait sur le côté ou bien sur le ventre. Dans le premier cas, l'animal se replie sur lui-même, et il place sa tête sur ses pattes ramassées en avant du tronc. Lorsqu'il se couche à plat ventre, les membres de derrière sont fléchis sous le tronc et le maintiennent en place ; les pattes de devant, étant allongées en avant, fournissent un point d'appui pour la tête. Parfois le chien se couche tout de son long sur le côté, ayant la tête également posée sur le sol et les membres dans une moyenne flexion. La première position est la plus naturelle, celle que l'animal préfère toujours pour dormir. Le chien, étant en liberté dans une vaste enceinte, choisit toujours la place la plus convenable, et il dispose son lit soit en grattant le terrain pour l'unir, soit en ramassant la paille éparse. Pour se coucher sur le côté, il commence ordinairement par tourner en cercle sur la place choisie, ou bien il fléchit simplement les membres postérieurs, se met sur son derrière et se laisse ensuite choir sur tout le côté, en même temps qu'il se replie comme il a été dit plus haut.

Le cabrer.

C'est la position que prend le cheval qui se lève sur ses pieds de derrière. Cette action, qui consiste à soulever toute la masse du corps et à la mettre en équilibre sur les membres postérieurs, exige le développement de forces musculaires considérables, dont le centre se trouve constamment dans les reins et dans les jarrets. Aussi la rigidité ou la faiblesse de ces parties rend-elle le cabrer plus ou moins difficile, dangereux, parfois même impossible. La durée de cette attitude n'est le plus ordinairement que de quelques instants, et son exécution est toujours suscitée par la méchanceté ou par le plaisir. Dans le premier cas, l'animal cherche à désobéir ou bien à se débarrasser de son cavalier, et pour y parvenir il fait une succession de pointes, de sauts de mouton et de bonds de côté. L'acte vénérien porte les chevaux entiers à se cabrer pour monter sur les juments, parfois même sur les chevaux hongres; il en est qui se lèvent droit sur leurs pieds postérieurs dès qu'ils sont proche de la jument en chaleur. Un étalon, appelé *le Commode*, âgé d'une vingtaine d'années, et placé à l'école d'Alfort pour la monte de 1817, se dressait sur ses jarrets aussitôt qu'il apercevait la jument sur le terrain, et il marchait jusqu'à elle sur les deux pieds de derrière.

Le *chien* est, de tous les quadrupèdes domestiques, celui qui se lève le plus facilement sur ses pattes de derrière et s'y maintient le plus longtemps (1). Les *didactyles* et le *porc* n'effectuent une sorte de cabrer que lorsque les individus du même genre montent les uns sur les autres, et ce mouvement n'est même exécuté que par les mâles qui cherchent à couvrir les femelles en chaleur.

De la ruade.

La ruade, action par laquelle l'animal détache en arrière et lance avec plus ou moins de violence un coup d'un seul ou des deux pieds à la fois, est le plus puissant des moyens de défense dont jouisse le

---

(1) Par l'effet de l'éducation, on habitue les chiens à marcher assez longtemps sur leurs pattes de derrière.

cheval. Lorsque le mouvement est porté à un très-haut degré, et qu'il se compose de la détente des deux membres postérieurs, il suppose la contraction simultanée et énergique de tous les muscles extenseurs, tant du rachis que des membres postérieurs : ces puissances, ayant entre elles des rapports intimes, se soutiennent, s'entr'aident mutuellement, et rendent par là la ruade plus énergique, plus assurée.

Dans la production de l'acte dont il s'agit, les muscles extenseurs de la colonne vertébrale élèvent de terre les membres postérieurs, leur impriment une vive détente, et ils rejettent la masse du corps sur les extrémités antérieures, immobiles et fixes en place ; les mêmes muscles rachidiens préviennent la chute de l'animal et le maintiennent momentanément en équilibre sur le bipède antérieur.

C'est au moyen de la ruade que le cheval opère sa défense ou l'attaque, et il effectue le même mouvement dès qu'il ressent l'approche d'un corps auquel il ne s'attendait pas ou qui lui inspire de l'inquiétude. Aussi est-il toujours dangereux d'approcher les chevaux sans les prévenir, et l'on doit, dans tous les cas, prendre les précautions nécessaires pour éviter les coups de pied. La méchanceté des animaux monodactyles se caractérise principalement par le vice habituel de ruer. Le mulet est, en général, le quadrupède qui se livre le plus souvent à ces sortes de mouvements, et certains mulets détachent des coups de pied presque aussi bien du devant que du derrière.

Le bœuf détache aussi des ruades, mais il les

lance toujours d'un seul pied de derrière ; il peut aussi les donner de côté, ce que l'on n'observe que bien rarement dans les monodactyles, qui, lorsqu'ils produisent ces détentes latérales, sont dits *ruer en vache*.

Le cabrer et la ruade ne sont sûrement pas les seuls mouvements qui peuvent être exécutés sans de grands déplacements du corps. Le cheval attaché à l'écurie élève l'encolure et la tête pour saisir les fourrages dans le râtelier, comme aussi il les abaisse pour prendre l'avoine dans les mangeoires peu éloignées de terre, pour boire à l'abreuvoir, pour paître ou pour effectuer tout autre acte quelconque ; il les porte aussi de côté et d'autre, suivant les déterminations suscitées par la volonté ou par les corps extérieurs. Enfin les mouvements particuliers de ces parties, qui peuvent avoir lieu en tous sens, se manifestent pendant certains exercices, et d'une manière tout à fait indépendante de ces mêmes exercices : c'est ainsi que quelques chevaux montés ou attelés ont la mauvaise habitude d'*encenser*, et, mieux, de *battre à la main*.

Les chevaux bien portants et retenus à l'écurie témoignent certains désirs ou certaines impatiences en battant le sol avec l'un des pieds de devant. Par les mouvements de leur queue et par les frémissements de la peau de diverses régions du corps, ils tâchent de se débarrasser des mouches qui les tourmentent et contre lesquelles ils emploient aussi les dents, ainsi que les pieds.

Les quadrupèdes domestiques prennent aussi plusieurs attitudes immobiles dont nous n'avons pas cru devoir parler d'une manière particulière. Les uns se campent, et d'autres s'accroupissent pour parvenir à expulser les matières fécales et l'urine. Les juments qui poulinent debout s'acculent en quelque sorte sur les jarrets ; elles s'accroupissent de manière que le fœtus se trouve toujours un peu retenu par les jarrets, et ne tombe pas d'une masse jusqu'à terre.

§ II. *Mouvements progressifs.*

Ces mouvements très-variés par lesquels les animaux se transportent en avant, et marchent dans une direction droite, ou oblique, ou circulaire, peuvent se réduire à deux titres principaux, le *saut* et les *allures*.

A. Du saut.

Le saut, mouvement par lequel le corps est élevé au-dessus du sol et lancé plus ou moins en avant, comprend une succession harmonique d'actes, dont les uns précèdent et les autres accompagnent ce genre de déplacement. Avant de s'élancer en l'air, le cheval baisse le tronc en arrière sur les membres postérieurs, qui se fléchissent plus ou moins et prennent les positions les plus avantageuses. Cette attitude première est suivie d'un déplacement subit des articulations inférieures dans lesquelles s'effectuent des mouvements violents de rotation, et ces mouvements se communiquent au centre de gravité du corps.

A peine l'impulsion du saut, dont la vitesse et l'étendue dépendent de la longueur des os et de la force des muscles, est-elle donnée, que les quatre pieds se disposent subitement à recevoir le corps et à empêcher sa chute ; mais ils ne gagnent le sol que successivement l'un après l'autre, afin de prévenir les réactions fâcheuses et presque inévitables, si la masse retombait en même temps sur les quatre membres. Un instant suffit aux animaux pour qu'ils puissent se préparer et exécuter le mouvement du saut, qui est toujours le résultat d'une extension vive et simultanée des rayons des membres préalablement fléchis. Certains chevaux très-énergiques exécutent le saut avec aisance et sans presque fléchir leurs articulations, tandis que d'autres ne peuvent parvenir à ce mouvement sans rassembler toutes leurs forces et sans courir les risques de tomber.

L'allure du galop en deux temps peut être considérée comme une succession de sauts ou bonds qui ne diffèrent du saut particulier qu'en ce que le cheval s'élève moins de terre et met conséquemment moins de temps à effectuer chacun de ces mouvements.

Tous les quadrupèdes domestiques peuvent exécuter les mouvements du saut, mouvements auxquels ils se livrent, soit par excès de joie, soit pour atteindre leurs femelles en chaleur, soit par crainte de leurs ennemis.

Le *chien* est, après le *chat*, le meilleur sauteur, et son galop n'est véritablement qu'une succession de bonds d'autant plus étendus que la colonne épinière jouit d'un plus grande flexibilité et peut s'allonger davantage.

B. Des allures.

On les distingue en allures naturelles et en allures acquises ; celles-ci peuvent provenir d'usure, être suites des services auxquels les animaux ont été soumis : on les appelle *défectueuses*. D'autres, étant le produit, le fruit de l'éducation donnée dans les manéges, sont dites *artificielles* et plus communément *airs de manége*.

Toute allure est le résultat de l'action alternative des muscles congénères et antagonistes, qui, en se contractant les uns à la suite des autres et sans interruption, entretiennent cette succession de mouvements opposés par lesquels s'opère la translation de l'animal. La production de ces mouvements suppose pour condition première qu'une certaine impulsion soit donnée au tronc, sans quoi les membres ne pourraient opérer ni l'élévation du corps, ni sa projection en avant. Ainsi qu'il a été expliqué dans un des articles précédents, l'impulsion principale du tronc dépend des muscles extenseurs des extrémités postérieures : ce mouvement une fois imprimé, chaque membre qui vient de le donner est successivement fléchi vers le tronc, puis détaché du sol, porté en avant et derechef appuyé sur le sol. La percussion que font alors les pieds contre le sol foulé est ressentie d'autant plus fortement par le corps de l'animal que les rayons des membres sont plus droits; au lieu que leur courbure affaiblit ce choc en modifiant la direction de la réaction (1).

La projection du corps en haut et en avant ne doit pas être attribuée, comme l'ont pensé Borelli, Bourgelat et autres, à la réaction du terrain contre lequel cette jambe arc-boute. Sa cause dépend principalement de la flexion primitive des rayons, immédiatement suivie d'une extension subite, qui, agissant également sur deux points opposés, le tronc de l'animal et la terre, doit nécessairement déplacer la partie la moins résistante, et élever conséquemment le corps, en faisant un effort de pression sur le sol (2).

Les membres postérieurs, dont le principal office est d'arc-bouter le corps en avant, produisent différentes sortes de mouvements, suivant la disposition de leurs rayons et l'énergie de leurs forces

(1) *Nouvelle Mécanique des mouvements de l'homme et des animaux*, par P.-J. Barthez, in-4°, 1798, p. 104.

(2) Quoique le sol puisse, par sa nature et par sa surface, rendre la marche ou plus aisée ou plus pénible, il ne peut pas être considéré comme capable de réagir contre les pieds qui le foulent : c'est un corps purement inerte, qui cède ou résiste à l'action plus ou moins forte qu'imprime la contraction musculaire. En effet, chaque membre représente un ressort qui se détend entre deux corps, dont l'un mobile et l'autre plus ou moins fixe. Si les branches du ressort, après avoir été rapprochées par une force extérieure, sont rendues à leur liberté primitive, leur élasticité tendra à les écarter également; mais, si l'une des branches appuyées contre un corps résistant ne peut forcer l'obstacle, le mouvement se fera en entier dans le sens opposé, et le centre de gravité du ressort s'écartera de cet obstacle avec une vitesse plus ou moins grande.

musculaires. Ainsi, dans le cheval crochu, les extrémités postérieures, étant rapprochées du centre de gravité et plus fléchies que dans l'aplomb parfait, font une détente plus grande ; elles élèvent davantage la masse du corps, mais la projettent d'autant moins en avant. Dans ces cas, l'allure est plus soutenue, plus cadencée, plus détachée de terre et, par cela même plus raccourcie. Aussi les chevaux dont les jarrets sont coudés et les canons longs ont-ils les mouvements brillants, mais d'autant moins étendus. Dans la position contraire, la détente se fera dans une direction plus oblique, de l'arrière à l'avant ; l'animal s'allongera davantage, embrassera plus de terrain et cheminera, par conséquent, plus vite. Cette sorte de progression s'observe particulièrement dans les chevaux coureurs qui tiennent le tronc fléchi, troussent peu et rasent le terrain.

Ces remarques sur les membres postérieurs peuvent s'appliquer aux extrémités antérieures, qui favorisent d'autant plus la projection du cheval en avant qu'elles font leur appui plus près du centre de gravité, et que les mouvements des épaules sont plus libres et plus étendus. C'est pour cette raison que les chevaux dont le garrot élevé donne des attaches plus fixes aux muscles moteurs du scapulum ont une plus grande force dans le devant, marchent avec assurance et sont moins sujets à buter. Par la raison contraire, le garrot bas est un indice assuré de faiblesse dans le devant et de peu de jeu dans les muscles.

La direction de la tête et de l'encolure influe

aussi très-sensiblement sur l'étendue et l'énergie des mouvements progressifs : plus les chevaux ont de liberté et de force dans ces parties, plus leurs allures sont vives et assurées. En général, les chevaux qui tiennent la tête haute et l'encolure rouée se meuvent avec grâce et légèreté ; mais ils perdent en vitesse ce qu'ils gagnent en élégance.

L'exécution d'une allure quelconque exige préalablement que l'animal s'y prépare et qu'il prenne l'attitude convenable à l'acte suscité par la volonté. Le cheval déterminé à marcher au pas commence par porter la tête et l'encolure en haut, il incline ensuite le corps en avant ; ce premier mouvement dérange l'équilibre, surcharge les membres antérieurs, qui deviennent obliquement situés d'avant en arrière. Cette position met l'animal dans la nécessité ou de reporter la masse du corps en arrière, ou d'avancer une jambe de devant. Pour exécuter cette dernière action, il fléchit plus ou moins les articulations, sans toutefois quitter terre : les muscles extenseurs se contractent immédiatement après ; ils enlèvent le corps et permettent à l'une des extrémités antérieures de se fléchir de nouveau pour se transporter en avant. L'état d'instabilité où se trouve alors la masse sollicite les autres extrémités à venir au secours de la première, et leur succession se fait de diverses manières, suivant que l'animal veut aller plus ou moins vite.

Le mouvement progressif une fois établi, la masse du cheval ne fait que se porter en avant, en éprouvant un balancement qui la rejette tantôt sur trois membres, d'autres fois sur deux, et parfois sur un seul. Cet état de vacillation du tronc occasionnerait infailliblement la chute de l'animal, si les pieds n'arrivaient pas à temps au point d'appui ; et tel est le genre d'accident qu'éprouvent les chevaux qui butent, glissent ou font des faux pas.

Des allures naturelles.

Ces allures, ainsi appelées parce qu'elles s'exécutent régulièrement et franchement, sont au nombre de quatre, le *pas ordinaire*, le *pas relevé*, le *trot* et le *galop*.

1° Le pas, l'allure la plus lente et la plus douce, s'exécute en quatre temps, c'est-à-dire que les pieds s'élèvent, se posent tour à tour et font entendre quatre battues. D'après la lenteur ou la rapidité avec laquelle s'effectuent ces successions, on distingue le *petit pas*, le *pas ordinaire* et le *pas accéléré*. Ces variétés de pas dépendent du degré d'impulsion avec lequel le train de derrière chasse le devant. Le cheval, allant à son pas accoutumé, marche à loisir, sans efforts, et il se fatigue d'autant moins qu'il est plus libre et moins chargé. Le pas devient *forcé* toutes les fois que l'on contraint l'animal à tenir un pas plus accéléré que celui auquel il est habitué, et qui lui devient plus ou moins pénible.

2° Le pas relevé ne diffère du pas ordinaire qu'en ce que l'allure est plus élevée, plus soutenue, plus rapide, et que les quatre battues sont aussi plus fortes, plus prononcées. Cette sorte de marche semble exiger un effort constant dans toute l'étendue de la colonne épinière, effort sans lequel les extrémités ne pourraient se mouvoir avec autant d'assurance et de promptitude.

Le pas relevé doit être considéré comme étant héréditaire et particulier à certains chevaux que l'on tire principalement de la ci-devant Normandie et que l'on emploie comme bidets de ferme; c'est aussi l'allure naturelle la moins stable, la plus fragile, celle enfin qui devient le plus facilement défectueuse.

3° L'allure du trot, plus diligente et plus relevée que les précédentes, suppose la même succession de mouvements dans les quatre membres; mais elle n'entraîne que deux foulées, toujours diagonales. Dans ce genre de progression, le cheval est alternativement porté par chaque bipède diagonal, de telle sorte que l'extrémité antérieure droite est à son appui ou à son soutien en même temps que l'extrémité postérieure gauche ; le bipède diagonal droit se meut dans le même ordre, de manière que l'allure ne se compose que de deux battues bien marquées. Bourgelat a observé, le premier, qu'entre chaque mouvement diagonal complet il existe un temps très-court, pendant lequel les quatre jambes se trouvent élevées de terre, et le corps est suspendu en l'air.

Le trot, qui peut être plus ou moins accéléré, présente, comme le pas, plusieurs degrés, et se distingue en *petit trot*, *bon trot* et *grand trot;* ce dernier est aussi appelé *trot allongé, trot de chasse.*

4° Le galop est, de toutes les allures, la plus précipitée, celle à l'exécution de laquelle les animaux emploient un développement de forces plus grandes, plus soutenues.

Le galop, dit Bourgelat, est une sorte de saut en avant, et ce genre de déplacement, de projection du corps en avant est opéré, entretenu par des élancements successifs et égaux, pendant lesquels l'un des bipèdes latéraux devance l'autre : aussi les principes théoriques établis pour le saut peuvent-ils également servir à l'explication du galop; dans l'un et l'autre cas, les mouvements progressifs s'exécutent et se continuent par des rejets alternatifs de la masse du corps, d'abord en arrière, ensuite en avant. Nous ne pourrions que reproduire ici les considérations émises dans les articles précédents sur les actions harmoniques du rachis et des membres, actions qui, pour la production du galop, sont portées à un haut degré et deviennent d'autant plus sensibles.

Le galop peut être *uni* ou *entrecoupé*, se faire à *droite* ou à *gauche*, s'effectuer en *trois*, *quatre* ou *deux temps*. La régularité des foulées constitue le galop uni et juste, tandis que l'allure devient fausse et désunie toutes les fois que l'ordre régulier des battues vient à s'intervertir. Le galop se fait à droite toutes les fois que la jambe droite du bipède antérieur entame et mène le mouvement; par la même raison, on dit que le cheval galope à gauche, lorsque l'allure est menée par la jambe gauche du même bipède.

Le galop en trois temps et supposé à droite est marqué par trois *battues*, qui ont lieu dans l'ordre suivant : le pied gauche de derrière se pose à terre dans le premier temps; le pied droit de derrière et le gauche de devant font leur poser en même temps et marquent le second temps; enfin le pied droit de devant arrive le dernier à l'appui et termine les trois temps. Dans ce même galop, les levers se font aussi en trois temps : l'extrémité droite de devant part la première; vient ensuite le membre droit de derrière avec la jambe gauche de devant, c'est le second temps; le troisième temps est celui où le pied gauche postérieur s'élève et détache de terre tout le corps.

Les *battues* du galop en quatre temps et à droite commencent par le poser du pied gauche de derrière, qui marque le premier temps; la deuxième battue est opérée par le pied droit de derrière, la troisième par le pied gauche de devant, et la jambe droite antérieure fait la quatrième et dernière position. Les élévations des extrémités dans le même galop sont effectuées, 1° par la jambe droite de devant, 2° par la gauche de derrière, 3° par la droite postérieure, 4° enfin par la gauche de devant.

Le galop en deux temps n'est véritablement qu'une succession de sauts pendant lesquels le corps de l'animal se porte alternativement sur les bipèdes antérieur et postérieur. L'élévation des membres de devant fait toujours le premier temps, et les jambes de derrière produisent le second temps. Ce genre de galop, naturel aux chevaux de course, s'observe aussi dans quelques chevaux communs. Dans le premier cas, l'allure est énergique, sûre et extrêmement rapide ; le cheval, élancé et développant toutes ses forces, embrasse d'autant plus de terrain qu'il allonge davantage la colonne épinière et qu'il s'élève moins de terre. Le galop en deux temps, qu'effectuent certains chevaux communs, est presque constamment une allure défectueuse, acquise par le travail, par l'usure. Dans ce genre de progression, ce galop est distinct, sous tous les rapports, de celui de course : le bipède antérieur s'élève peu de terre, et les membres postérieurs ne font que pousser la masse en avant ; l'allure est non-seulement pénible, décousue, peu accélérée et sans grâce, mais elle devient dangereuse pour le cheval, qui court risque de tomber, de s'abattre à chaque instant.

Le cheval est le seul quadrupède dont les allures ont été bien étudiées et auxquelles on fait subir une foule de modifications. On a calculé que la plus grande vitesse d'une course de peu de durée ne surpasse guère quinze mètres par seconde de temps (1) ; que le galop ordinaire peut être évalué à dix mètres, le trot à quatre ou cinq mètres, le grand pas à trois mètres, et le petit pas à un mètre par chaque seconde (2). La marche la plus naturelle de l'âne est le pas ordinaire ; en raison de la cour-

(1) Parmi les chevaux vainqueurs aux courses annuelles du champ de Mars, les meilleurs coureurs ont mis cinq minutes trois à quatre secondes à parcourir 4 kilomètres.

(2) *Essai sur la Science des machines*, par A. Guenyveau. Paris, 1810, in-8°.

bure et du peu de mobilité de sa colonne dorso-lombaire, ce monodactyle ne peut aller qu'au petit trot, et il ne galope que très-difficilement.

L'allure ordinaire du bœuf est un pas lent, qu'il exécute sans effort et pendant lequel il se livre même à la rumination. Tous les autres mouvements progressifs deviennent pour lui des mouvements forcés et plus ou moins pénibles.

Le *chien* est, après les quadrupèdes à sabots, l'animal qui court le mieux, le plus longtemps et le plus aisément. Lorsqu'il marche d'un pas précipité, il tient le derrière un peu tourné de côté, afin que les pattes postérieures arrivant à l'appui n'attrapent pas les pattes de devant. Son galop n'est véritablement qu'une suite de bonds, dont l'étendue est toujours en raison directe de l'allongement de la colonne vertébrale, ainsi que de la hauteur des membres et de la force des jarrets.

Des allures défectueuses.

Ces allures, qui dénotent constamment un état de faiblesse naturelle ou acquise, sont de trois sortes, l'*amble*, le *traquenard* et l'*aubin*.

A. L'amble, allure propre aux jeunes poulains qui n'ont pas encore pris toute leur croissance, ainsi qu'aux chevaux faibles des reins ou ruinés par le travail, se compose de deux mouvements opérés successivement par chacun des bipèdes latéraux, de manière que les deux extrémités du même côté effectuent ensemble leur lever, leur soutien et leur poser. Le train de l'amble est plus bas que celui du pas, mais beaucoup plus allongé; le corps, étant porté alternativement par un bipède latéral, se trouve toujours vacillant, et nécessite une promptitude de mouvements, seuls capables d'empêcher sa chute. Les chevaux ambleurs rasent le tapis et sont conséquemment sujets à buter; ils se ruinent promptement, surtout lorsqu'ils marchent fréquemment sur des terrains inégaux; ils ne peuvent faire un bon service qu'autant qu'ils sont toujours tenus sur des chemins unis.

B. Le *traquenard* ou *entrepas*, que l'on appelle encore l'*amble rompu*, est un train plus défectueux, moins accéléré que l'amble, et qui annonce toujours un cheval très-usé. Dans l'entrepas, les mouvements de chaque jambe du bipède latéral ne sont pas simultanés; l'une des deux extrémités fait son appui et son lever un instant avant l'autre, de façon que l'on entend la posée de chacune d'elles, et que l'on distingue quatre battues. Il y a aussi un moment pendant lequel le corps est appuyé sur un bipède diagonal.

C. Dans l'allure dite l'*aubin*, le cheval galope du devant et trotte ou va l'amble du train de derrière. Ce genre de progression se fait remarquer dans les sujets faibles et ruinés du derrière, ou qui sont accablés de fatigue. Dans tous les cas, le train de derrière manque de forces suffisantes pour élever le tronc et le projeter en avant.

Des allures artificielles ou airs de manége.

On les distingue communément en allures, qui

s'exécutent près de terre et que l'on appelle *airs bas*, et en allures détachées de terre, ou *airs relevés*. M. de la Guérinière range dans la première série le *passage*, le *piaffer*, la *galopade*, le *changement de main*, la *volte*, la *demi-volte*, la *passade*, la *pirouette* et le *terre-à-terre*. Le même auteur considère, comme étant des airs relevés, la *pesade*, le *mésair*, la *courbette*, la *croupade*, la *ballottade*, la *cabriole*.

Nous n'entrerons dans aucun détail sur ces allures; nous nous bornons à les indiquer, et nous renvoyons aux ouvrages relatifs à l'équitation (1).

§ III. *Mouvements en arrière, ou l'action de reculer.*

Le reculer, sorte de déplacement qui se fait dans un ordre inverse à celui des mouvements progressifs, ne s'opère que par le concours de presque toutes les forces locomotrices réunies. Cet acte, en général très-compliqué, est d'une exécution toujours plus ou moins lente et difficile; il peut s'effectuer sur une ligne droite ou bien sur le côté, et être direct ou latéral. Pour parvenir à reculer, le cheval porte sa tête en arrière le plus qu'il lui est possible; il rapproche les membres antérieurs du centre de gravité, fléchit le rachis, raccourcit son corps et rassemble ainsi les forces dont il va faire usage. Par cette posi-

(1) On peut surtout consulter l'École de cavalerie par de la Guérinière, écuyer du roi. Paris, 1751, gr. in-fol., avec planches.

tion, la masse se trouve rejetée sur les membres postérieurs, qui en sont d'autant plus surchargés qu'ils sont plus engagés sous le tronc; étant ainsi sollicitées à se déplacer, à s'éloigner du centre de gravité, ces extrémités se portent alternativement en arrière, tant pour arriver au secours de la masse et soutenir le poids du corps que pour se soulager elles-mêmes. Les membres antérieurs, obliquement situés d'arrière en avant, agissent avec énergie pour faire arc-bouter le corps en arrière; ils se déplacent aussi alternativement, afin de contenir la charge projetée sur le bipède postérieur, et de faire continuer le mouvement rétrograde. La position imprimée à la tête et à l'encolure concourt à soulager le devant, en même temps qu'elle affermit les épaules; en reportant la masse en arrière, elle assure l'action du reculer et la rend plus facile.

En général, le reculer constitue un genre de locomotion d'autant plus embarrassée, que l'animal éprouve plus de difficultés à fléchir les jarrets et à plier les reins. Toutes les fois que ces deux régions sont roides, faibles ou mal conformées, l'action devient pénible, souvent impraticable; au lieu de se faire sur une ligne droite, le mouvement ne peut s'opérer que de côté et avec plus ou moins d'incertitude.

Le reculer s'exécute avec liberté dans tous les chevaux pourvus de bons reins, de jarrets larges et bien évidés, ou dans lesquels une énergie musculaire supplée à la direction très-oblique de la jambe. C'est pour cela que les chevaux crochus et forts de reins constituent d'excellents limoniers, qui ont des avantages prodigieux pour résister à la charge de la voiture dans les descentes; il est cependant à remarquer que les chevaux attelés dans les brancards reculent avec d'autant plus de franchise, qu'ils se trouvent rassurés et par les bras de la voiture et par l'*avaloire* du harnais.

Les quadrupèdes employés au service soit de la selle, soit du bât, soit du tirage, etc., sont les seuls que l'on force au reculement. Le *porc* ne pourrait exécuter que très-difficilement ce mouvement, à cause de la rigidité de sa colonne épinière et de la faiblesse de ses jarrets.

§ IV. *Emplois particuliers des forces musculaires de certains quadrupèdes domestiques.*

Guidés par l'instinct de leur propre conservation, les animaux font usage de leurs forces locomotrices, aussi bien pour chercher et se procurer leur subsistance que pour fuir et éviter des dangers. Tous savent courir lorsqu'il s'agit de satisfaire des besoins pressants, ou lorsqu'il est urgent de se soustraire à un ennemi redoutable. L'industrie humaine a su mettre à profit les forces de certains quadrupèdes, et les a appliquées à différents services. Le cheval occupe sous ce rapport le premier rang; il sert toute sa vie soit à la selle, soit à porter des fardeaux, soit à tirer des voitures, des bateaux, des charrues, etc. Le mulet et l'âne viennent en seconde ligne, et ces monodactyles peuvent être employés aux mêmes travaux que le cheval ; mais ils ne conviennent pas également pour tous. Le bœuf d'Europe concourt aux travaux d'agriculture et au transport des marchandises par le tirage seulement ; il ne porte point à dos, et sa construction semble l'exclure de ce genre de service. L'homme dresse le chien à courir après certains animaux nuisibles ou après certains gibiers : il l'habitue aussi à le suivre partout, à le défendre dans toutes les occasions, même à l'aider dans la garde et la conduite des autres animaux domestiques ; il l'associe également à certains travaux, lui fait trainer de petites voitures, tourner des roues, etc.

En résumé, les principaux services retirés de la force musculaire des animaux se réduisent aux actions de porter et de tirer, actions qui n'ont entre elles nulle proportion respective, et dont les différences dépendent essentiellement de la position horizontale du corps, aussi peu favorable à l'action de porter qu'avantageuse pour le tirage. Le cheval succomberait infailliblement sous un fardeau égal au poids de sa masse, tandis que l'homme, chez lequel la situation du tronc est verticale, peut porter une charge double, même quadruple de la pesanteur totale de son corps. Tout chargement à dos tend à fléchir, à plier en contre-bas la colonne dorso-lombaire, conséquemment à intervertir les actions harmoniques qui existent entre elles et les bipèdes antérieur et postérieur. Cette influence de la charge sera d'autant plus grande que le fardeau se trouvera placé sur le point également éloigné de chacun des bipèdes, et ce point, toujours le plus faible, est précisément la jonction du dos avec la région lombaire. Le moyen de diminuer ces sortes d'inconvénients plus ou moins graves, suivant la pesanteur du corps à porter, et encore suivant la conformation particulière du rachis, est de reporter et maintenir la charge soit en avant du côté du garrot, soit en arrière vers la croupe ; ce qui doit varier selon les quadrupèdes. Ainsi le cheval exige que le fardeau soit placé en avant et rapproché du garrot ; tandis que l'âne, dont le garrot est bas et le rachis peu flexible, doit être chargé en arrière, tout près de la croupe, même un peu sur la partie. D'après la conformation de son dos, le mulet peut être chargé, ou dans le milieu de la colonne dorso-lombaire, ou bien de la même manière que le cheval.

M. Guenyveau a calculé qu'un bon cheval chargé de son cavalier (charge d'environ 80 kil.), peut parcourir journellement, en sept à huit heures, 40 kilomètres. Selon le même auteur, la charge ordinaire d'un cheval serait de 100 à 150 kil., et l'*effet utile journalier* pourrait être évalué à 4,000 k. transportés à 1 kilomètre lorsque l'animal marche sur un chemin horizontal (1). A ces remarques, nous ajouterons que le cheval portant en selle, doit nécessairement être d'autant moins gêné dans sa marche, que le cavalier sait mieux se prêter à ses divers mouvements, ou, en termes plus connus, qu'il *monte mieux à cheval.* Cet art de bien monter

___
(1) *Essai sur la science des machines,* déjà cité.

à cheval, qui s'acquiert par l'habitude et dans les manéges, etc., varie suivant les services et suivant les allures que doivent tenir les chevaux. Ainsi le jockey habile, montant un cheval lancé en course, ne se porte que sur les étriers, penche son corps en avant, et se maintient de manière à laisser à son coursier toute la liberté possible de ses mouvements, qu'il se borne à diriger et à maintenir (1).

Le transport à dos, toujours très-fatigant et bien moins avantageux que celui par voitures, se fait surtout dans les pays de montagnes où il n'existe pas de grandes routes; et les mulets sont employés de préférence à ce genre de service, pour lequel ils conviennent beaucoup mieux que le cheval.

Dans l'action du tirage, le cheval emploie sa force musculaire à chasser en avant la masse de son corps, à l'appuyer plus ou moins fortement sur la bricole ou le collier, et à la maintenir parfois tellement inclinée, qu'il la met dans le risque de tomber, si les traits venaient à se casser. Le poids de cette masse ainsi projetée et soutenue opère la traction de la résistance. En supposant la même vigueur dans les muscles, les chevaux lourds et chargés du devant tireront avec bien plus d'avantage que les chevaux sveltes de la même taille, mais étant moins lourds. Ceux-ci, qui peuvent avoir une grande énergie musculaire, n'agissent que faiblement du collier, et ne peuvent être attelés qu'à de légères voitures.

(1) L'influence du jockey sur la vitesse d'un cheval en course est connue.

Dans un tirage ordinaire et modéré, le cheval ou mulet s'appuie sur les quatre pieds, mais plus fortement sur le bipède postérieur ; car, lorsqu'il tire avec effort et qu'il agit avec franchise, les pieds de devant ne font que toucher terre ou n'y posent pas du tout : alors la masse se trouve soutenue par les traits, ainsi que par les pieds postérieurs, qui sont les principaux agents de l'impulsion du corps en avant. En développant toutes ses forces, l'animal se baisse et se penche en avant autant que cela est possible ; si la résistance cède, ses muscles n'auront qu'à contenir le corps dans une attitude suffisamment inclinée, et le mouvement sera entretenu.

En résumé, le cheval peut exercer un effort de traction très-considérable, en raison de la force de ses muscles et du poids énorme de son corps. On estime qu'un seul cheval équivaut à trois hommes quand il s'agit du transport à dos, et à six ou sept lorsqu'il s'agit d'exercer un effort continu de traction.

On peut supposer, avec quelque fondement, qu'un bon cheval de roulier exerce un effort moyen de 140 kil. : de sorte que l'*effet utile journalier* de l'animal qui tire la voiture, en allant toujours au pas, est d'environ 5,000 kil. transportés à 1 kilomètre. Un bon attelage de roulier parcourt, dans un bon chemin horizontal, environ 38 kilomètres pour chaque journée.

En général, les chevaux attelés par des traits fixés à la voiture auront d'autant moins de peine à vaincre la résistance que ces traits seront plus raccourcis et qu'ils seront horizontaux, c'est-à-dire fixés à la hauteur du poitrail (1).

Dans l'attelage des grosses voitures à deux roues, dites de roulier, et sur lesquelles on met communément de 700 à 750 kil. pesant pour chaque cheval, le limonier a un travail particulier et différent de celui des chevaux de devant, qui ne font que tirer. Les principales fonctions du premier consistent à maintenir le balancement de la voiture, surtout à la retenir dans les descentes. Ce limonier ne soutiendra un service aussi rude qu'autant qu'il sera convenablement attelé, et que le chargement aura été bien calculé et parfaitement bien exécuté. L'avaloire doit être disposée de manière à ce que le cheval puisse s'appuyer dessus avec franchise et avantage (2); on laissera la sous-ventrière très-lâche, afin que les cahots soient moins durs et moins dangereux pour l'animal, qui peut être enlevé ou jeté de côté. L'expérience prouve que lorsque la charge, plus considérable dans le milieu, va en diminuant vers les extrémités du brancard, et qu'elle fait équilibre sur les deux moyeux, la voiture est moins glissante, moins sujette à cahoter et moins pénible à retenir dans les descentes.

(1) La direction inclinée des traits n'est avantageuse que dans les voitures à quatre roues, et dont les deux du devant sont plus petites; dans les voitures à deux roues, la direction horizontale des traits est toujours favorable.

(2) Il est à remarquer que, lorsque le limonier s'accule trop sur l'avaloire, il court les risques de se laisser entraîner et même écraser par le poids de la voiture.

Dans le tirage de la charrue, la direction inclinée des traits donne un avantage prodigieux aux animaux, qui sont obligés de soulever la terre pour entraîner la charrue, qui tend toujours à s'enfoncer.

Les chevaux sont propres à tous les services, les exécutent avec vitesse et soutiennent longtemps le travail, surtout lorsqu'on sait ménager leurs forces : on fait un emploi bien moins général du mulet et de l'âne. Pour les travaux agricoles, le bœuf ne paraît pas le céder au cheval, et l'on est encore en discussion pour savoir quel est des deux quadrupèdes celui qui mérite la préférence. La marche lente et soutenue du bœuf convient particulièrement au pays montueux, où l'on fait même travailler toutes les bêtes bovines, dès qu'elles ont acquis la force nécessaire. Le cheval, naturellement vif et peu patient, n'offre pas les mêmes avantages pour ces contrées.

Les bœufs ne servent qu'au tirage et ne sont employés, dans nos climats, ni au bât ni à la selle : presque partout on les fait travailler deux à deux, attelés à un joug commun fixé aux cornes par le moyen d'une courroie appelée la *jougle*. Dans quelques localités, on leur applique un collier; ils tirent alors par les épaules et sont libres de la tête. On a beaucoup disserté sur les avantages et les inconvénients de chacun de ces deux modes d'attelage : les uns donnent la préférence au tirage par la tête, et se fondent sur ce que les bœufs peuvent déployer toute leur force musculaire et agir avec bien plus d'efficacité sur la résistance. Cette méthode, qui a aussi le précieux avantage de fixer les deux animaux et de les mettre sous la dépendance absolue du conducteur, est sûrement la plus généralement usitée; mais elle n'est pas sans inconvénients, dont quelques-uns dépendent du joug lui-même. D'autres pensent que l'attelage par les épaules fatigue bien moins les animaux et rend la continuité de la traction plus facile, même plus sûre. Ce dernier mode de tirage, qui peut se faire par le moyen ou d'un collier ou d'une hart, ou d'un joug à cou, gêne nécessairement les mouvements des épaules, moins fournies en chair que celles des chevaux, et dont les angles scapulo-huméraux sont très-saillants.

L'avantage principal du tirage par les épaules est la liberté de la tête et de l'encolure, qui constituent, comme il a déjà été dit, un véritable balancier, dont l'office est de faire varier la base de sustentation, de reporter le poids du corps, tantôt sur un pied, tantôt sur un autre, et de diriger par cela même tous les mouvements, surtout les mouvements progressifs. Mais cet avantage si marqué peut-il l'emporter sur les inconvénients qui peuvent résulter non-seulement pour la gêne des épaules, mais encore relativement à la perte des forces musculaires de l'encolure, aux difficultés de retenir les voitures, d'effectuer le reculement et de maîtriser les animaux ? C'est là la question essentielle et qui ne nous parait nullement décidée. L'attelage avec le joug à tête est préférable et l'emporte de beaucoup sur le tirage par les épaules, lorsqu'il s'agit d'opérer de fortes tractions et de vaincre de grandes résistances. On sentira, d'après cela, que le bœuf, travaillant dans des pays montueux et tirant la charrue, sera plus convenablement attelé avec le joug ; il aura plus de force et soutiendra mieux le service (1).

Les bœufs sont communément attelés avec le joug, sans nul autre harnachement ; en cet état, ils peuvent exercer, avec tous les avantages précités, la traction des voitures et de la charrue. Il n'en est pas de même pour effectuer le reculement des voitures et les retenir dans les descentes ; l'animal dépourvu d'avaloire et n'ayant d'autre appui que celui du

(1) Pour que le bœuf attelé par la tête puisse développer toutes ses forces, il importe que le joug soit construit de manière à lui en fournir le moyen. Cet instrument d'attelage, qui varie de forme dans toutes les contrées où il est en usage, peut être confectionné de manière à prendre trois différents appuis sur la tête de l'animal : il s'appliquera soit en arrière, soit en avant du chignon ; ou bien il posera sur le sommet même de la tête, embrassera le chignon et la base des cornes, mais sans porter immédiatement sur le chignon ; dans tous les cas, il est attaché, fixé au moyen de la jougle. Le joug, placé en arrière du chignon, et que l'on appelle joug à *couple*, est employé principalement pour dompter les jeunes bêtes, parce qu'il est moins pesant, moins gênant, même moins dangereux pour les individus indociles. Les bœufs qui travaillent avec ce joug portent la tête au vent, et ne peuvent pas conséquemment déployer toutes leurs forces musculaires. La deuxième variété, ou le joug attaché en avant du chignon, contre le sommet du front, est aussi un instrument léger, mais qui a l'inconvénient de produire des compressions, souvent même des excoriations. Le joug qui embrasse le sommet de la tête est le plus lourd, mais aussi le plus avantageux pour le tirage. Les coches, que l'on appelle *cornilles* et qui reçoivent la base des cornes, offrent à ces dernières parties un point d'appui parfaitement sûr. Les bœufs attelés suivant cette dernière méthode portent la tête perpendiculaire, et ils l'abaissent, la penchent même en arrière lorsqu'ils font de violents efforts pour vaincre une résistance, ou pour soutenir le mouvement dans une montée.

joug ne peut rassembler ses forces musculaires ; il vacille, résiste faiblement et se laisse souvent entraîner par la charge. L'inconvénient du joug sans nul autre harnais se fait bien mieux sentir pour le tirage des voitures à deux roues, telles que tombereaux et charrettes ; les bœufs attelés à ces sortes de voitures ont à supporter, avec la tête, la charge qui vient en avant et pèse sur le timon. Il est certain que, dans ces diverses circonstances, le joug seul est insuffisant, et ces sortes de services exigeraient un harnachement approprié.

TABLE DES MATIÈRES

DU TOME PREMIER.

DEUXIÈME PARTIE.

FIN DU TOME PREMIER.

www.ingramcontent.com/pod-product-compliance
Lightning Source LLC
LaVergne TN
LVHW011216170726
843501LV00002B/258